河南省高等学校哲学社会科学优秀著作资助项目

《管子》民本治国思想研究

王义忠 著

·郑州·

图书在版编目(CIP)数据

《管子》民本治国思想研究 / 王义忠著. -- 郑州：河南大学出版社, 2021.10
　　ISBN 978-7-5649-4882-5

Ⅰ.①管… Ⅱ.①王… Ⅲ.①管仲(？-前645)-政治思想-研究 Ⅳ.①D092.25

中国版本图书馆 CIP 数据核字(2021)第 208195 号

《管子》民本治国思想研究
《GUANZI》MINBEN ZHIGUO SIXIANG YANJIU

策划统筹	杨国安　谌洪波
责任编辑	王丽芳　邓　晓
责任校对	仝一帆
封面设计	陈盛杰

出　版	河南大学出版社
	地址：郑州市郑东新区商务外环中华大厦2401号　邮编：450046
	电话：0371-86059752(自然科学与外语部)　网址：hupress.henu.edu.cn
	0371-86059701(营销部)
排　版	河南大学出版社设计排版部
印　刷	广东虎彩云印刷有限公司
版　次	2021年10月第1版　　　　印　次　2021年10月第1次印刷
开　本	710 mm×1010 mm　1/16　　印　张　19.25
字　数	350千字　　　　　　　　　定　价　68.00元

(本书如有印装质量问题,请与河南大学出版社营销部联系调换。)

目　　录

第1章　导言 ··· 1
  1.1　研究缘起 ··· 1
    1.1.1　研究理由 ··· 2
    1.1.2　研究依据 ··· 2
  1.2　本书综述 ··· 5
    1.2.1　研究背景 ··· 5
    1.2.2　国内外研究现状 ·· 6
    1.2.3　本书的分析框架 ··· 11
  1.3　研究方法 ·· 18
    1.3.1　分析与综合相统一的方法 ····································· 18
    1.3.2　逻辑与历史相统一的方法 ····································· 18
    1.3.3　跨学科研究法 ··· 19
  1.4　创新之处 ·· 19
    1.4.1　研究思路创新 ··· 19
    1.4.2　研究方式创新 ··· 20
    1.4.3　研究内容创新 ··· 20
  1.5　逻辑结构 ·· 21

第2章　民本思想的生发过程和主要特质 ································· 23
  2.1　民本内涵解读 ·· 23
    2.1.1　不同学者解读 ··· 23
    2.1.2　"四本"的内涵 ··· 26

2.1.3　民本与人本区别 ……………………………………………… 27
　2.2　民本思想的发展历程 ……………………………………………… 28
　　2.2.1　萌芽 …………………………………………………………… 29
　　2.2.2　形成 …………………………………………………………… 31
　　2.2.3　曲折 …………………………………………………………… 35
　　2.2.4　发展 …………………………………………………………… 40
　　2.2.5　丰富 …………………………………………………………… 43
　2.3　民本思想的主要特质 ……………………………………………… 45
　　2.3.1　研究的开放性 ………………………………………………… 45
　　2.3.2　实践的普适性 ………………………………………………… 47
　　2.3.3　生发的必然性 ………………………………………………… 49

第3章　民本理论模型的构建与阐释 …………………………………… 51
　3.1　君民关系 …………………………………………………………… 52
　　3.1.1　儒家君民关系 ………………………………………………… 52
　　3.1.2　实践中君民关系 ……………………………………………… 56
　　3.1.3　模型中君民关系 ……………………………………………… 59
　3.2　君的心理选择历程 ………………………………………………… 60
　　3.2.1　三个关系 ……………………………………………………… 61
　　3.2.2　三对法则 ……………………………………………………… 69
　　3.2.3　两种手段 ……………………………………………………… 77
　3.3　民本理论模型的整体释义 ………………………………………… 84

第4章　《管子》民本治国思想的整体特征 …………………………… 88
　4.1　以功利为导向兼容情感与道义 …………………………………… 88
　　4.1.1　兼容情义的"九合诸侯" …………………………………… 88
　　4.1.2　兼容情义的"务本伤末" …………………………………… 91
　4.2　以儒家思想为主导兼容两家思想 ………………………………… 98
　　4.2.1　兼容墨家"兼爱""尚俭""尚贤"思想 ………………… 99
　　4.2.2　兼容阴阳家"四时""五行"思想 ………………………… 101
　4.3　以法为主的礼法并用思想 ………………………………………… 104
　　4.3.1　以法治国 ……………………………………………………… 104
　　4.3.2　以礼匡正 ……………………………………………………… 115
　　4.3.3　礼法并用 ……………………………………………………… 117

第 5 章　基于情感、善恶与人性假设认定的爱民与益民 … 120

5.1　爱民之道 … 120
5.1.1　爱民思想定位 … 120
5.1.2　察问民情 … 125
5.1.3　九惠之教 … 131
5.1.4　赈济救助 … 141

5.2　益民之略 … 148
5.2.1　德有六兴 … 149
5.2.2　兴利除害 … 152
5.2.3　均地分力 … 162

5.3　侈靡思想的三重维度 … 167
5.3.1　经济维度 … 168
5.3.2　社会维度 … 170
5.3.3　伦理维度 … 173

第 6 章　基于道义、治乱与客观情境要求的安民与成民 … 179

6.1　安民之举 … 179
6.1.1　三国五鄙 … 179
6.1.2　四民分居 … 182
6.1.3　赏罚治理 … 189

6.2　成民之法 … 199
6.2.1　谨育选用 … 199
6.2.2　四民分业 … 211
6.2.3　专才治理 … 221

6.3　教化思想的三个层面 … 227
6.3.1　国家层面 … 228
6.3.2　群体层面 … 232
6.3.3　个体层面 … 236

第 7 章　基于功利、向背与予取博弈决策的富民与利民 … 240

7.1　富民之方 … 240
7.1.1　先秦富民思想 … 241
7.1.2　重本务农 … 243
7.1.3　富民有要 … 246

7.2 利民之策 ··· 260
　　7.2.1 先秦"利民"思想 ··· 260
　　7.2.2 让利于民 ·· 263
　　7.2.3 创利于民 ·· 271
7.3 重本饬末思想探析 ··· 279
　　7.3.1 主客观基础 ·· 279
　　7.3.2 对农、工、商的统一调控思想 ······························ 282
　　7.3.3 辩证法思想 ·· 286

结语 ·· 290

参考文献 ·· 294

致谢 ·· 300

第1章
导言

  《管子》是先秦时期一部博大精深、理蕴醇厚的综合性子书,其思想涉及儒、墨、道、法、兵、名、农、阴阳诸家精华,内容涵盖政治、经济、军事、法律、文化、管理、生态、教育诸多方面,特别是它带有浓烈原初气息与创世意味的经典表述,随着人类社会的历史演绎和发展变革,越来越散发出更为鲜活的生命力。在它丰富的思想内容之中,本书选取了一个向度研究——民本治国思想,这也是按照管子研究专家认为《管子》有经济、科技、法律、民本四大思想值得研究选取的,前三个思想已有人深入论及,而后者则鲜有人涉及,即使有人研探,也仅停留在微观层面或不够深入。为了更深入、更系统、更透彻地研究,本书初探了民本思想的由来,构建了民本理论模型并将其作为本书核心分析框架,开掘了《管子》民本治国思想的整体特征,聚合了其民本治国的"六个向度"。通过这些阐释与研探,我们可以看到中华民族的历史之根、传统文化的思想之脉、治国方式的变革之迹的一个重要侧面,从而为日益步入富裕时代的世界各国寻求理想的治国理政之方提供参考。

1.1 研究缘起

  本书题目所涉及的研究对象(范围)是《管子》的民本治国思想,力求以民本理论模型为分析框架对其进行范围界定和专门研究。

1.1.1 研究理由

《管子》是我国古代治国理政的"百科全书",齐国依靠这本经典的精髓,成功实现了由乱到治、由小到大、由穷到富、由弱到强的划时代嬗变。纵观世界风云变幻,我们可以发现,当今世界与春秋战国时代何等相似,所以笔者期望通过挖掘《管子》民本治国思想的精华,为中国跻身"世界之巅"提供积极参鉴。

民本思想是儒家思想的精华。本书通过对《管子》民本治国思想的系统梳理与整合,去粗取精,去伪存真,以期以古鉴今、古为今用,将其成功的爱民、益民、安民、成民、富民、利民思想与实践在现代社会进行创造性转化、创新性发展,从而使传统文化思想经典在经济新常态下发挥积极作用。

自从有阶级国家以来,没有哪一个时代无有"民"存在,所以君在治国过程中始终离不开"民"的因素。从某种意义上说,整个人类社会发展的历史成就都是在君的推动下由民创造的,民不仅是物质财富的创造者,还是精神财富的创造者,更是社会变革的决定力量①。

1.1.2 研究依据

《管子》是农业时代的产物,它的民本思想具有农业时代的特殊性;而农业时代是世界社会发展史上的重要阶段,且农业始终是人类生存延续的基础产业,这反映到《管子》民本思想中又使其包含了一般性内容,在指明它的特殊性基础上揭示它的一般性,是本书研究的主要意义所在。

1.理论意义

本书从民本思想出发,构建出民本理论模型,将情感型关系、道义型关系、功利型关系作为君民之间的三个主要关系,将善恶法则、治乱法则、向背法则作为支撑三个关系的基本法则,从人性向善、治国安邦、民心所向三个维度出发,结合人性假设认定、客观情境要求以及予取博弈决策,将儒家的"仁""义""礼""智""信""廉"等经典思想运用到模型之中,然后以之为分析框架,阐释《管子》的爱民、益民、安民、成民、富民、利民等"六民"思想,进而彰显《管子》

---

① 吴倬.马克思主义哲学导论[M].北京:当代中国出版社,2002:288.

"以德治国"与"以法治国"相结合的德法并用、恩威并重思想。

本书通过阐释《管子》民本思想,逐步使其由点发展为面、由面发展为整体,基本厘清了《管子》民本治国的思想结构,充分发掘了它的爱民之道、益民之略、安民之举、成民之法、富民之方、利民之策,特别是其赋税思想(免税、低税、减税、不重复征税、差异化征税)①、"三国五鄙"、"四民分居"、"四民分业"等内涵、外延思想也都得到了系统解读。

通过全面梳理《管子》,我们发现了该书能够成功且流传至今的阿基米德支点——民本思想。它从天人合一的爱民观、积极向善的益民观、协和万民的安民观、和谐治理的成民观、协调发展的富民观、多策并举的利民观出发,用具体措施编制了民本思想的治国经纬,成功构建了新型的君民关系理念,表明了君民命运密切相关的深层意义,包含了深刻的辩证法思想。

"和合"与"和谐"是《管子》的重要经典思想。它们是当时齐国民众和睦、经济共生、社会发展的重要基石,"蓄之以道则民和,养之以德则民合。和合故能谐"(《兵法》),在这里我们可以发现,从"蓄"到"养",从"道"到"德",从"民和"到"民合",旨在指出用"道"和"德"来蓄养、教化民众,促使他们和睦相处、社会持续和谐,这样任何人都不能伤害国民,"和则能久""人不倡不和,天不使不随"(《白心》),并由此提出了经典的"社会和谐"思想以及如何实现人与人、人与自然和谐的理念。

2.现实意义

系统研究《管子》民本治国思想,可以为当今国家治理提供重要参照。思想是行为的先导,有什么样的思想,就有什么样的行为,"思想进去,行为出来",以"四维"为治国理政的指导思想,要求民"心中有礼、心中有义、心中有廉、心中有耻"。尽管《管子》成书时间离我们已经非常遥远,但是它的"礼""义""廉""耻"等"四维"思想以及"爱之""益之""安之""成之""富之""利之"等"六点"民本理论精髓与成功实践,对于现代中国的精神文明建设、物质文明建设乃至民生工程的推进,仍具有极强的现实意义。

通过设置民的类型线,将民划分为积极、消极、正常的三类,为"以德治国"与"以法治国"提供理论支撑。毋庸置疑,单纯"以德治国"过柔,纯粹"以

---

① 王义忠.《管子》"重本伤末"思想的三重探析[J].科学·经济·社会,2015(4).

法治国"过刚,而二者有机结合则刚柔相济,皆能成为治国利器。由于社会整体是以正常民为多数,以消极民、积极民为少数,所以对正常之民要施以情感型、道义型的德治,对积极之民要施以德治感染、法治引导,而对消极之民则要施以法治强制规范,进而凝聚"三类民"的正向"最大公约数"。由于民是社会发展的主体力量,所以只有遵循民本思想、有效发挥"三类民"正能量的统治者,才能带领国家走向鼎盛或辉煌;反之,就会导致国家衰落或朝代更迭。这是历史演绎的规律。

从某种意义上说,管仲早期的身世经历对他后来的施政方针与思想具有极其重要的影响,突出地表现在它的"重本饬末"思想,这是其在治国理论方面推出农、工、商协调发展上的一个重大理论贡献。在当时"重本抑末"思想盛行的大背景下,社会普遍抑制甚至限制工商业发展,而《管子》能够另辟蹊径,将抑制、限制改变为整顿、引导,无疑是治国理念的划时代进步。

若以今日之眼光审视、以全球之视野观察《管子》民本治国的生产、分配、交换、消费思想,我们会清晰地发现,它"积多者食多,积少者食少,不积者不食"的产品分配思想蕴含有"按劳分配"因子;在当时注重社会生产的情境下,交换则成为齐国控制他国(诸侯国)或他国依附齐国的一种手段,消费变成拉动内需的动力[①],这些对当代中国颇有借鉴价值。

管仲使齐国一举成为春秋五霸之首,这一非常之业的成功缔造本于非常之民本治国思想。本书通过充分挖掘这种思想,旨在为国家治理能力与治理体系现代化提供思想启迪,为当代中国推进"以民为本"的执政路径提供参考,为如何"以民为本"开展工作提供思路。

历史是绵延不断、持续生长的,但传统的经典理论是代际传承的。《管子》作为一部治国理政的鸿篇巨制,历经千百年来迥异时代的洗礼而流传至今,这既是历史对其精辟理论的认同,也是后人对其成功实践的认可,特别是其朴素唯物主义的民本思想,开启了中国古代治国思想的一个新篇章。在道德问题突出、社会矛盾明显、环境污染日趋严重、资源系统濒临崩溃的宏观背景下,深入研究《管子》治国的民本思想,不仅具有极强的理论意义,而且具有非常重要的现实意义。

---

① 王义忠.《管子》"侈靡"思想的三重维度[J].云南社会科学,2015.

1.2 本书综述

1.2.1 研究背景

民本思想是儒家的重要思想。从"天下非一人之天下也,天下之天下也"①到"道之以政,齐之以刑,民免而无耻;道之以德,齐之以礼,有耻且格"②,从"民为贵,社稷次之,君为轻"③到"天之生民,非为君也;天之立君,以为民也""天下归之之谓王,天下去之之谓亡"④,直至"天下为主,君为客"⑤,这些经典观念早已成为对儒家治国思想加以参考借鉴的精华。特别是儒家思想在当代中国越来越受到重视,并在治国理政过程中愈益凸显。

民是君治国理政的政治目标主体。萧公权曾指出,"儒家以人民为政治之主体,法家以君主为政治之主体",从根本上说,君"是政治中的虚位,而民才是实体"⑥。对于一个国家来说,君固然可贵,但民命更应珍爱,"行一不义,杀一不辜而得天下,皆不为也"⑦。由于儒家的民本思想是以民为最高价值性的存在,所以君在治国理政过程中,要将保民、养民视为君的最大职责,由此需要施以爱民之道、益民之略、安民之举、成民之法、富民之方、利民之策。

君民之间有一种虚拟但确实存在的双边契约。钱穆先生认为,"君职,民职,是中国人对政治的观念",所以君只要对民尽了君职,民也就相应地有了履行契约的义务。这就要求君在治国理政过程中要"从民所欲、祛民所恶",以民之所欲为欲,以民之所恶为恶,高度重视民对君的价值。与之相反,就会出现"君不君,民不民"的现象。从"皇天上帝,改厥元子"到"汤武革命,顺乎天而应乎人"⑧,从"闻诛一夫,未闻弑其君也"⑨,到"臣或弑其君,下或杀其上"

---

① 陈奇猷.吕氏春秋新校释[M].上海:上海古籍出版社,2009:45.
② 罗炳良,等.论语解说[M].北京:华夏出版社,2007:18.
③ 朱熹.四书章句集注[M].北京:中华书局,1993:344.
④ 王先谦.荀子集解[M].沈啸寰,王星贤,整理.北京:中华书局,2012:316.
⑤ 李伟.明夷待访录译注[M].长沙:岳麓书社,2008:6.
⑥ 徐复观.学术与政治之间[M].上海:华东师范大学出版社,2009:45.
⑦ 同③218.
⑧ 阮元.十三经注疏[M].北京:中华书局,1980:60-212.
⑨ 同③206.

"无它故焉,人主自取之也""夺然后义,杀然后仁,上下易位然后贞"①,直至黄宗羲诘问:"岂天地之大,于兆人万姓之中,独私其一人一姓乎?"②就是对这种现象的认真审思。

时下,世界格局进入了战略重组期,"一超多强"局面愈益呈现,世界多极化趋势日益明显,如何在全球新一轮发展中"鹤立鸡群",已成为摆在现代中国面前的重要课题之一。而《管子》中的治国理念和民本思想正是基于当时的乱世格局而实施且成功的典范,这对今日之中国参与全球博弈具有极高参考价值,特别是对当前中国正在推进的国家治理体系和治理能力现代化的建设,具有重要借鉴意义。

1.2.2 国内外研究现状

1. 国外研究现状③

西方对《管子》的评价、翻译、争论与研究是从19世纪末开始的,大体分为三个阶段:

介绍阶段(19世纪末至20世纪20年代初)。这一阶段虽有论文,但主要是对原文的介绍性叙述,尚称不上研究,更谈不上对民本治国思想的发掘,这一阶段的主要代表人物见表1-1。

表1-1 介绍阶段的代表人物简表

国籍	代表人物	备注
德国	甘贝伦茨(Gabelentz)、亨利·考笛埃(Henri Cordier)、威尔汉姆·格鲁勃(Wilhelm Grube)	
法国	哈勒茨(Harlez)	试图译前十篇,但因难读作罢
英国	爱德华·派克(Edwanrd Parker)	

翻译和研究阶段(20世纪20年代末至20世纪50年代初)。这一阶段是西方研究《管子》的真正开始,主要是一些学者集中致力于对该书的翻译和辨

---

① 王先谦.荀子集解[M].沈啸寰,王星贤,整理.北京:中华书局,2012:180-251.
② 李伟.明夷待访录译注[M].长沙:岳麓书社,2008:7.
③ 陈书仪.齐文化研究在国外[J].管子学刊,1996(2).

伪。代表人物有德、法、瑞、荷、英等五国学者(见表1-2)。其中福尔克(Forke)于1927年在《中国古代哲学史》一书中,简要介绍了管仲,翻译了《管子》片段,成为西方研究中国哲学的权威性著作之一;哈罗恩在《法家著作片段》第一部分《〈管子〉55及有关原文》一文中提出了《管子》最初成书于公元前250年稷下学宫的假设,其中包括《九守》译文,但他及其一些译文未及发表即逝,其手稿至今仍保存在剑桥大学图书馆;法国汉学家马斯波罗于1927年在《古代中国》一书中提出了一个很有影响的观点,即《管子》、刘向的序是伪作,这种观点直到20世纪60年代还支配着西方的《管子》研究领域,使西方学者一直以怀疑的眼光看待《管子》,或许这也是《管子》这段时间在欧美国家研究几乎处于停滞的原因,更是《管子》民本治国思想在国外研究匮乏的直接原因;瑞士学者卡尔格伦于1929年对马氏的前两个论点进行了批驳,认为不能得出伪书的结论。剑桥大学学者梵·德龙在1952年也对马氏的第三个论点进行了批驳,认为十八"篇"显然是十八"卷"的误解,并对《管子》成书、流传和版本进行了相当细致的考证。英国学者休斯翻译的《管子》之《水地》《四时》,收录在名为《古典时代的中国哲学》一书中。这是一本广为流传的英译本中国哲学论文选。这对《管子》思想在国外传播起到了举足轻重作用,但是仍未见到民本思想研究的论文。

表1-2 研究阶段的代表人物简表

国别	代表人物
德国	福尔克(Forke)、古斯塔夫·哈罗恩(Gustar Haloun)
法国	亨利·马斯波罗(Henri Maspero)
瑞士	伯恩哈德·卡尔格伦(Bernhard Karlgren)
荷兰	皮特·梵·德龙(Piet Van Delon)
英国	休斯(Hughes)

成果阶段(20世纪50年代初以来)。这一阶段,欧美日研究高质量成果频出,代表性人物主要来自美、英、苏联、日、韩等国家(见表1-3)。路易斯·马斐里克,作为一位美国经济学教授,他曾指导两位中国大学毕业学生翻译并于1954出版《管子,中国古代的经济对话录》一书,这是西方研究《管子》的第一部专著,但由于他们似乎都不是学经济学的,同时也没能利用清代及其以后较为详细的注释资料,所以其译文中难免有不少讹脱;然而,因其撰写多篇文

章、专著,这位李克教授被西方誉为研究《管子》的权威,尽管其有些观点很难为中国学者接受,但还是有一定的参考价值。近年来他十余次来华收集资料,我国学者的有关研究成果及考古发现,都能及时反映到他的文章中,并以《管子》(三卷)的形式呈现,第一卷、第二卷是原文的翻译,第三卷是他的研究论文集。尽管如此,民本思想尚未成为其研究《管子》治国的焦点;苏联汉学家史太因翻译了《管子》十八篇,内容主要涉及经济篇章,在这篇导论长文中,作者提出了许多颇有参鉴价值的见解;比较起来,在诸多国外研究中,日本研究《管子》最盛,也有较突出成就。

表1-3 成果阶段的代表人物简表

国别	代表人物
美国	路易斯·马弗里克(Lewi Maverick)、李克(W. Allyn Rickett)、瓦特生(Watson)、罗森(Rosen)、罗伊(Roy)、莱格尔(Rregel)、包尔茨(Boltz)
英国	撒切尔(Thaecher)、葛瑞海姆(Greham)
苏联	史太因(B.M.IIITEUH)
日本	猪饲彦博、安井衡、小林升、穗积文雄、木村英一、长部和熊、町田三郎、金谷治、谷中信一、远藤哲夫
韩国	金弼洙、李宣徇等

其实,从17世纪后半期开始,一些日本学者就不断注释《管子》这部鸿篇巨制,其中猪饲彦博的《管子补正》、安井衡的《管子纂诂》(24卷)研究以及《附纂诂考伪》(1卷)最为吸引眼球。由于他们的解读不仅参考诸本且旁稽群书,甚至附以己见、纠正讹脱,所以赢得了中日学者的信赖与征引,日译本《管子》自1922年起也相继在日本问世。根据目前搜集资料显示,主要有小柳司气太等翻译的三个版本。在谈到君有为民造福义务时,五来欣造(1875—1944)博士认为,"此种君主政治,即是民本主义"①。这一点可以算是国外研究中迸出的民本思想之火花,但这是在谈及孔子政治观而非《管子》时的表达。20世纪30至50年代,散见于日本报刊上的专题研究《管子》论文数量较多,高质量的研究成果也并不鲜见。特别是自60年代以来,高质量论文日趋增多,以町田三郎、赤冢忠、原崇子、小野泽精一、金谷治、柴田清继、久保田刚为代表,就有不少高质量论文发表。金谷、谷中、远藤三位先生的著作集中在

---

① 五来欣造.政治哲学[M].李毓田,译.上海:商务印书馆,1935:38.

本世纪80年代末至90年代初出版,它标志着《管子》在日本的研究步入了全新阶段,20世纪90年代,他们还在中日报刊上连续发表了多篇研究齐文化的论文。尤其是金谷治与谷中信一曾多次来华参加齐文化学术研讨会,待其回国后便撰写长文向日本学者介绍当时中国齐文化研究的情状。这些进一步促进了中日学者关于齐文化研究成果的交流,也极大地助推了齐文化的研究。然而,《管子》民本治国思想仍未受到日本学界研究的重视。

随着《管子》在国外引起高度关注,它在韩国日益受到热捧,参与《管子》研究的学者渐趋增多。在第五届齐文化国际学术研讨会期间,韩中哲学会会长东国大学哲学教授金弼洙博士指出:"《管子》一书中的诸多精辟论述,对当今社会有着很强的现实指导性,无论是政治、经济、文化,还是外交等各个领域的问题,都能从这本书中寻到很多有益的启示,特别是眼下国际上存在的一些棘手问题,也能从这本书中找到一些解决问题的办法。"为了发掘《管子》潜藏的更多历史价值,韩国政府向韩国国家研究会拨款4500万韩元,专门用于该书的研究、翻译和出版。韩国鲜文大学教授李宣徇女士在此会议期间也谈道:"《管子》一书的思想,不像孟子、庄子那样太趋理想化,它具有很强的现实性和指导性。尤其是国际问题复杂化的今天,多研究《管子》,会给我们很大的帮助。"①

总之,国外对《管子》的研究仍处于初级阶段,对其民本治国思想的研究更是处于启蒙阶段。主要在于以下四点原因:一是《管子》作为一篇划时代巨著,内容较长,有十多万字文言文,即使国人真正读懂的也不多,更何况不具有中国文化底蕴的外国学者;二是由于该书流传时间久远,跨越多个朝代,历经两千多年变迁,错简、漏简较多,有些颇为晦涩难懂,这对外国学者研究来说是一大障碍;三是《管子》民本治国思想散见于全书之中,难以全面寻觅、系统整合,这也是其难以引起高度关注的终极原因;四是自法国汉学家马伯乐抛出其伪书观点以来,国外研究其真伪的学者较多,很少集中研究其民本思想。此后翻译该书的较多,研究经济与齐文化的较多,而研究其治国民本思想的少之又少,至今尚未发现。

2.国内研究现状

近年来有学者开始涉入研究,虽有部分论文出现,但多数研究成果只是在

---

① 宣兆琦.论齐文化与中华民族的伟大复兴[J].管子学刊,2005(4).

一些论文或专著中零散体现,专题论文不多,个别学位论文系统研究也不深入。

零散研究方面。这类研究主要集中在爱民、富民、利民、重民、惠民、安民、成民、养民、教民、顺民等层面,阐释内容集中于"从欲祛恶""开源节流""诚信无欺""选贤任能""以法赏罚""权有三度""国有四维""德有六兴""义有七体""礼有八经""九惠之教""国之四维""三国五鄙""四民分业""四民分居""均地分力""相地而衰征""与之分货""务本饬末""政之所兴,在顺民心;政之所废,在逆民心""始于爱民""厚其生""输之以财""遗之以利""宽其政""匡其急""赈其穷""夫霸王之所使也,以人为本,本理则国固,本乱则国危""齐国百姓,公之本也""士农工商四民者,国之石民也""老老""慈幼""恤孤""养疾""合独""问病""通穷""赈困""接绝"等方面。

上述零散研究主要呈现于以下诸文:《从〈管子〉看中国古代"以人为本"的管理思想》(朱幼文 2001),《论〈管子〉的"以人为本"思想》(赵清文 2004),《以民为本与桓管霸业——管仲民本思想的借鉴价值》(宋玉顺,张志义 2005),《试论管仲人才思想中的民本因素——以《管子》为中心》(张艳丽,李国立 2005),《〈管子〉民本思想述评》(杨永林 2006),《论〈管子〉的民本思想及其治国实践》(池万兴 2007),《〈管子〉是地主阶级的民本思想》①(关峰 2008),《〈管子〉法思想中的民本理念》(瓦永乾 2008),《〈管子〉的民本思想和民生问题》(王红,刘玉山 2008),《〈管子〉的民生思想及其对建设服务型政府的启示》(邓建伟 2013),《试论〈管子〉民本思想的主要内容及时代价值》(赵志勋 2013),《〈管子〉"以人为本"与当代的"以人为本"》(史少博 2014)。也有一些是在阐释《管子》其他内容过程中论及其民本思想,主要有《〈管子〉惠民思想蠡测》(张和平 1994),《〈管子〉的社会保障思想述论》(王凤娟 2003),论《管子》的富民思想(张越 2007),《走进管子》(衣恩普 2010)等。此外,张固也博士在《管子》研究中也多次提到民本,"管仲以民为本,有以上言论不足为奇","《管子》书中的早期作品具有浓厚的民本思想","这实质上就是《牧民》表述的民本思想"。②

---

① 司马琪.十家论管[M].上海:上海人民出版社,2008:361.
② 张固也.《管子》研究[M].济南:齐鲁书社,2006:202.

专题研究方面。目前针对《管子》安民思想进行研究的仅有一篇安徽大学历史系硕士江慧萍的《〈管子〉安民思想及其现代意义》,该文从《管子》安民思想产生的背景出发,阐述了《管子》安民思想的三大体现:以农为本,兼营商业;兴修水利,宽其政;匡其急,赈其穷。总体看,该论文研究的系统深入程度还不够。因此,从专题研究角度看,对于《管子》安民思想仍有继续深挖的必要,而以爱民、益民、富民、利民、成民为主题的专门研究尚处于空白状态,而本书的研究则恰好填补了这个缺憾。

系统研究方面。时至今日,以《管子》民本思想为主题写出学位论文的,只有一篇硕士论文,即杭州师范大学孔令俊的《〈管子〉民本思想研究》。从某种意义上说,该文应是专门研究《管子》民本思想的"巨著",然而其对《管子》民本思想的挖掘尚待深入,内容也有待进一步充实完善。该论文只有四章,从《管子》的时代与思想背景出发,阐释了《管子》的自然历史观、民本思想核心与实践等内容,随后将《管子》民本思想与孔子、老子、墨子、韩非子、柏拉图等思想进行比较,最后阐释《管子》民本思想的哲学、管理学价值以及从民本到民主。虽然这篇论文未全面触及《管子》的民本思想,但是它开启了系统研究《管子》民本思想的先河。

综上所述,国内外有关《管子》治国的民本思想研究仍处于待开发阶段;尽管已有很多专家、学者甚至《管子》研究的业余爱好者,从不同角度"碎片化地"阐释过《管子》民本思想,在有限篇幅的研究论文中凸显其真知灼见,但是从《管子》一书中整体来审视,未免有些缺憾;零散不系统、浅显不深入是当前研究的最大现状。总之,如果把《管子》的民本思想比作一幅画,那么它目前的研究现状就像尼采所描述的那样,"他把一幅图画分解成纯粹的碎块,就像一个人用望远镜看舞台,一会儿看见一个脑袋,一会儿看见一块服装,但从未看到全景"。①

1.2.3 本书的分析框架

1.民本模型

本书提出的民本理论模型虽然简洁,但它不是肆意妄想的,更不是天马行

---

① 尼采.作为教育家的叔本华[M].周国平,译.南京:译林出版社,2014:59.

空的,而是具有一套完整思路的,内在潜藏有"一个框架""两个事实""四大思想"三个依据,涉及经济、社会、伦理、道德、人性、法律六个角度。

——模型构建的一套完整思路

本模型是沿着"人(君)—思想—行为—结果(目标)"的思路,从君民这样一对角色出发,从君治国、民治家入手,根据君以"己欲施人"(本书界定为"己所不欲,勿施于人"的简称)之思想,决定对其拥有资源的选择,是与民共享还是独自占用?围绕着这个问题,将儒家的"仁""义""礼""智""信""廉"思想运用到"情感型""道义型""功利型"三个关系以及"善恶""向背""治乱"三对法则分析之中,然后结合人性假设认定、客观情境要求、予取博弈决策,指出君的正确选择是资源与民共享,与民同忧同乐,实施"法治是保障、德治是方向"的德法并用的治国理政方式,最后达到天下大治、社会和谐目标。

——模型构建的三个依据

(1)框架依据。民本理论模型是我在导师指导下、在潜心研读黄光国《儒家关系主义:哲学反思、理论建构与实证研究》的基础上构建的,我从该书的分析框架中获得了诸多灵感、受到了很大启发,并进行了一定的借鉴。

(2)事实依据。一是古代国家,只要有统治者与被统治者存在,就会有君民关系存在,只不过称呼不同而已,"君君,民民,治之本也","君不君,民不民,乱之本也","民弃其君,不亡何待?"这也是本模型从君民出发的直接依据。二是任何一个理性的治国理政之君,都有一个治国理政的终极目标,即希望国家稳而不乱。诚然,没有任何一个国君不期望构建和谐、安乐天下的。从某种意义上说,国家最大的利益莫过于安定,最大的危险莫过于动乱。前者是任何一位国君期望的,后者是任何一位国君都厌恶的。"有而勿失,得而勿忘"(《桓公问》),这样拥有天下而不是丧失天下、得到天下而不失去天下,是从古至今每一位统治者都期望实现的。

(3)思想依据。民本理论模型内在地综合了古今中外四大思想:

一是儒家思想。儒家思想已经在中国盛行两千多年,尽管间或有波折,但是始终居于主导地位,而"己欲施人"成为理性之君治国理政思想的出发点。这一点在《管子》中也有诸多呈现,"度恕者,度之于己也,己之所不安,勿施于人"(《版法解》),也就是自己所不接受的,不要施加于他人,"非其所欲,勿施于人,仁也"(《小问》),非其所欲不强加于人,就是仁,是"己所不欲勿施于人"的真实缩影。"能以此制彼者,唯能以己知人者也"(《禁藏》),要做到以"禁"防"祸",只有能以自身苦乐理解别人的苦乐才行,也就是能够以此避免祸患的,只有那些推己及人的人。统治者作为资源占有者,具有生、杀大权,比司命之神还厉害,可以使贫富之民互相供养、贵贱之民互相服从,"为其杀生,急于司命也;富人贫人,使人相畜也;良人贱人,使人相臣也"(《法法》)。为了达到治国理政安民的目的,君就需要将其"利"与民共享而不是独享,"以天下之财,利天下之人"(《霸言》),这样君就会赢得民的支持与拥护,而"天下所持,虽高不危"(《版法解》)。

民本理论模型的核心思想是"以民为本",而民本思想是儒家的一个重要思想,这从民本思想的由来一章中可以清晰地看出。实际上,本模型中的情感型、道义型关系以及善恶、治乱、向背"三对法则",爱民、益民、安民、成民、富民、利民的思想,涵盖了张分田教授编著的《民本思想与中国统治思想》的诸多阐述。本模型是以孔子、孟子、荀子以及其他知名儒家的民本思想为理论支撑。众所周知,孔子、孟子、荀子都重视以德治国,所以本模型也采用了该思想,这在《管子》中也有清晰呈现,"错国於不倾之地者,授有德也""故授有德,则国安"(《牧民》),这说明只有把政权交给有道德的人,国家才能安定。和合思想是儒家和谐思想的基点,也是本模型的终极指向——社会和谐,天下大治,"谐故能辑,谐辑以悉,莫之能伤"(《兵法》),这说明和谐的重要性,因为普遍地协调一致,谁也不能伤害。

二是法家思想。这种思想在本模型中有重要地位。法家思想在商鞅、韩非子论述中体现的淋漓尽致,最终体现为以法治国。《管子》中更是有诸多这种思想,并认为国家"非生而理也""非生而乱也"(《霸言》),也就是有了法国家就容易治理了。

三是功利主义思想。英国的道德哲学家、法律改革者边沁创立了功利主义学说,也被本模型吸纳。只不过边沁所说的"功利"是指"任何能够产生快乐或幸福并阻止痛苦或苦难的东西"[①],而在本模型中,君治国理政的功利追求是要实现天下大治、安乐共享的终极目的,需要富民、利民,施以顺民之心、从民之意之政。

---

① 迈克尔·桑德尔.公正:该如何做是好?[M].朱慧玲,译.北京:中信出版社,2012:37.

四是人性假设思想。本书之所以在民本理论模型构建中采用人性假设认定,是因为我们同意麦格雷戈的观点,"在每个管理决策和管理行动的背后,都有一种人性与人性行为的假设"①。治国理政实际上是一种管理,自然也不例外。本模型汲取管理学上人性假设判定,认为君治国理政集中体现于人和事两个方面,而君基于不同的人性假设,无论是 X 理论、Y 理论还是超 Y 理论,都呈现出不同的治国理念与施政风格,是单纯德治或法治、还是德法并用?人性虽然不同,但是在君合适的治国理政思想影响下,人性恶的一面会弱化、转化。与之相反,人性善的一面则会增加、强化。

——模型构建的六个角度

本模型虽然简洁明快,但是它整体涵盖了道德角度(情感型关系、善恶法则、德治)、人性角度(人性假设认定)、伦理角度(道义型关系)、社会角度(治乱法则、客观情境要求)、经济维度(功利型关系、向背法则、予取博弈决策)、法律角度(法治),充分体现了"政兴在顺民心,政废在逆民心"的经典思想。

——模型在本书中的贯彻

由于民本理论模型是本书分析框架,所以采用"整体贯穿、具体运用"的方式,将模型"一个理念""两种手段""三个关系""三对法则"及人性假设认定、客观情境要求、予取博弈决策贯彻于全文相应章节分析之中,从而使全文有机联系、完整统一起来。

2.民的类型线

尽管民有很多,但总体上来说,可以分为三类,即积极之民(Energetic People)、正常之民(Well-balanced People)与消极之民(Negative People)。为便于理解后文,这里对选用 Energetic、Well-balanced 以及 Negative 三个词界定 people 的缘由作以下说明。首先,Energetic 具有"精力充沛的""充满活力的"之意,而 Active 具有"活泼的""活跃的""积极的""主动的""起作用的"之意。根据本书研究民之整体的需要,认为社会发展需要的"积极之民"用 Energetic 比 Active 界定更好;其次,由于 Well-balanced 具有"很均衡的""通情达理的""头脑清醒的""情绪稳定的""很均匀的"之意,而 Normal 具有"正常的""平常的""正规的""标准的"之意。结合本书研究实际,认为正常之民是在社会发

---

① 麦格雷戈.企业的人性面[M].韩卉,译.北京:中国人民大学出版社,2008:3.

展中平衡比较好的民,既不消极(Negative, Minus),也不积极(Energetic, Plus),而是处于二者之间,而后者则缺乏这层含义,所以将正常之民译为Well-balanced People;第三,Negative具有"负的""消极的""不同意的""非建设性的"之意,甚至还有"持否定观点"之义,而Passive具有"冷漠的""消极的""被动的""不抵抗的""不关心的"之意。虽然消极之民(Negative People)会作"恶",制造社会发展负(Minus)能量,但是经过教化感染之后,也会行"善",提供社会发展正(Plus)能量。而passive People只能永远是被动地消极之民,不可能变为Energetic People,最多变成Active People,不一定能为社会发展提供正能量,所以本书用Negative People翻译消极之民。

3. 两条主线

《管子》立足当时社会经济发展情状,首次提出"以民为本"思想,以"爱之、生之、养之、成之"(《正》))、"爱之、利之、益之、安之"(《枢言》)形式表达,以"爱民之道、益民之略、富民之方、安民之举,利民之策、成民之法"六维呈现,构成了《管子》民本治国思想的至尊精髓,形成了《管子》民本治国思想的完整谱系。从图1-1中可以看出,作为《管子》民本思想的主干有七个分

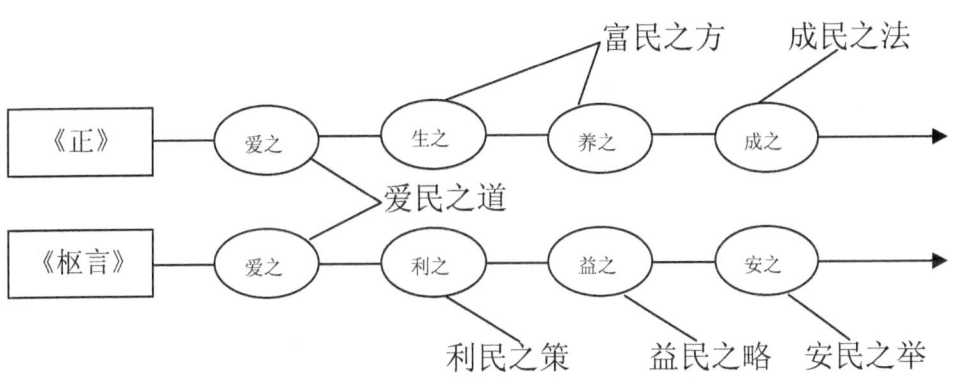

图1-1 《管子》民本思想"两条主线"示意图

支,即"爱之、生之、养之、成之、利之、益之、安之",其中两个分支(生之、养之)有一个"共同根"。尽管文中尚未明确提出来,但是从《管子》民本治国思想出发,笔者认为这个"共同根"就是"富民"。因为解决了富民问题,"生之、养之"在当时也就迎刃而解。诚然,富民在《管子》一书中受到高度重视,"明王之务,在于强本事,去无用,然后民可使富"(《五辅》),"凡治国之道,必先富民、

民富则易治也""是以善为国者,必先富民,然后治之"(《治国》),同时明确提出"富民有要"思想,将在第7章具体阐述。所以,本书主要围绕"爱之、富之、利之、益之、安之、成之"六个维度阐释《管子》民本治国思想。

4.予取博弈

予取博弈是本书研究的一个重要概念。它涉及君治国理政是予民多还是取民多的问题。其实,"予"与"取"有三种情况(见图1-2)。虽然这三种情形在治国理政中代表迥异含义,但是"予""取"并非"既不善也不恶"①。"予"是某种善的东西,假如"予"不是某种善而是某种恶的话,"予"是不会有人接受的,除非强制;"取"是某种恶的东西,假如"取"不是某种恶的东西,而是某种善的话,那么任何人都会自愿被"取",无疑这是违背正常人的本性。所以,从某种意义上说,"予"是"善","取"是"恶",君在治国理政过程中要将"予"善的成分尽可能地放大,将"取"恶的元素尽可能地减少。本书予取博弈精要在于"予多于取",而不是其他两种情况,这也是《管子》民本治国思想精髓所在。

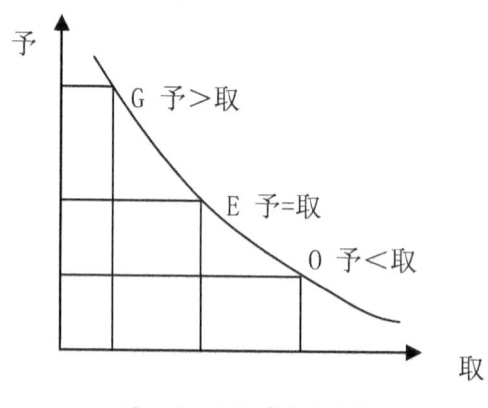

图1-2 予取博弈示意图

5.教化思想

教化思想是《管子》民本治国思想的重要组成部分,从战略高度审视,它以三个层面(见图1-3)呈现。从国家层面出发,"礼""义""廉""耻"是立国的"四维"支柱;从群体层面出发,"士""农""工""商"是国家发展的四大"柱体",是社会进步的重要推手。由于"四维"、"四民"的重要性容易理解,再加

---

① 亚里士多德.尼各马可伦理学[M].廖申白,译注.北京:商务印书馆,2003:222.

上后文将有更为详细解读,所以在这里不予赘述,仅对个体层面的"子"予以阐释。

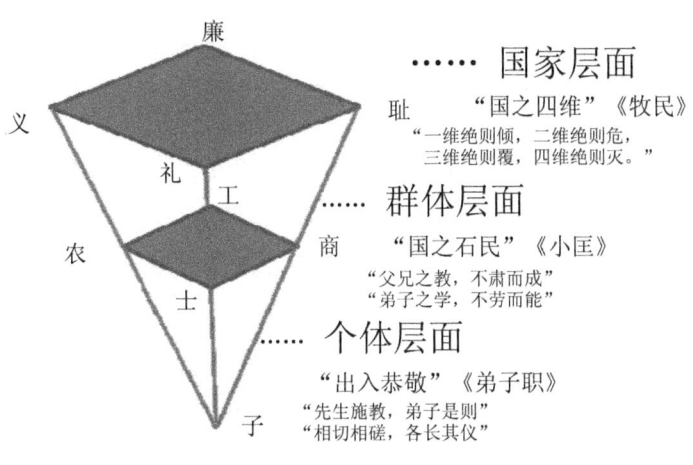

图1-3 《管子》"教化思想"三个层面

就个体层面而言,受教化的对象是弟子。"子"在古代文化中是尊称,孔、老、孟、庄、荀、韩非等皆被称为"子"可为证。在此处个体层面使用它,是指代受教化的弟子,是相对于先生而言的受教化的个体对象,即受教化者。正如中国人民大学陈雷博士所言:"弟子受教于先生以德,初启于蒙学;先生施教于弟子以渔,言行于德善。施受之间,渔鱼相获。先生施教,教之以德,申之以行,据之以理,论之以人,释疑解惑,以鱼授渔。"在这期间,先生于无形之中培养了弟子人性向善的品格,于无声之际塑造了弟子独立思考的个性,从而达到施教于人的终极目的。他还说:"弟子受教,虚心以诚,待人以心,相切相磋,相沿成俗,各长其仪,不知不觉间就由原初的蒙昧状态启蒙为智识之士,浑然不觉间由未开化的顽童成长为有德之人,从而成为德行高尚的独立士子和具有人格魅力的谦谦君子。因此,先生之于弟子,以德化子,以智启人,以渔授人,从而使其成为对社会有用之人;弟子之于先生,其学就教于师长,其智开化于教诲,其德彰显于行为,从而成为国家的栋梁之材。"总之,先生传道、授业、解惑,弟子受道、开智、增知,进而达到"先生施教,弟子是则"(《弟子职》)个体为学的最高境界。由此可见,与国家、群体层面的教化相比,个体层面"子"的教化也是非常重要的,"于师于己,于家于国,皆幸事也"。

1.3 研究方法

1.3.1 分析与综合相统一的方法

分析与综合相统一的方法,是本书的主要研究方法。由于《管子》民本治国思想零散地分布于不同篇章,所以只有采用综合法,才能将其系统地凝练出来,形成一个有机整体;而只有采用分析法,才能将其具体内容更清晰地表达出来,否则,难以把握其构成部分的各自特质。本书对《管子》民本治国思想整体特征的把握,是在通观《管子》民本治国思想"六个向度"基础上加以综合得出的,主要使用的是综合法,而对于《管子》民本治国思想六个向度的讨论,则是对每一向度的内容、取向、特征进行分析,主要使用的是分析法。

1.3.2 逻辑与历史相统一的方法

逻辑和历史相统一的方法,也是本书研究采用的重要方法。因为主观逻辑要以客观历史为基础和内容,所以逻辑推理是历史理论的演绎与再现。由于逻辑推演、历史分析犹如一枚硬币的两面,它们是映衬互补的,所以本书将其视为对《管子》民本思想进行研究必不可少的一种方法。只有逻辑推演,才能使民本理论模型具有可行性,而不是个人恣意胡编乱造;只有历史分析,才能使民本思想理论具有可信性,而不是个人肆意胡思乱想。在这两者之间保持适度的张力,正是构建民本理论模型、进行《管子》民本思想研究的必要条件。恩格斯说:"历史从哪里开始,思想进程也应当从哪里开始。"[1]然而,逻辑与历史的统一,并不是无差别的等同;因为前者反映后者,集中体现了历史发展过程中必然的、主流的、本质的东西,且有效抛弃了历史发展过程中大量偶然的、支流的、非本质的东西,从而形成了系统的民本治国理论体系。逻辑反映历史的过程,是虽经过修正但仍按照现实历史过程本身规律修正的过程。这个"修正"的过程,不是对过去历史的严重背离,而是以严密的逻辑、缜密的

---

[1] 中共中央马克思恩格斯列宁斯大林著作编译局.马克思恩格斯选集:第2卷[M].北京:人民出版社,2012:14.

思维、前后一贯的形式对历史的深刻反映。民本理论模型的构建就是逻辑与历史相统一的直接体现,模型中的内容潜藏有以客观的历史为依据,模型的构建就是对历史理论的演绎升华与综合再现。

1.3.3 跨学科研究法

"跨学科研究法"是本书研究运用的第三种重要方法。通过运用多学科的理论、方法与成果,可以从多个角度对《管子》民本治国思想进行充分研究。由于其治国的民本思想不仅具有对社会生活整体的一体审视,而且包含了对社会生活诸多领域的具体思考,可以成为当今诸多学科的研究对象,所以只有采用跨学科研究方法,才能更好地挖掘、整合出这种思想的精髓,才能从多个层面对其进行有效的系统研究。本书采用哲学与经济学、管理学有机融贯的方法,对民本思想进行全方位、多维度、多视角、深层次的分析,从而将爱民之道、益民之略、安民之举、成民之法、富民之方、利民之策等具体的质点尽可能详细地全面呈现出来,这一点在"教化思想的三个层面""侈靡思想的三重维度""重本饬末思想探析"中应用得非常明显。

1.4 创新之处

1.4.1 研究思路创新

通过潜心研读《管子》原著,从其内含的诸多思想中选取了民本治国思想进行研究。随后确立了"1236"的研究思路,这样使全书脉络颇为清晰。

从全书来看,"1"是指从梳理民本思想的由来开始,构建一个民本理论模型。从某种意义上说,只要我们将统治者的治国思想输入进去,即可以清晰地呈现出其是不是民本治国;"2"是指将"爱之、生之、养之、成之"(《正》)、"爱之、利之、益之、安之"(《枢言》)的两句经典之语作为贯穿全文的"两条主线",只是在具体阐释时将"生之、养之"转化为了"富之"而已;"3"是指《管子》民本治国思想呈现出的"三大整体特征",即"以功利为导向兼容情感与道义""以儒家思想为主兼容两家思想""以法为主的礼法并用",从而有利于更好地从整体上把握《管子》民本思想;"6"是指将两条线衍生为爱民之道、益民之略、安民之举、成民之法、富民之方、利民之策"六个向度",进而使《管子》民本治国思想的实操性更强。

从模型来看,"1"是指君依据"己欲施人"的理念处理与民的关系,从而构建同生共融的君民关系;"2"是指德治与法治两种手段,将二者有机统合起来,以期达到民本治国的最佳效果;"3"是指情感型、道义型、功利型等三个关系以及善恶、治乱、向背等三对法则;"6"是指将仁、义、礼、智、信、廉"六个"经典儒家思想贯穿整个模型之中,使其分别成为"三个关系""三对法则"的核心,全面呈现了经济、社会、人性、伦理、道德、法律"六个"角度。虽然模型中有箭头存在,但是切勿认为从"仁、义、礼"推出"智、信、廉",因为它们只是被界定为相应关系或法则的核心。同时,模型将人性假设认定、客观情境要求、予取博弈决策相应结合起来,最终输出了成功构建和谐、天下大治的民本治国理想蓝图。虽然本书的研究思路具有一定的创新性,但绝不是为了标新立异,而是根据研究需要、通盘考虑的结果。

1.4.2 研究方式创新

本书将创建的民本理论模型作为本书分析框架,开创了管理哲学这门学科的一个新的研究方式,从而使本书结构更为清晰,内容更为动态、形象,克服了哲学论著静态、呆板的境况。

本书提出了民的类型线概念,对民之整体进行了积极之民、正常之民、消极之民的划分,为以德治国与以法治国提供了理论依据;还构建了民本治国思想的两条主线,将《管子》民本治国的"两条主线"融贯起来,使之更为清晰;将程式化解析引入哲学论著之中,并以图表的形式使原本静态的《管子》思想立体动态地呈现出来,使哲学的逻辑性推理研究更强、更具体、更为有效。

1.4.3 研究内容创新

本书构建了全新的民本理论模型,使人们更为简洁地知晓何为"以民为本"的治国形式,由此建立了"德法并用"的治国示意图,使对积极之民、正常之民、消极之民这三类民中的某一类民,以德治为主还是以法治为主展示了清晰图景。总结了《管子》民本治国"以功利为导向兼容情感与道义、以儒家思想为主兼容两家思想、以法为主的礼法并用"的三大整体特征,提出了功利兼容情义的融合论思想,认为功利主义与道义、情感不是互斥的关系,而是同生共融的关系,共生于民本理论模型之中。如果说富民利民是一种功利追求,那么作为普世价值的道义,就是实现功利的保障。反过来,富民利民的功利实现了,则更有助于推行道义,所以两者是相互关联的,而不是彼此对立的。

从民本视角切入《管子》研究,提炼出了《管子》民本治国的"爱民之道""益民之略""富民之方""利民之策""安民之举"和"成民之法"等六个向度思想,校正了冯友兰先生对"四民分业"之"士"的狭隘理解,破解了《管子》中时而"励末"、时而"抑末"、时而"禁末"长期为读者所困惑的"饬末"难题,发现了它的"重本饬末"思想是合规律性与合目的性的统一,提出了"君车民轮"说。"国者,君之车也;民者,国之轮也。"如果说国是君治国理政之车,那么民则是君驱车前行之轮。因此,作为一国之君,他的思想应始终在为国之发展而谋、为民之福祉而虑,不停地游弋在"东西南北中",落实在理想与现实之间,出台的治国理政之策直指"七之"的"两条主线"。因为国置于君车之上,民作为驱车前行之轮,其主观能动性发挥如何,直接决定车行驶的质量与速度。

1.5　逻辑结构

《管子》的民本治国思想是破解当时齐国发展困境的有效法宝,它的善治光辉"并不随着时间的变化而受到影响"。俄国哲学家赫尔岑曾指出:"充分地理解过去,我们可以弄清楚现状;深刻认识过去的意义,我们可以揭示未来的意义;向后看,就是向前进。"从这种意义上说,《管子》的民本治国思想"功不在禹下",其泽被后世更为广泛久远。

本书虽然内容较多,但是逻辑结构依然清晰,详见图1-4。为给《管子》民本治国思想解读提供更多理论支撑,本书首先梳理了民本思想的由来,从中可以看出处于形成期的《管子》民本思想的分量;然后构建了民本理论模型,并将其作为本书核心部分的分析框架。就民本治国实践来说,如果国君能够以仁心的道德本体作为治国理政的基础,在不同的社会情境中用"智"考量各种关系,用"信"赢得民众的支持,用"廉"塑造社会的风气,切实以民为本,对内思虑时做出合乎"义"的道德判断,对外实施时能够符合"礼"的原则,这样就将儒家经典思想融合为一体。民本模型中的"三个关系""三对法则"虽然简略,但是"逆之则乱,顺之则治"①;为便于读者更好地把握民本治国思想,本书紧接着提炼了《管子》民本治国思想的三大整体特征;为更充分地呈现《管子》民本治国思想,本书围绕"两条主线"开展,利用民本理论模型精髓阐释《管子》民本治国的"六个向度",最后得出结论,为达到天下大治目标,构建君民和谐关系,君需推行民本思想治国理政,充分发挥民的主观能动性。

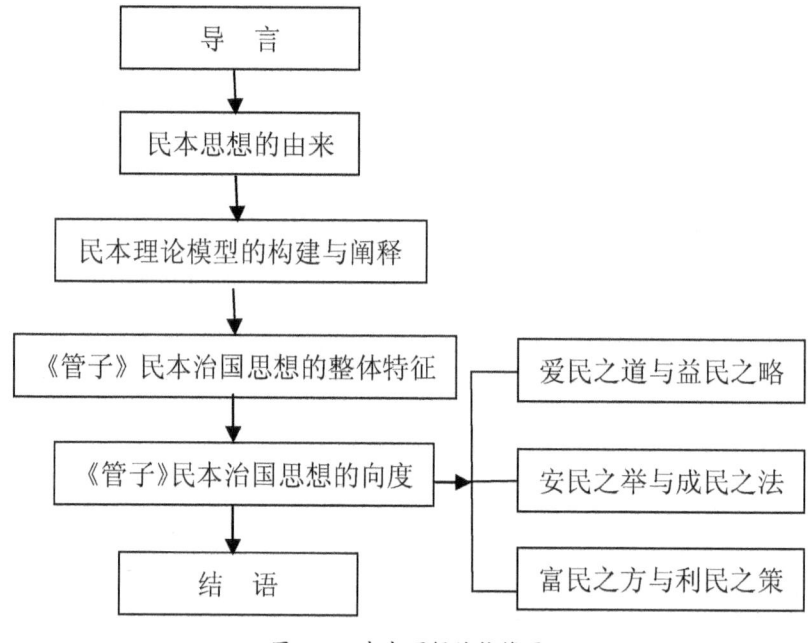

图1-4 本书逻辑结构简图

---

① 董仲舒.春秋繁露[M].张世亮,钟肇鹏,周桂钿,译注.北京:中华书局,2012:486.

第 2 章
民本思想的生发过程和主要特质

民本思想是中国传统文化中极其重要的思想之一,它发轫于《尚书·夏书·五子之歌》的"民唯邦本"思想,绵延于整个社会发展历史进程之中,在国家政治制度发展、变更中持续存在并发挥着重要作用,对后世产生了不同程度影响。为了使千年积淀的民本思想更为清晰地呈现,本章解读了民本内涵,阐释了民本思想发展历程,并对其进行了简要述评。

2.1 民本内涵解读

民本的内涵似乎是浅显的,在稍作分析之后我们会发现,它其实并非那么简单,不同的学者有不同的解读,对于神本、人本、君本、民本等"四本"的认识、理解与匹配,存在一定的模糊性,特别是民本与人本更容易混淆。鉴于此,本节认为有必要对民本的内涵进行解读。

2.1.1 不同学者解读

由于民本思想博大精深,绵延千年,有诸多学者对其进行了阐释,本章从中撷取了两位有代表性的专家的解读,旨在更好地厘清民本的内涵,也为下一章民本理论模型的构建做好铺垫。

香港中文大学社会学讲座教授金耀基先生认为,"在中国政治思想中,从

'民'出发就有民本、非民本和反民本三派"①,并对其进行了派系划分(见图2-1)。他指出,就民本思想而言,它起源于《尚书》的"民惟邦本"②,继承并发扬于后世儒家一派,在中国历史发展中长期居于主导地位;就非民本思想而言,它体现为老庄、杨朱一派,尽管其思想在哲学上璀璨绮丽,但是,其较少影响当时中国政坛上实力派人物,实际政治影响相对较小;就反民本思想而言,它以申韩、李斯等为一派,尽管该派曾是中国政治舞台上的当权者,一度将其思想付诸实践,但是未能维系一个朝代的久续。因此,金先生强调,纵观中国两千多年政治的恢宏画卷,我们可以清晰地发现,它是在专制与开明之中持续推进的路演,即虽有专制存在,但民气未断;虽有皇权演绎,但民多生息。③

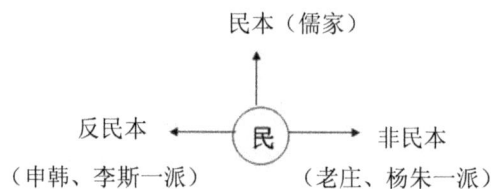

图 2-1 金耀基先生民本解读示意图

从图 2-1 中可以看出,金耀基先生从"民"出发的划分具有一定的合理性,使人们对民本的分类与派系划分一目了然,具有极高的参鉴价值。就其对第一派系形成的儒家民本思想论述而言,则为后文民本理论模型的构建提供了思想依据;而就其对第三派系——反民本思想的分析而论,则为民本理论模型构建的合理性提供了进一步佐证。因为反民本思想严重偏离了"己欲施人"理念,充分反映了君民道义型关系的不足,实际违背了君治国理政的客观情境要求——治而不乱,因而不仅无法安民,而且更不可能成民,即使用严法治国也难以挽救一个朝代的覆亡。因此,促进社会和谐,实现天下大治,君民安乐共享,不过是一种不可能实现的祈望! 而金耀基先生对"民气未断""民多生息"的归纳,则有效表明了君民之间仍有一定的情感型关系在维系,有一定的功利性成分在衍生。倘若君丧失了善的道德因子,严重违背了人性,完全以恶的专制治民,那么爱民之道不可能有,益民之略不可能施,人类恐怕也难

---

① 金耀基.中国民本思想史[M].北京:法律出版社,2008:1.
② 阮元.十三经注疏[M].北京:中华书局,1980:156.
③ 同①2.

以延续至今,则民气必断;倘若没有丝毫向民之心,完全背离了民意,不懂得"予之为取"的博弈之道,那么富民之方不可能推出,利民之策不可能上演,即使依法治民也难以见效,则民难生息。

南开大学张分田教授指出:"依据抽象程度和理论地位,体系化的民本思想大体可以划分为五个层次的内容。第一个层次是'以人为本'及相关的政治哲学问题,它比'以民为本'更具一般意义,属于民本思想的哲学依据。第二个层次是'立君为民'及相关的'设君之道'……第三个层次是'民为国本'的现实依据及与政治关系相关的各种思想……第四个层次是可以概括为'政在养民'的各种具体的治国理民之道……第五个层次是一批与民本思想密切相关的政治调节理论……"为了使张教授的民本思想划分更为清爽,本书以图2-2归结。尽管张教授将民本思想划分了五个层次,但是他依旧认为,"以民为本"是民本思想的核心理念,是"民惟邦本"的升华。他同时指出,在中国古代,"以民为本"是以"以人为本"为文化底蕴和哲学依据的。有时二者也可以作为同义命题使用。这种说法具有一定的道理,在《管子》中也有所体现,只不过张教授的观点源于他的"文化传统和政治哲学的普遍性注定了一种政治思维方式的普遍性,反之,一种政治思维方式的普遍性又注定了文化传统和政治哲学的普遍性"[1]的认识。

第一层次	以人为本
第二层次	立君为民
第三层次	民为国本
第四层次	政在养民
第五层次	政治调节理论

图2-2 张分田先生民本思想划分层次示意图

从图2-2中,我们可以清晰地看出张分田教授五个层次体系化民本思想的精华,特别是他将"以民为本"视为民本思想的核心,为民本理论模型的阐释提供了积极的思想动力。它的第一、三层次"以人为本"与"民为国本",表

---

[1] 张分田.民本思想与中国古代统治思想[M].天津:南开大学出版社,2009:589.

明了君民关系有情感型关系在支撑,君治国理政向善而不作恶,正确看到了人性的本质,以德治民;它的第二、四层次"立君为民"和"政在养民",则体现君与民之间有一定的道义型关系在延伸,君以此谋划治国方略,有效规避乱象,进而推出安民之举,施以成民之法,社会整体治而不乱,符合治国理政的客观情境要求,恩威并重;它的第五层次"政治调节理论",潜藏有君民之间的功利型关系在演进的变化,君从而能够做出向民之行,远离背民之为,进而开出富民之方,施行利民之策,予取博弈适中,以法治民。

虽然上述两位教授表述不同,但都有一个终极指向,那就是民本思想的核心是"以民为本",这也与民本治国思想研究宗旨不谋而合,进一步凸显了本书研究的意义。

2.1.2 "四本"的内涵

民本思想重视民众存在的价值和意义,从他们的情感、需要、尊严出发,将民真正当作人来看待而不是当作物来看待。尽管民本思想积淀深厚,但它是在"神"与"人"不断演绎、"君"与"民"相互斗争的基础上衍化而来的,并以神本与人本、君本与民本四种形式呈现。所谓神本,就是"以神为本",即以"神"为中心;所谓人本,就是"以人为本",即以"人"为中心;所谓君本,就是"以君为本",即以"君"为中心;所谓民本,就是"以民为本",即以"民"为中心,不同的中心衍生不同的对立。"以人为本"与"以神为本"相对应,神本突出"天命论",人本突出"人胜论";"以民为本"与"以君为本"相对应,君本强调"皇权至上",民本强调"民意至上"。"四本"思想的分歧在于究竟什么是"社会之本",是"神"还是"人"?是"君"还是"民"?这是中国封建社会政治思想中长期存在的一个重大问题。虽然神本是与人本相匹配的思想,但是它随着神的树立而延伸,又随着神的弱化而消亡;而民本思想则"是与君主制度相匹配的政治思想,它随着君主制度的发生而发生,随着君主制度的发展而发展,随着君主制度的强化而强化。民本思想不仅是君主专制主义的补充,它始终是统治阶级思想的重要组成部分"。[①]

正是因为如此,在中国传统社会发展的历程中,始终存在着人本与神本或

---

① 张分田.民本思想与中国古代统治思想[M].天津:南开大学出版社,2009:15.

民本与君本思想的斗争,终极指向是神本渐趋退位,君本愈益隐退,人本与民本日渐上位,直接表现为民本思想由不成熟发展为相对成熟、由隐晦迂回延伸到旗帜鲜明,尽管其中断断续续、波动起伏,始终没有长期居于统治地位,但是如果因此而认为中国传统文化之中没有人本与民本思想,只有神本或君本思想,显然是与历史事实不相吻合的。正如张分田教授所言:"所谓'民本',即国之有民,犹如树之有根、木之有干,民众是国家的基础。"实际上,从理论原点与本质属性审视,我们可以发现,神本的终极来源是人本,否则,离开人的支持,它就会丧失存在的根基;君本的终极来源是民本,否则,离开民的支持,它就会难以维系其君位,因为民本是君赢得民全方位支持、推动国家发展、社会进步的强大动力。尽管民本思想并不具备"治权在民"的隐性理念,也不具有否定"治权在君"的潜藏意蕴,但是民本思想所包含的"理性成分之多、所体现的批判精神之强、所容许的调整维度之大"①,对君位的延续巩固,远远超出了一些学者的预期。

通过对上述"四本"的梳理,基本厘清了人们对神本、人本、君本、民本的认识,有助于读者更好地理解后文对民本理论模型的阐释。

2.1.3 民本与人本区别

纵观人类历史长河,我们可以发现,在正常情况下,要求推动社会前进或变革的正向阶级或力量,都或多或少地潜藏有人本思想或民本因素。正如没有神本就没有人本一样,没有君本也就没有民本,但是,人本思想不等于民本思想,"以人为本"也不等同于"以民为本"。然而,它们往往被人视为相同,人们甚至将人本与民本互用,或认为人本更具一般意义。

其实,人本与民本虽有一定联系但差别也十分明显。首先,从对应而又区别的角度看,在历史上,尽管人本与民本都处于"低位",但人本对应的是神本,民本对应的是君本,也就是人本与神本相区别,民本与君本相区别;其次,从蕴含意义看,人本的"人"一般是从自然意义上解读的,而民本的"民"则是从政治意义上解读的;第三,从涵盖范围看,人本重在"人"这个类,而民本则重在"民"这个群;最后,从具体对象看,人本是"以人为本",君也是人,民也是

---

① 张分田.民本思想与中国古代统治思想[M].天津:南开大学出版社,2009:3.

人,所以"以人为本"将君、民皆包含在内;而民本是"以民为本",君不可能是民,显然,"以民为本"不包括君。由此可见,人本与民本不仅是迥异的,而且差别很大。

"人本思想"与"民本思想"虽有联系,却是两个完全不同的概念,有研究者试图将人本与民本调和起来使用,如张分田教授将《霸言》篇中提出的"以人为本"理解为"人即人类、人民"。由于春秋战国时代,确实存在这种情况,这是可以理解的。由此,他认为"'以人为本'既可以作为比'以民为本'更抽象的命题使用,又可以作为'以民为本'的同义命题使用。从这个概括性极强的命题中可以引出民本思想的基本思想和主要内容"①。我们认为,这虽然在特定的历史条件中有其根据,但是在一般维度上将人本与民本混同起来,是不够恰当的。从上述"以人为本"与"以民为本"的四点区别中,可以清晰地看出张分田先生认为的"以人为本'比'以民为本'更具一般意义的观点是值得商榷的,因为他是从现代人视角出发的。

通过上述民本内涵的解读,我们可以发现,历经千年积淀而又绵延不绝的儒家经典思想——民本,不仅是一种历史现象,而且是社会运动积极进化的必然结果。历览有君民关系存在的历史,我们会发现,民本思想的发展是沿着萌芽、形成、曲折、发展与丰富的过程演进,它因时空的迥异变换而演绎出了不同的精彩。然而,正如梁启超先生所言:"其间时代与时代之相嬗,界限常不能分明,非特学术思想有然,即政治史亦莫不然也。一时代中或含有过去时代之余波,与未来时代之萌蘖……"②这也充分说明对民本思想进行精准历史分期实属不易。

2.2 民本思想的发展历程③

人类历史犹如一条幽深的长河,历经数千年洗礼而愈加壮观;而民本思想则好比其中的浪花,历经众多前人探索的积淀而愈加璀璨。对于那些"异中有同、同中有异"的诸多表述,本书有所选择,有所汲取,有所摒弃,有所发扬,由

---

① 张分田.民本思想与中国古代统治思想[M].天津:南开大学出版社,2009:138-139.
② 梁启超.论中国学术思想变迁之大势[M].上海:上海古籍出版社,2006:48.
③ 汪华岳.中国传统文化与民本思想[J].管子学刊.1996(3).

此汇聚了"天下百虑而一致,殊途而同归"的民本思想经典。为了理清其生生不息的绵延脉络,本书试图梳理民本思想从萌芽到形成,以及在历经坎坷曲折之后,又从发展趋向丰富的历程。

2.2.1 萌芽

早在夏朝时期,由于奴隶素质整体低下,基本上处于非自觉状态,所以统治阶级就利用"天命论"来麻醉、愚弄甚至欺骗民众。诚然,在一个政治共同体中,无君则邦难治,无民则国难守,君民彼此相依,利害攸关,"众非元后,何戴?后非众,罔与守邦"。"皇祖有训,民可近,不可下,民惟邦本,本固邦宁。"这是夏康之弟劝诫夏康而作的诗歌,意指民是国家的根本,作为统治者要敬民、爱民、重民,自我约束,修善修德,这里显然已充分认识到民的力量。然而,到了夏朝后期,夏桀居然自比天日,认为可以长享权力,进而肆意妄为,甚至胡作非为,直接导致民不聊生,哀鸿遍野,无奈民众发出了"时日曷丧,予及汝皆亡"①的怒吼,君民应有的正向情感型关系已崩溃。当此之时,商汤起兵讨伐,看似坚若磐石的夏朝便在瞬间坍塌,消失在历史的尘埃之中,这无疑给统治者"天命不可违"的思想以致命打击。由于商汤认为人在水中可以照见自己的样子,在民中间可以看出政治治理的状况,"人视水见形,视民知治不",所以他从人道主义、功利主义角度出发,昭告诸侯"毋不有功于民,勤力乃事。予乃大罚殛女,毋予怨"②。

到了商朝末期,统治阶级硬是编造出一套所谓"君权神授"的谎言,"天命玄鸟,降而生商","王司敬民,罔非天胤",言及"帝"或"帝王"是天地的最高主宰,人世间的一切变化,诸如四季天气的变化、自然灾害的发生、战争胜负的出现、官爵俸禄的高低等,都是按照天帝旨意安排的,而且是不可抗御的。从武王伐商纣王开始,民本思想的胚胎逐渐成形。据《尚书》记载,武王伐纣之前,对外发表"惟天地万物父母,惟人万物之灵"的宣言,"天佑下民,作之君,作之师","虽有周亲,不如仁人"③,周公更是明确提出了"敬德保民"的思想。之所以"敬德",是因为"皇天无亲,惟德是辅",有德才会得到上天的保佑;之

---

① 阮元.十三经注疏[M].北京:中华书局,1980:136-160.
② 司马迁.史记[M].北京:中华书局,1959:93-97.
③ 同①176-622.

所以"保民",是因为"天畏棐忱,民情大可见""天矜下民,民之所欲,天必从之",这就需要统治者在治国理政过程中将恩泽播洒民间,"用康保民","明德慎罚","不敢侮鳏寡",使民众安居乐业,"道洽政治,泽润生民","王以小民受天永命","民不静,亦惟在王宫邦君室","奉答天命,和恒四方民","天惟时求民主"。周公提出的"敬德保民"思想,可能包含着保社稷、保国家的方面,但却是夏商以来中国思想从敬鬼神到重人事的急剧转变,也是神本渐趋终结、民本开始萌芽的转折点。

周朝建立后,文王惧怕政权得而复失,为了达到长期统治的功利性目标,他汲取了"天命靡常""天不可信""德惟善政,政在养民""知人则哲,能官人,安民则惠,黎民怀之"的思想精华,试图在君民之间建立一定的情感型关系,明确强调天聪明来自民聪明,天的看法来自民的看法,天的听闻来自民的听闻,"烝民乃粒,万邦作乂"①。这表明当时的统治者已充分认识到,只有符合民心、贴近民意,才能赢得天意的庇护。"岁害则民饥,民饥必死。为人君而杀其民以自活也,其谁以我为君乎!""人主有能以民为务者,则天下归之矣。"②"天生民而树之君,以利之也。""国将兴,听于民。""国之兴也,视民如伤,是其福也;其亡也,以民为土芥,是其祸也。"③"上失其民,作则不济。"④这是中国民本思想的最早雏形。

在西周初期的统治思想中,立君为民、民为国本、政在养民的三个民本思路已基本清晰可见,特别是在周公时期已有顺天应人的革命观、以德配天的政德观、怀保小民的重民观"三观"思想出现,"怀保小民","一人有庆,兆民赖之","作民父母"⑤,"慎乃有位,敬修其可愿,四海困穷,天禄永终","惟天无亲,克敬惟亲。民罔常怀,怀于有仁","民心无常,惟惠是怀"⑥,这些都是当时民本思想萌芽的体现。然而,历史演绎到西周后期,统治者还是最终将"君权神授"思想加以系统化、理论化、丰富化,将"天帝"与"祖先"区分开来,凸显

---

① 王云五主编;王引之著.万有文库第二集七百种 011 经义述闻 2[M].北京:商务印书馆,民国 24:117-118.
② 陈奇猷.吕氏春秋新校释[M].上海:上海古籍出版社,2009:1474.
③ 阮元.十三经注疏[M].北京:中华书局,1980:2155.
④ 杨伯峻.春秋左传注[M].修订本.北京:中华书局,1990:110.
⑤ 同③1639.
⑥ 同③227.

"天帝"至高无上、唯我独尊的绝对权威。随着奴隶制的瓦解,"君权神授"的绝对权威遭遇到了前所未有的挑战,尤其是西周末年形成的一种相当普遍的"无神论"思潮,极大地冲击了"有神论"思想,直接冲垮了奴隶主阶级费尽心机才得以建立起来的精神支柱——"天命论"观念,全面动摇了"君权神授"的神本思想。

综上所述,尽管在夏、商、周时期积淀了诸多萌芽状态的民本思想,但是这些"实际上只不过包括未来有待发展的民本思想胚胎"。[①]

2.2.2 形成

春秋初期,是奴隶社会向封建社会转变的时期。由于中原内部诸侯分裂,周王室相当衰弱,天下分崩离析,所以中原受到周边少数民族多次侵伐,特别是当时齐国出现了严重的社会危机与政治危机,双重危机叠加,迫使齐国不得不进行强烈的社会变革。基于这种宏观历史背景,在鲍叔牙举荐下,齐桓公任用管仲为相,随即确立了"富国强兵,称霸诸侯"的治国战略,全面调整了本末业发展策略,有效化解了社会危机,彻底消除了政治危机,明确提出了"以民为本"思想,这一点在《管子》中有明确表述,"齐国百姓,公之本也"(《霸形》),"夫霸王之所始也,以人为本","本理则国固,本乱则国危"(《霸言》),"得天下之众者王,得其半者霸",这说明《管子》已把民的"治""乱"上升到关系国家稳定与否的战略高度,本治则国家巩固,本乱则国家危亡,足见其民本思想具有功利主义倾向。紧接着它又进一步指出,国家之所以成为国家,主要原因在于有了民。倘若失去了他们,国家将不成为国家,国君将不再成为国君,"是故国之所以为国者,民体以为国"(《君臣下》),这充分说明民是国家的根本,所以《管子》把民心的向背同政事的兴废紧密联系起来,把"从民之欲"与"祛民之恶"有机结合起来,并将其作为国家治或乱的重要标志,进一步强化了《管子》的民本治国思想。"人主,天下之有威者也,得民则威立,失民则威废"(《形势解》),"取于民有度,用之有止,国虽小必安。取于民无度,用之不止,国虽大必危"(《权修》),这说明民安则君安、民治则国治、得民则威立,否则必将是民乱则国乱、民危则国危,无法达到治国理政的功利性目的。因此,"人不

[①] 张分田.民本思想与中国古代统治思想[M].天津:南开大学出版社,2009:51.

可不务也,此天下之极也"(《五辅》)。《管子》还认为,圣人应该是"明于天人之道,而察于民之故"、"安高在乎同利"(《版法解》)、"上之随天,其次随人"(《白心》),表现了与民同患、同利的思想,将民提升到与天相并称的高度,天意与民意并重,充分肯定了民在社会发展中的作用。上述诸多民本思想的明确表达,给了那些认为《管子》之中没有民本思想的研究者一个颇为清晰的解答。正如张分田教授所言:"与著名的学者商榷,与流行的观点辩争,独到的视角、严密的逻辑、精确的分析、雄辩的断语固然重要,却都不如开列事实更重要。"[1]特别是《说苑》指出,桓公曾经问管仲:"王者何贵?"曰:"贵天。"桓公仰而视天。管仲曰:"所谓天者,非谓苍苍莽莽之天也。君人者,以百姓为天。百姓与之则安,辅之则强,非之则危,背之则亡。"[2]与之相反,如果背离了民本思想,不以民为本,那么"小者兵挫而地削,大者身死而国亡"(《五辅》)。这进一步佐证了《管子》的民本治国思想。

春秋时期占星术颇为盛行,针对当时占星术者依据天象变化预言将要发生大火的窘状,子产认为,天象变化根本管不着人间万事,无须将"天命"之说放在心上,明确提出"天道远,人道迩,非所及也,何以知之?"《左传》中还提出了"则以观德,德以处事,事以度功,功以食民""天之爱民甚矣。岂其使一人肆于民上,以从其淫,而弃天地之性?必不然矣""君使民慢,乱将作矣""德之不建,民之无援"[3]等爱民、治乱、德治思想。在这一时期晏子也明确提出了他的民本思想,在应对晋国大夫叔向咨询时,他就曾指出:"卑而不失尊,曲而不失正者,以民为本也。苟持民矣,安有遗道!苟遗民矣,安有正行焉!"[4]这里直接提出只要"以民为本",就不会丧失道德与公正。否则,将会无道德可言、无公正可视。他还进一步强调"民,事之本也""谋必度其义,事必因于民"[5]。这里再次指出了民是一切事情的根本所在,治国理政必须以民为本。尽管当时孔子仍相信"天命",但其思想已开始转变,更加重视人为,也就是强调人的理性自觉,认为"富民足君",只有民富才能君足。《礼记》里记载着孔子一个

---

[1] 张分田.民本思想与中国古代统治思想[M].天津:南开大学出版社,2009:20.
[2] 刘向.说苑校证[M].向宗鲁,校证.北京:中华书局,1987:73.
[3] 阮元.十三经注疏[M].北京:中华书局,1980:2535.
[4] 吴则虞.晏子春秋集释[M].北京:中华书局,1962:282.
[5] 同[4]208.

观点:"民以君为心,君以民为本。"①从某种意义上说,孔子的"仁"学就是在"以人为本"和"天、鬼、神"均不能干预世间万物的思潮中衍生出来的,他注重现世人生,反对以鬼神为本,主张民为邦本,"未能事人,焉能事鬼?","务民之义,敬鬼神而远之,可谓知矣"②。"贵以贱为本,高以下为基","以百姓心为心"③,这可以说是老子民本思想的直接呈现。墨子思想则更为激进,直接提出用"人的力量"来对抗"天命的力量","赖其力者生,不赖其力者不生","古者上帝鬼神之建设国都立正长也,非高其爵、厚其禄、富贵佚而错之也,将以为万民兴利除害,富贫众寡,安危治乱也"。尽管墨子视野有点狭隘,但是他能从小生产者利益出发,提出"兼爱""非攻""尚贤""尚同"等思想,已是难能可贵!一方面反映民想过安定生活的愿望,另一方面也反映了他对民的重视,他的"君民交相利"思想更是如此。但是他的终极目标还是寄希望于统治者的英明,"天下之百姓,皆上同于天子"④,一切都集中到最高主宰者——天子那里,由昔日的神本而衍生为君本,"大道之行也,天下为公"⑤。

战国时期,"杀人盈野""杀人盈城"⑥,面对如此凄惨情状,作为儒家思想的衣钵传人——孟子,自然比孔子更为推崇人为,他提出"君仁,莫不仁;君义,莫不义;君正,莫不正。一正君而国定矣",并认为只要民归附心齐,即使武器装备落后也能战胜武器精良的敌人,明确提出"天时不如地利,地利不如人和"。这里孟子就充分强调了人的作用,特别是他明确提出"民贵君轻"思想,凸显了其民本理念,进一步发展了前述管、桓对话的民本思想。后世诸多学者用"无忌惮"来形容当时孟子的思想特征,用"破天荒"来赞颂他的历史贡献。他还进一步认为,君不应蔑视臣民,"君之视臣如手足,则臣视君如腹心;君之视臣如犬马,则臣视君如国人;君之视臣如土芥,则臣视君如寇仇"(以下简称"六视"),得民心者得天下,失民心者失天下,他将民心的得失上升到国君得失天下的战略高度,"桀纣之失天下也,失其民也;失其民者,失其心也。得天下有道:得其民,斯得天下矣","贼仁者,谓之贼;贼义者,谓之残。残贼之人,

---

① 同③1650.
② 朱熹.四书章句集注.北京:中华书局,2011:87.
③ 陈鼓应.老子今注今译[M].北京:商务印书馆,2012:120.
④ 孙诒让.墨子闲诂[M].孙启治,孙以楷,点校.北京:中华书局,2001:77-257.
⑤ 阮元.十三经注疏[M].北京:中华书局,1980:1414.
⑥ 同①264.

谓之一夫。闻诛一夫纣矣,未闻弑君也",孟子明确表达了"得乎丘民而为天子"①,言外之意,"失乎丘民而为一夫"。尽管孟子思想中充满了闪光的民本思想,但是由于他不是统治阶级中的一员,他不可能像管仲那样采取切实有效的措施来推动民本思想的落实。另外,这一时期的商子、慎子虽然是法家的代表人物,但是他们的思想中也有民本思想的因子,两人分别提出了"立法利民""立天子以为天下"思想。还有庄子虽然是道家代表人物,但是也有一定的民本思想,他提出了"贱而不可不任者,物也;卑而不可不因者,民也""恃于民而不轻,因于物而不去""四方之民莫不俱至,此之谓圣治"②。屈原也发出了"长太息以掩涕兮,哀民生之多艰"的长叹,彰显了民在大诗人心中的分量,特别是在《离骚》中他吟诵了民本经典诗句:"皇天无私阿兮,览民德焉错辅。"③

到了战国后期,荀子认为"天""人"各有不同的职责与本分,虽然有"明于天人之分",但人完全能够"制天命而用之",甚至相信"人定胜天",认为人生无论是贫贱忧戚,还是富贵荣华,都不在于所谓的"天命",而在于"事在人为"。这一精辟的人本见解,充分反映了当时新兴地主阶级斗志昂扬、生机蓬勃的精神风貌。"君者,舟也。庶人者,水也。水则载舟,水则覆舟。"④这里明确强调水可以载舟,也可以覆舟,将民看成是君统治稳固与否的决定性力量。"用国者,得百姓之力者富,得百姓之死者强,得百姓之誉者荣。三得者具而天下归之,三得者亡而天下去之",在这里荀子将民的"力""死""誉"全面上升到天下"归""去"的高度,进一步体现了他民本思想的萌芽。他还提出了立君为民说,认为"故古者,列地建国,非以贵诸侯而已;列官职,差爵禄,非以尊大夫而已"。由此可以看出荀子浓厚的民本思想。"故美之者,是美天下之本也"⑤,进一步对其民本思想进行了清晰表述。战国末期法家代表人物韩非子也认为天没有什么意志,更不是什么神秘力量,而是对任何人都一样,不分什么亲疏远近。他还认为人的一切思想行为都是在为个人利益打算,都有"自

---

① 朱熹.四书章句集注[M].北京:中华书局,1983:367.
② 郭庆藩.庄子集释[M].王孝鱼,点校.北京:中华书局,1996:111.
③ 洪兴祖.楚辞补注[M].北京:中华书局,1983:23-24.
④ 王先谦.荀子集解[M].沈啸寰,王星贤,点校.北京:中华书局,1988:544.
⑤ 同④179.

为"之心,"无地无民,尧舜不能以王,三代不能以强"①,凸显了韩非子比荀子更加重视民的作用。《系辞》中也有一定的民本思想,提出了"吉凶与民同患"的理念。

综上所述,虽然儒、道、墨、法等对于民的看法或认识表述不一,但是都潜藏有一定的民本基因。从某种意义上说,这个时期是民本思想的闪光期,尤其是爱民、利民、益民、富民、安民、成民、得民心、顺民心、从民欲以及君民的情感型、功利型、道义型关系都能在其中找到元素,这些标志着民本思想处于形成期。

2.2.3 曲折

在中国历史上,封建社会是漫长的,但其发展却波澜跌宕,民本思想也随着时代的发展而波动起伏。

秦汉时期,特别是一统天下之后的秦朝,过度彰显君本,蔑视民本,使其只有二世就在民怨鼎沸中销声匿迹了。秦朝两代而亡的教训深刻地说明了民本思想的重要。汉朝时期,先秦诸子的"百家争鸣"渐趋褪色,西汉初期的贾谊提出了"夫民者,万世之本,不可欺""至古而至于今,与民为仇者,有迟有速,而民必胜",强调"闻之于政也,民无不为本也",并进行了充分有效的论证,"国以民为安危,君以民为威侮,吏以民为贵贱,此之谓民无不为本也"②,这是比较明确的"以民为本"思想。随着董仲舒"独尊儒术"思想的悄然兴起,在继承殷周以来迷信思想基础上,他完整地提出了其代表性的"天人感应""君权神授"思想,认为"天者,万物之祖,万物非天不生",甚至直接断言"天是宇宙万物的创造者","为人者天也。人之为人,本于天也。天亦人之曾祖父也",③董仲舒这一思想的提出,标志着春秋战国以来经过苦苦挣扎"扳回"的人本思想发生了逆转,重新确立了神本思想的统治地位。当然他也提出了仁爱、恤民的治国施政思想,并为汉武帝所接受,同时将"三纲五常"作为永恒不变的道德进行宣扬,开创了封建帝王在位统治长达52年之久的历史性先河。东汉时期,以具有"战斗唯物主义批判精神"著称的斗士王充,猛烈抨击与驳斥了当

---

① 张觉,等.韩非子译注[M].上海:上海古籍出版社,2007:180.
② 阎振益,钟夏.新书校注[M].北京:中华书局,2000:338-341.
③ 苏舆.春秋繁露义证[M].钟哲,点校.北京:中华书局,1992:318-410.

时极为盛行的迷信邪说，认为天地只是自然物，不可能有意志、感觉和欲望，更不可能肆意赐福或降祸于人，而人不是一般的自然物，是有智慧的自然物，正所谓"人，物也，万物之中有智慧者也"①。

东汉末年，一代枭雄曹操，也曾发出"生民百遗一，念之断人肠"②的感叹，凸显了民在这位大政治家心目中的地位。蜀主刘备明确指出"夫济大事，必以人为本"③，正是因为这种"以人为本"思想的指导，才使得他能够以弹丸之地起家，成为三国之一。魏晋以降，儒家的伦理纲常已被多年战争与权力争夺弄得遍体鳞伤，佛教的遁世之道，道教的功利思想，则成为乱世之中的精神避难所。尽管佛教已渐趋中国化，但是所谓"三教共弘"之宽容，则使"五经"形同虚设。虽然统治者知晓"水可载舟，亦可覆舟"的民心民意之重要，也曾强调以史为鉴，但其"以国为家""视天下为利薮"的理念始终未变，很难为民本思想留下空间，特别是"清虚玄远""避祸山水"则衍变成为隋唐思想统一的障碍。南北朝时期，范缜从"形"与"神"关系维度出发，有力地驳斥了董仲舒的"神学目的论"，完全否认"天命对人世间的主宰"、佛教的"因果报应"，这实质上是对董仲舒神本思想的严重批判，但没有从根本上动摇其存在的根基。刘昫指出："衣食者，民之本也；民者，国之本也。民恃衣食，犹鱼之须水；国之恃民，如人之倚足。鱼无水不可生，人失足必不可以步，国失民亦不可以治。"④由此可以看出，民本思想有回流的迹象。

隋唐五代时期，隋文帝虽然认为得民心是巩固统治地位的根本，但无奈在位时间有限，无法将民本思想充分推进，再加上宗教神学肆虐，直接导致唯心主义的哲学思潮泛滥，"天命论"重新走向历史前台，居于意识形态的支配地位。尽管如此，仍有一批唯物主义思想家置身于批判唯心主义"天胜人"的天命论浪潮之中，从不同角度进行阐释，对神本思想施以无情的批判与鞭挞。柳宗元主张"天人不相预"，反对用自然现象解读社会的治与乱，反对从"天命论"角度阐释历史；刘禹锡认为，天茫然无所知，根本不可能干预或主宰人间万事万物，并明确提出"天人交相胜"，"天"（自然界）与"人"（人类社会）各有自

---

① 黄晖.论衡校释：附刘盼遂集解［M］.中华书局，1990：1011.
② 曹操.曹操集［M］.北京：中华书局，1974：6.
③ 陈寿.三国志［M］.裴松之，注.北京：中华书局，1959：877.
④ 金耀基.中国民本思想史［M］.北京：法律出版社，2008：5.

己的特殊运动规律,彼此既相互区别又相互作用,各有自己的职能与特征。尤其值得一提的是,他特别强调"天胜人"不是有意识的而是无意识的,不是有目的的而是无目的的,而"人胜天"则与之相反,不是无意识的而是有意识的,不是无目的的而是有目的的。这无疑肯定了人的主观能动性,人不是完全被动地受自然支配,而是能够积极主动地改造与征服自然。唐太宗李世民颇为欣赏孟子的"民贵君轻"思想,并进行了诠释解读,"君依于国,国依于民"①,"以一人治天下,不以天下奉一人"。贞观二年,太宗对侍臣说,"国以人为本,人以食为本,凡营衣食,以不失时为本","国以民为本,人以食为命"②,"天地之大,黎元为本","治天下者,以人为本"。他还告诫其子说,"舟所以比人君,水所以比黎庶,水能载舟,亦能覆舟","为君之道,必须先存百姓,若损百姓以奉其身,犹割股以啖腹,腹饱而身毙"。基于此,唐太宗留下了"天下为公,一人有庆"的千古箴言。当时开明政治家、知名进谏人士魏征经常提醒他:"怨不在大,可畏惟人;载舟覆舟,所宜深慎。"③尽管这些民本思想是为统治阶级服务的,具有功利性目的,但是君民之间情感型、道义型关系亦闪烁其间,唐朝时期能有这种理念无疑是具有进步意义的。正是这种民本理念的催化作用,才出现了"贞观之治"的盛况,"皆外户不闭,行旅不赍粮"④,特别是到了"开元盛世"时,"人家粮储,皆及数岁,太仓委积,陈腐不可较量"。这种局面的出现,无疑与当时国君推进民本思想的执政理念是分不开的。唐代政治家、文学家陆贽指出,"人者,邦之本也","立国之本,在乎得众;得众之要,在乎见情","情有通塞,故否泰生;情有厚薄,故损益生","当今急务,在于审察群情"。他还强调,"夫君天下者,必以天下之心为心,而不私其心;以天下之耳目为耳目,而不私其耳目,故能通天下之志,尽天下之情。夫以天下之心为心,则我之好恶,乃天下之好恶也","以天下之耳目为耳目,则天下之聪明,皆我之聪明也","与天下同欲者谓之圣帝,与天下违欲者谓之独夫","君得人之情乃固,失则危。是以古先圣王居人之上也,必以其心从天下之心,而不敢以天下之人从其欲",从这些精辟之语中,我们可以清晰地发现,陆贽的民本思想浓郁而丰

---

① 司马光.资治通鉴[M].北京:中华书局,1956:6026.
② 吴兢.贞观政要:卷八 论务农[M].北京:团结出版社,1996:338.
③ 刘昫,等.旧唐书[M].北京:中华书局,1975:2552.
④ 李昉.太平御览:第二卷[M].夏剑钦,校点.石家庄:河北教育出版社,1994:76.

富,尤其是将"违背民意、一意孤行、以一己之意见为意见"之君,称为"独夫",而将"遵从民意、顺意而行、以民之意见为意见"之君,称为"圣帝",更是孟子民本思想的直接延续。

到了宋朝时期,北宋著名政治家范仲淹提出了"居庙堂之高则忧其民"的民本思想,发出了"先天下之忧而忧,后天下之乐而乐"的民本呐喊,这对后世影响颇为深远。张载也发出了"为天地立心,为生民立命,为往圣继绝学,为万世开太平"①的呼声。由于当时各类书院竞相林立,学术风气颇为盛行,无论是讲学,还是辩论,抑或是讨论,都"热闹非凡",于是形成了大小迥异的诸多学派,然而,居于统治地位的官方哲学却是"程朱理学",该学派的核心思想是"存天理,灭人欲",这一封建制度的"礼教"看似平淡无奇,实则严重压抑了人们的创造力。从某种意义上说,它是中国古代"反人本思想"的典型呈现。尽管如此,程朱理学也认为,"天下者,天下之天下也,非一人之私有","人君当与天下大同,而独私一人,非君道也",特别是朱熹认为,"天下之务,莫大于恤民"②,"盖民之于君,聚则为君臣,散则为仇雠。如孟子所谓'君之视臣如草芥,则臣视君如寇仇'是也",这又凸显了其思想仍有一定的民本成分,并非绝对地反民本。后来以李觏、王安石为代表的一批开明思想家重视并提倡孟子的民本思想,"百亩之田,不夺其时,而民不饥矣。五亩之宅,树之以桑,而民不寒矣。达孝悌,则老有归,疾者有养矣。正丧纪,则死者得其藏;修祭祀,则鬼神得其享矣。征伐有节,诛杀有度,而民不横死矣","立君者,天也;养民者,君也。非天命之私一人,为亿万人也。民之所归,天之所右也;民之所去,天之所左也。天命不易哉,民心可畏哉",在这两段经典表述中,凸显了李觏的民本思想。王安石也曾指出,民"少长而有为也,莫不有富之道焉。得其常产,则富矣",在这里可以看出,王安石的民本思想与孟子的"制民恒产"雷同,富民思想凸显。诚然,王安石是从维护封建专制政权的功利角度出发的,尽管富民无法真正有效实现,但是它无疑是有利于当时社会发展的。然而,以司马光为代表的地主阶级保守派则看到了孟子民本思想的危害,认为它会危及地主阶级及其统治的政权,并专门撰写《疑孟》一书,对孟子民本思想进行抨击。王安

---

① 张载.张载集[M].章锡琛,点校.北京:中华书局,1978:376.
② 脱脱,等.宋史[M].北京:中华书局,1977:12753.

石之子王元泽认为,"夫帅而不敢不正者,政贱而不可不因者,民也。政以民为本,民以政为基。为政不可略,而治民不可轻",这无疑对司马光反民本思想给予了有力回击。

朱元璋建立明朝后,初期与后期思想发生了翻天覆地的变化,直接导致了一朝江山社稷赖以支撑的思想柱石瞬间荡然无存。刚称帝时,他礼贤下士、网络人才、唯才是举、唯才是用,形成了一道蔚为亮丽、人才济济的盛世景象。他认为"国以民为本,民以食为天",并提出"天下初定,百姓财力俱困,譬犹初飞之鸟,不可拔其羽,新植之木,不可摇其根,要在安养生息之"的民本思想,因为他深知"君天下者,不可一日无民","保国之道,藏富于民,民富则亲,民贫则离,民之贫富,国家休戚系焉"。然而,随后不久,他便诛杀功臣,大兴文字狱,一派盛景顷刻间如秋风扫落叶一般,特别是当他看到《孟子》"民贵君轻"等刺耳之语时,认为这些思想有害于封建专制统治,"上读《孟子》,怪其对君不逊,怒曰:'使此老在今日,宁得免耶?'时将丁祭,遂命罢配享。明日,司天奏文星暗,上曰:'殆孟子故耶?'命复之",于是便断然下令删节其中的 85 条内容,明确要求删去的部分不得在考试科目中出现,"课试不以命题,科举不以取试"。其实,孟子并无对君的不敬,虽然提出"民贵君轻"思想,也只是说"得天下有道,得其民,斯得天下矣"①;所谓的"六视",也只是告诫君要善待臣民,然后才能"本固邦宁"。然而,在朱元璋当时的理念中,只有"君贵",哪有"民贵"?只有"民轻"哪有"君轻"?这种思想直接导致被今人视为经典的《孟子》被删得面目全非。由于明太祖在君民之间划下了一条不可逾越的鸿沟,直接造成了土崩鱼烂、民不堪命,民本思想遭遇了前所未有的浩劫与曲折。尽管如此,为民本思想抗争的志士仍不乏其人,被视为"异端之尤"的李贽明确提出"夫天之立君,本以为民尔";请罢矿监税使的李三才直言,"陛下爱珠玉,民亦慕温饱;陛下爱子孙,民亦恋妻孥。奈何陛下欲崇聚财贿,而不使小民享升斗之需;欲绵祚万年,而不使小民适朝夕之乐"。毋庸置疑,君压迫愈甚,民反抗亦必愈烈,"此为无理之必然,亦为人情之必然"。正因为如此,1411 年,也就是永乐九年,明成祖下令恢复《孟子》原貌,后经刘三吾修删其中民本内容,才有《孟子节义》问世。

---

① 罗炳良,赵海旺.孟子解说[M].北京:华夏出版社,2007:146.

2.2.4 发展

在经历了一番坎坷曲折之后,民本思想柳暗花明,终于迎来了发展的春天。

明末清初时期,顾炎武提出了"天下兴亡,匹夫有责""保天下者,匹夫之贱,与有责焉"思想。金耀基先生认为,他"虽不曾提及'民本'之语",但他的"精神贯注之所在,用力用心之所在,无一而不在天下百姓,凡一夫一妇之不被其泽,则悲天悯人之罪孽感油然而生"①。被誉为"中国古代朴素唯物主义集大成者"的王夫之,对老庄哲学、魏晋玄学、隋唐佛学特别是宋明理学进行了总批判、总清算,明确提出了"天人之蕴,一气而已",意指包括人在内的天地万物,都是由物质性的气构成的,把"天"与"人"统一到物质的气中。针对程朱理学"存天理、灭人欲"的思想,他提出了"天理"与"人欲"是统一的,并进行了有效论证,强调不能离开"人欲"谈"天理","人欲之大公,即天理之至正",也就是说众人欲望得到满足,便是"天理"所在,这无疑对束缚人类个体主体性的封建纲常"明教"给予了无情的致命打击。他也主张"循天下之公,天下非一姓之私"。他还特别重视人们的正当利益诉求,从一定程度上讲,他的人本思想达到了中国古代人本思想演进的最高水平。经过明朝末年农民起义的洗礼,一些进步思想家开始猛烈抨击"君为臣纲"的封建纲常思想,在用民本思想反对君本思想的斗争中,发表了许多言辞激烈的言论。黄宗羲在《明夷待访录》中强调"君客民主",君应"不以一己之利为利,而使天下受其利;不以一己之害为害,而使天下释其害","天下之治乱,不在一姓之兴亡,而在万民之忧乐",甚至破口大骂,"为天下之大害者,君而已矣","天下之无地而得安宁者为君也","人君以天下为产业,敲骨吸髓,视为当然,乃天下之大害",对于人之出仕,他认为乃"为天下,非为君也;为万民,非为一姓也"②。因此,作为辅助君治国理政的官吏,要有"上忧其君,下忧其民"的思想;作为领取俸禄的官吏,工作要尽"政在奉公,事在为民"的职责。"天地之生万物,仁也。帝王之养万民,仁也。宇宙一团生气,聚于一人,故天下归之,此是常理。"从黄宗羲的

---

① 金耀基.中国民本思想史[M].北京:法律出版社,2008:6.
② 李伟.明夷待访录译注[M].长沙:岳麓书社,2008:5-13.

诸多经典之语中,我们可以看出,他不仅有丰富的民本思想,而且爱憎分明。金耀基先生直接称"其所论之民本思想实上继孟子贵民之绝学,下开梁启超、孙中山诸氏民治思想之先河""其理论之大胆精确,见解之深远密察,足可与孟子先后辉映,与卢梭东西媲美,所陈之政治理想为学术中极精彩的高贵产品,不仅在亡明遗老中为首屈一指,在我国两千多年士林中,亦罕有与其匹者"。①对于《孟子》丘民章,进步思想家张岱认为,"此等议论超越千古,非孟子不能发。对'君轻'而言,宜曰'民为重',而乃曰'贵',予夺之权,自民主之,非贵而何?知此,然后敢定汤武之案。"②;朱舜水也认为古往今来的明君"寥寥焉未有几人"③;唐甄骂得更为严重,"自秦以来,凡为帝王者皆贼也"④。

清朝时期,康熙皇帝主张"黜王(阳明)尊朱(熹)"结束了"心理"与"天理"的争论,顺应当时民心民意,迅速恢复、发展生产,使民期盼已久的正常社会生活得以实现,出现了中国历史上罕见的"康乾盛世",也为其赢得了"圣祖仁皇帝"的儒家最美好称号。康熙帝曾写道:"天生民而立之君,非特予以崇高富贵之具而已,固将负教养之责,使四海九州,无一夫不获其所也。"尽管雍正皇帝是皇权的极端专制者,但是他在故宫留下的"惟以一人治天下;岂为天下奉一人"对联,仍潜藏有民本意识。到了近代,为破解复杂尖锐的社会矛盾,解决"中国向何处去"这一时代难题,再加上受西方民主思潮影响,出现了"人本思想"的回流现象,最直接的体现就是:当时几乎每一位思想家学说中都有关于"人"的论述。龚自珍坚决反对"以天为实"的神本思想,明确提出"历史是由人创造的"观点,并阐释了"天地人所造,众人自造,非圣人所做"的全新认知,"众人之宰,非道非极,自名曰我。我光造明,我力造山川,我变造毛羽肖翘,我理造文字言语,我气造天地,我天地又造人,我分别造伦纪"。龚自珍在这里如此突出"个体人"("我")的作用,凸显了当时人们对个性解放的迫切要求。与其齐名的地主阶级革新派代表魏源指出,"天地之性人为贵,天子者,众人所积而成,而侮慢者,非侮慢天乎?人聚则强,人散则尪,人静则昌,人讼则荒,人背则亡,故天子自视为众人中之一人,斯视天下为天下之天下","天下

---

① 金耀基.中国民本思想史[M].北京:法律出版社,2008:155.
② 张岱.四书遇[M].杭州:浙江古籍出版社,1985:562.
③ 曹钟书.试论《管子》对经济的宏观调控思想[J].管子学刊.1996(4).
④ 谢浩湛,朱迎平.管子全译[M].贵阳:贵州人民出版社,1995:97.

事,人情所不便者,便可复;人情所群便者,变则不可复","履不必同,期于适足;治不必同,期于利民",在他看来,民意如同奔腾的江河之水,汹涌向前,势不可当,即使是圣王,也是不可阻挡的,倘若统治者违背大多数人的利益,想走回头路,也是不可能的。太平天国运动领袖洪秀全曾大声疾呼,"天地之中人为贵,万物之中人为灵",这里呈现出强烈的人本思想,喊出了当时人们的心声,从而赢得了民众的支持,由此掀起了波澜壮阔的伟大农民运动。戊戌变法的领袖人物康有为明确指出,"夫新朝必变前朝之法,与民更始,盖应三百年之运,顺天者兴,兴其变而顺天,非兴其一姓也。逆天者亡,亡其不变而逆天,非亡一姓也","仁运者,大同之道;礼运者,小康之道","天下者天下人之天下,非一人所能私有之,故天下为公,理至公也"。他还指出,"所谓君者……为众民之所公举,即为众人之所公用。民者如店肆之东人,君者乃聘雇之司理人耳,民为主而君为客,民为主而君为仆"。这直接呈现了他的"民主君仆"思想,金耀基先生称其"怀'民胞物与'之量,抱'康济天下'之心"。资产阶级改良派的激进代表谭嗣同,虽不愿立即废除"君主制",但是明确提出了"生民之初,本无所谓君臣,则皆民也。民不能相治,亦不暇治,于是共举一民为君。夫曰共举之,则非君择民,而民择君也","因有民而后有君,君末也,民本也","君亦一民也,且较寻常之民而更为末也",凸显了其"民本君末"思想。为了对民众有利,他还主张推行变法,于是提出了"君也者,为民办事者也;臣也者,助办民事者也。赋税之取于民,所以为办民事之资也"①思想,以期实现"民智""民富""民强"与"民生"。

伟大的民主主义革命先行者孙中山先生认为,人只要把握了自然规律、历史规律,就能控制自然,顺乎世界之潮流,合乎人群之需要,从而促使社会"突驾"。他的这一"突驾"历史进化论学说,凸显了"人力胜天"的人本思想。他坚决反对天命论,认为"占了帝王地位的人,每每假造天意,做他们的保障,说他们所处的特殊地位是天所授予的,人民反对他们便是逆天",强调要相信人的力量,主张以人为本,反对神权、君权,这无疑是孙中山先生历史进化论的鲜明特点。他还认为,社会历史同整个世界一样,有其进化的规律,这个规律好比不可阻挡的潮流,"世界的潮流,由神权流到君权,由君权流到民权;现在流

---

① 谭嗣同:仁学[M].印永清评注,郑州:中州古籍出版社,1998:178.

到了民权,便没有方法可以反抗"。他非常重视民的力量,"一国之趋势,为万众之心理所造成。若其势已成,是断非一二因利乘便之人之智力所可以转移也",还提出了"人民的生活、社会的生存、国民的生计、群众的生命"的民生思想,并将其视为社会发展的动力。"夫国者,人之积也;人者,心之器也;而国事者,一人群心理之现象也。是故政治之隆污,系乎人心之振靡。吾心信其可行,则移山填海之难,终有成功之日;吾心信其不可行,则反掌折枝之易,亦无收效之期也。心之为用大矣哉!夫心也者,万事之本源也。"①由此可见,中山先生提出的"民族、民权、民生"三大主义,皆从"民"字立意着眼,由"民"字延伸发挥,足见其受中国民本思想影响之深远,汲取吸收之透彻,光大水平之高超。杨幼炯指出,"三民主义中的民权主义,虽在补救西方民主政治的流弊,但其精神仍是继承我国古代的民本主义的政治思想","民主主义思维是三民主义的民权先导"。从某种意义上说,中山先生的"三民主义"来源于儒家的民本思想,又超越了儒家的民本思想。美国驻华大使詹森曾将孙中山的《三民主义》与基督教的《圣经》、英国的《大宪章》、美国的《独立宣言》并列为世界四大文献,足见"三民主义"的魅力。金耀基先生称他为"中国之华盛顿,而又不只为中国之华盛顿也",都是因为他开创了以"民"为名之民国②,彻底扭转了中国历史发展之航向。

2.2.5 丰富

民本思想不是静止的,而是随着社会进步不断丰富的,特别是到了现代更是如此。毛泽东同志指出:"在我党的一切实际工作中,凡属正确的领导,必须是从群众中来,到群众中去。"③在《论联合政府》中,他还指出:"人民,只有人民,才是创造世界历史的动力。"这里突出强调了"民"的作用,为建国后具有民本思想特征的法律、法规、政策的制定做了积极铺垫。新中国成立后,建立了人民民主专政的社会主义国家,宪法明确规定"中华人民共和国的一切权力属于人民",凸显了国家的权力归属——"民权"。1981年中共在《关于建国以来党的若干历史问题的决议》中将群众路线的的基本内容概括为"一切为了

---

① 孙中山全集:第六卷[M].北京:中华书局,1985:158-159.
② 金耀基.中国民本思想史[M].北京:法律出版社,2008:181.
③ 毛泽东选集:第三卷[M].北京:人民出版社,1953:899.

群众,一切依靠群众,从群众中来,到群众中去"。① 邓小平同志在1992年初视察南方的谈话中指出:"社会主义的本质,是解放生产力,发展生产力,消灭剥削,消除两极分化,最终达到共同富裕。""群众是我们力量的源泉,群众路线和群众观点是我们的传家宝。"②民本思想直接流露出来,并推动到民众中间去实践。江泽民同志强调要增强"环境意识和生态意识",指出"破坏资源环境就是破坏生产力,保护资源环境就是保护生产力,改善资源环境就是发展生产力"。这里就潜藏有重视民本的因子,因为人民只有置身于环境中才能生活。"三个代表"更是清晰地体现了民本思想,即中国共产党要始终代表中国先进生产力的发展要求,代表先进文化的前进方向,代表最广大人民的根本利益,"我们党要始终代表中国最广大人民的根本利益,就是党的理论、路线、纲领、方针、政策和各项工作,必须坚持把人民的根本利益作为出发点和归宿,充分发挥人民群众的积极性、主动性、创造性,在社会不断发展进步的基础上,使人民群众不断获得切实的经济、政治、文化利益",这使得民本思想得以延伸。胡锦涛同志强调:"相信谁、依靠谁、为了谁,是否始终站在最广大人民的立场上,是区分唯物史观和唯心史观的分水岭,也是判断马克思主义政党的试金石。"③《中共中央关于完善社会主义市场经济体制若干问题的决定》指出"坚持以人为本,树立全面、协调、可持续的发展观,促进经济社会和人的全面发展。"胡锦涛同志还指出,"马克思主义政党的理论路线和方针政策以及全部工作,只有顺民意、谋民利、得民心,才能得到人民群众的支持和拥护,才能永远立于不败之地","我们要时刻把群众的安危冷暖放在心上,真诚倾听群众呼声,真实反映群众愿望,真情关心群众疾苦,多为群众办好事、办实事","把人民拥护不拥护、赞成不赞成、高兴不高兴、答应不答应作为制定各项方针政策的出发点和落脚点,坚持问政于民、问需于民、问计于民"。他在十七届中央纪委六次全会上强调,"我们必须进一步把以人为本、执政为民贯彻落实到党和国家全部工作中,不断实现好、维护好、发展好最广大人民根本利益,始终保持同人民群众的血肉联系。全党同志必须坚持全心全意为人民服务,做到权为民所用、情为民所系、利为民所谋,使我们的工作获得最广泛、最可靠、最牢

---

① 吴倬.马克思主义哲学导论[M].北京:当代中国出版社,2002:293.
② 邓小平.邓小平文选:第二卷[M].北京:人民出版社,1994:368.
③ 邓朴.马克思主义政党执政理念研究[D].成都:电子科技大学,2011.

固的群众基础和力量源泉,使我们的事业经得起任何风浪、任何风险的考验",这也是民本思想的直接体现,"以人为本"的科学发展观,实质是以最广大人民的利益为根本的发展观,是民本思想的间接体现。党的十八大明确指出,"在全党深入开展以为民务实清廉为主要内容的党的群众路线教育实践活动","全心全意为人民服务是党的根本宗旨,群众路线是党的生命线和根本工作路线",是民本思想的生动体现。

通过上述对不同时期民本思想的梳理,我们可以清晰地发现中国民本思想的演进路径。虽然民本思想经历了千百年的洗礼与演绎,但是它"毕竟只是一种理论,而非一种制度"。诚然,民本思想要想全方位从理论转化为实践,从实践转变为制度,尚需要很长的一段路要走。

2.3 民本思想的主要特质

民本思想在中国具有广泛的社会基础、深厚的历史积淀。如果我们认真浏览其波澜壮阔衍变历程,就会发现前文中的思想家或国君或国家领导人都起到了举足轻重的作用,有的还做出了不可磨灭的贡献。然而,当我们综合起来审视时,我们可以深切地感觉到中国的民本思想具有以下三个主要特质:问题研究的开放性、实践的普适性、产生和发展的历史必然性。

2.3.1 研究的开放性

民本思想是中国古代主流思想中最为珍贵的精华部分。由于研究视野不同,对民本思想的归纳总结也有差异,有时甚至具有一定的客观争议性。由于本章主要是阐述民本思想的由来,所以仅选取香港中文大学社会学讲座教授金耀基先生1959年的硕士论文、后成书为《中国民本思想史》予以探讨。

金教授认为,中国的民本思想胎息于《尚书》的"民惟邦本",孕育于孔子的"仁民爱物"之说,建立于孟子,发展于荀子,停滞于董仲舒时期,消沉于韩愈、柳宗元、陆贽以及宋元明的新儒学时期,发皇于黄宗羲、康有为与谭嗣同时期,完成于孙中山时期,由此将中国民本思想史分为八部分、六个时期,即绪论—胚胎—建立—停滞—消沉—发皇—完成—余论。这说明金教授的民本思想研究思路非常清晰,但是他完全忽视了一部具有划时代意义的巨著——《管子》,而该书的民本思想之丰富堪称"集时代之大成"。虽然他明确表达了这样做的原因,即认为《管子》"大有问题,吾人宁可存疑割爱,俾免乱真"①,所以直接将《管子》中丰富的民本思想直接略去,本书认为颇为不妥。尤其是他还指出:"据吾人研究,孟子之前,与夫孟子并时之言政者,非以'国'为中心,即以'君'为中心,而从未有以'民'为中心者,有之,则自孟子始也,所以孟子不仅为孔门之巨擘,亦且为儒家民本思想之宗师也。"②本书认为在略去《管子》后,这种说法是正确的,在综合考虑《管子》的民本思想后,这种说法值得商榷。一方面因为《管子》明确提出了"以民为本"思想,直接体现于《霸形》篇管桓对话中,管仲言及"公将欲霸王、举大事乎?则从其本事矣",当桓公"敢问何谓其本?"时,他则胸有成竹地旋即应对道:"齐国百姓,公之本也。"所以本书认为在阐释中国民本思想时,直接将其遗漏是不很合适的;另一方面是金教授对"国"的理解问题值得探讨。其实,春秋战国时期,各诸侯国在其辖域内,政治上是独立的,经济上除按规定献纳象征性的贡赋外是自主的,军事上有自己的军队,称呼上也叫君,这与实际意义上的国无异。因此,金教授借孟子之前非以国而以君为中心之托,有意将《管子》民本思想的伟大贡献略去,对它也是不公平的。由于本书不讨论《管子》的真伪,试想一本书能够流传两千多年而经久不衰,必有其独到的价值,所以在研究与该书有关的思想内容时,将其经典之处直接略去,也是与科学研究自身要求不相符的。

虽然在绵延千年的历史长河中,曾有专制局面日紧、民本思想日泯的情况,但是《管子》在当时创建的民本思想仍旧在不同时期、不同阶段发挥着不同的作用,否则人类不可能将其绵延传承至今。《管子》的民本思想非常丰富,散见于全书的角角落落,这也符合君治国理政的民本思想特征。只有民在君治国理政的宏观与微观系统中随处可见、可感爱民与益民、安民与成民、富民与利民的民本举措,才是真正的"以民为本"治国。所以无论是从《管子》治国的顶层设计,还是从它理政的微观层面;无论是从政治角度,还是从经济角度,抑或是从管理角度,我们都可以发现其中蕴含或潜藏有大量民本治国思想的元素或因子,并集中呈现在"两条主线"之中,由此形成了丰富的民本治国

---

① 金耀基.中国民本思想史[M].北京:法律出版社,2008:21.
② 同①66.

思想。

民是君治国理政的重要客体、通货积财的根本依赖、富国强兵的直接动力、争霸天下的重要保障。从某种意义上说,一个国家的治乱、兴衰、存亡,取决于民心向背的程度如何,取决于民众应有的权利、地位得到尊重与否,取决于国家颁布的政策得到民众拥护与否。从目前可考证的事实分析,管仲应该是中国民本思想的首位提出者与践行者。谢扶雅先生将中国五千年来的政治思想称为"民学",而金耀基教授认为,"谢氏所称之民学,当指发挥民本思想之有系统的学问而言"①。本书认为,自从有国家以来,没有哪一个时期无有"民"的要素存在,无疑君在治国理政中离不开"民"的元素。从某种程度上讲,君有了民本思想,就会出现"上好礼,则民莫敢不敬;上好义,则民莫敢不服;上好信,则民莫敢不用情"的情境,"仁义礼智,非由外铄我也,我固有之也,弗思耳矣"。总之,民"之所不学而能者,其良能也;所不虑而知者,其良知也"②,作为治国理政之君,要运用民本思想把民的良知、良能充分发挥出来,从而为国家的稳固、社会的发展提供源源不竭的动力。

正是因为民本思想具有客观争议性,所以我们在研究民本思想甚至汲取前述诸家思想精华时,要兼收并蓄,但又不能完全照搬,"兼用……而勿尽"(《国准》)。因此,在民本治国思想研究过程中,我们应努力将争议性降至最小,从而有利于民本思想研究的绵延传承。

2.3.2 实践的普适性

民本思想虽然具有高度的理论抽象性,但是它也具有广泛的实践普适性。君思维最本质、最切近的基础,正是其在治国理政中应用民本思想所带来的正向积极变化,而不仅仅是民本思想本身。民本思想的坚持与否,是检验一个朝代之君在位时间长短的尺度。如果包括君在内的任何统治者在治国理政中即使不能全部应用民本思想的话,也不能完全抛弃它,因为它是社会大众共有的认同,而不是属于一个阶级或阶层的思想。任何统治者如果完全丢掉了这种思想,那么他的统治寿命必将很快终结。所以,民本思想不仅从内部即就其内

---

① 金耀基.中国民本思想史[M].北京:法律出版社,2008:10.
② 朱熹.四书章句集注[M].北京:中华书局,1993:134-331.

容来说,而且从外部即就其形式来说,都和它自己时代的君或统治者相联系且彼此作用。只有君治国的理念中内在地蕴含有民本思想,才能真正将其全面贯彻落实到治国理政之中;倘若君没有民本治国的理念,那么君是不可能将民本思想真正贯彻落实到治国理政中的。民本思想在一个国家的实现程度,取决于它满足君或统治者治国理政的需要程度。满足需要的多,它被采纳的就多,贯彻落实的也就多;满足需要的少,它被采纳的就少,贯彻落实的也就少。尽管如此,在君或统治者治国理政中,不能可能没有一点民本思想基因。这也正是其能够具有普遍存在性的原因。

"以民为本"是诸子百家的普遍共识,不是属于一家一派的观点,这从前文梳理民本思想的发展历程中可以清晰看出。其实,国外也非常重视民的因素,即使不能称之为民本思想。马克思、恩格斯在他们早期著作《神圣家族》中曾指出,"历史活动是群众的事业,随着历史活动的深入,必将是群众队伍的扩大"[1]。恩格斯在《反杜林论》中也强调民的力量,"一旦人民群众——农村工人、城市工人和农民——有了自己的意志,这样的时机就要到来。那时,君主的军队将转变为人民的军队,机器将拒绝效劳,军国主义将由于自身发展的辩证法而灭亡"[2]。美国总统林肯在1863年葛底斯堡演说中,曾有一句脍炙人口、流传至今的经典之语,强调他所要建立的政府是"Government of the people, by the people, for the people"。为此,梁启超曾指出,"民本思想不具有'民治'理念,而有'民有''民享'的内容",也就是在长期流行于西方的"of the people(民有), by the people(民治), for the people(民享)"理念中,除了"by the people"外,"of the people"与"for the people"就蕴含有民本思想的基因。正是因为民本思想的普遍性,所以无论是国内还是国外,无论是古代还是现代,任何治国理政之君或统治者都在或多或少地践行民本思想的真谛,否则那个国家的统治者难以长期立足。

正如从一管水的化验结果中可以知晓一定范围内水的性质、从一撮泥土的检测数据中可以知晓一定范围内土壤的状况一样,调研一国或一地民众受益情况,就可以知晓民本思想的贯彻情况。因此,君一旦真正实施民本思想治

---

[1] 马克思,恩格斯.马克思恩格斯全集:第2卷[M].北京:人民出版社,1995:104.
[2] 中共中央马克思恩格斯列宁斯大林著作编译局.马克思恩格斯选集:第3卷[M].北京:人民出版社,2012:550.

国,必将会出现"妻子好合,如鼓瑟琴;兄弟既翕,和乐且湛;宜尔室家,乐尔妻帑"①的盛世景象,其治国理政必如"操舟得舵,平澜浅濑,无不如意",即使间或遭遇"颠风逆浪","舵柄在手,可免没溺之患矣"。②

2.3.3 生发的必然性

民本并不是开天辟地以来就已经存在、始终如一的思想,而是随着社会的发展而发展、丰富而丰富,是人类历史演绎的产物,是世世代代君民共同活动产生的必然结果。虽然有时因君的主观与客观相分野、理论与实践相脱离,致使民本思想不能完全落地,但是并不影响它发展的历史趋势或必然性。

君民作为重要的一对关系,其关系维持的如何直接关系到国家的稳定、君位的保持,"无地无民,尧舜不能为王,三代不能以强"③。毋庸置疑,君在治国理政过程中,无可回避地要考虑民的态度与行为;民在其日常生活过程中,也不能不适应君理性制定的民本法律法规。这样就在君民之间存在一种相互依存的关系,君的生死荣辱、去留存亡与民的贡献服从、拥戴辅助息息相关,有时甚至休戚与共。"君者,民之心也;民者,君之体也。心之所好,体必安之;君之所好,民必从之。"④因此,无论是出于对公共权力的认知,还是出于对公共利益的维护,我们都可以从中导出君民彼此依存的观点。由于民本治国之君是民的利益代言人、维护者,所以君治国理政的思路都与公共权力、公共事务、民众利益的关心与思考有密切的关系。

民本思想是在一定程度上隐含了人民是推动历史的主要力量的观念。它从侧面说明了一个朝代的兴衰更迭,不只是由君一人决定的,而是由民众整体的人心向背共同决定的。历史的发展是民众合力的结果,历史的进步是民众群力的展示。因此,以民为本的思想是符合时代潮流的,任何逆潮流而动的行为都是短期的,不可能长期停留在民众视野中,正所谓"其功顺天者,天助之;其功逆天者,天违之。天之所助,虽小必大;天之所违,虽成必败"(《形势》)。民本思想自诞生以来,能够绵延千载而愈加魅力无穷,这从另一个侧面也说明

---

① 阮元.十三经注疏[M].北京:中华书局,1980:408-409.
② 王阳明.王阳明全集[M].北京:线装书局,2014:1278-1279.
③ 张觉,等.韩非子译注[M].上海:上海古籍出版社,2007:180.
④ 苏舆.春秋繁露义证[M].钟哲,点校.北京:中华书局,1992:320.

了民本思想的威力,从它对封建专制的恶性发展起到一定的限制或抵制作用中已充分说明。从某种意义上说,民本思想从其产生到中国民主思想的萌芽,乃至近代西方民主传入中国之前,都有积极进步的作用,这种思想对后来民主思想在中国的延续具有一定的影响。"只有认识到'民'在经济生活、政治生活以及图霸中所起的重大作用,才能在治国实践中坚持以民为本。"①民本思想是中国传统文化中非常重要的思想资源,是封建社会国君维持其统治的有效工具。只要民本思想在君治国理政中呈现,在一国境内有国民存在的地方,都会感受到君的民本情怀。这也是以民本思想治国的主要特征。

"有些学者甚至断言:只有个别属性流派和少数思想家主张民本思想,可谓'寥若晨星''凤毛麟角'。只要稍微仔细地翻检一下历史文献,就不难发现这种认识与历史事实不相符合,它既低估了民本思想的影响范围,也低估了华夏先民的政治智慧。"②正因为如此,民本思想并没有局限于思想者的书斋,而是由思想形成了理论、从理论走向了实践,发散于君的治国理政之中。在理论方面,它形成了愈益丰富的经典理论,并为春秋以后的国君提供了重要的理论指导;在实践方面,它产生了历史片段式的岁月辉煌,造就了"成康之治""文景之治""光武之治""贞观之治""开元盛世""洪武永乐之治"与"康乾盛世"。正如恩格斯所指出的那样,"仅仅知道大麦植株和微积分属于否定的否定,既不能把大麦种好,也不能进行微分和积分,正如仅仅知道靠弦的长短粗细来定音的规律还不能演奏小提琴一样"③。民本思想也是如此,仅仅知道它的含义与内容,还不一定能把它全方位地成功付诸实践。其实,君在治国理政中积极应用民本思想,不仅反映了其理性主义行为,而且反映了其人道主义思想。无数实践经验证明,只有以民本思想为指导,君的治国理政才能更富有成效;只有落实民本思想,君民关系才会更为和谐融洽。

---

① 宋玉顺,张志义.以民为本与桓管霸业——管仲民本思想的借鉴价值[J].管子学刊,2005(2).
② 张分田.民本思想与中国古代统治思想[M].天津:南开大学出版社,2009:17.
③ 马克思,恩格斯.马克思恩格斯选集:第3卷[M].北京:人民出版社,1995:1485.

第3章
民本理论模型的构建与阐释

民本命题是一个积淀已久但又非常年轻的命题。正如张分田教授指出的那样,"在中国古代政治词典中,原本没有'民本'这个范畴","'民本'是一个现代学术界创造并经常使用的学术范畴"。民本是"民惟邦本""以民为本"的缩写,自从梁启超在《先秦思想史》中专辟"民本的思想"①一章后,"'民本'逐渐成为研究中国思想文化的学者们经常使用的一个学术概念"。②

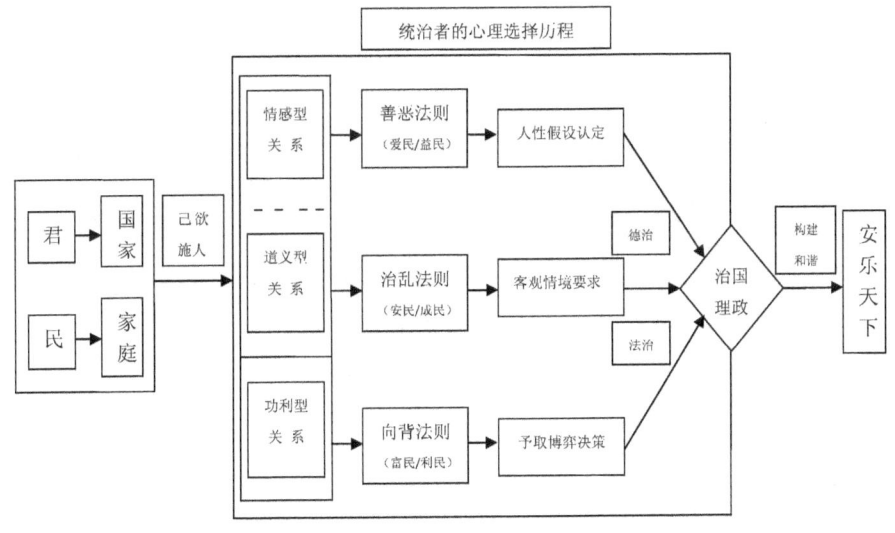

图 3-1 民本理论模型

---

① 梁启超.先秦政治思想史[M].北京:商务印书馆,2014:38.
② 张分田.民本思想与中国古代统治思想[M].天津:南开大学出版社,2009:27.

而民本理论模型则是本书为研究需要而提出的全新话题。它是基于对君民关系的原生性思考,运用儒家经典思想,汲取法家思想精华,吸收人性假定理论与功利主义学说,借鉴亚里士多德的理论与实践智慧以及康德的理论与实践理性而建构出来的理论模型。"一个模型,多种来源",旨在呈现视野开阔的君,通过"己欲施人",坚持正义公平,对资源分配做出正确的选择,实现治国理政、政通人和、与民共享、安乐天下的宏伟景象。

3.1 君民关系

"当我们深思熟虑地考察自然界或人类历史或我们自己精神活动的时候,首先呈现在我们眼前的,是一幅由种种联系和相互作用无穷无尽地交织起来的画面,其中没有任何东西是不动的和不变的,而是一切在运动、变化、生成和消逝。"①这是恩格斯告诉我们万事万物乃至人们之间都是普遍联系的,君与民之间的关系也不例外,只不过二者之间联系的"根"是民本思想。无论社会如何变化,时势如何变迁,维系君民关系核心的民本思想都将永放光芒。为了给后文阐释《管子》民本治国思想提供更有效支撑,再加上中国古代社会君民关系的主导形态是儒家思想,所以本节从理论、实践与模型三个方面予以探讨。

3.1.1 儒家君民关系

张分田教授认为:"民是国之本,而君是政之本。就国家存亡而言,庶民群体比在位之君更重要;就政治盛衰而言,在位之君比庶民群体更重要。"②张先生的论述非常有道理。为使民本思想脉络更为清晰、理论模型更有支撑度,下面首先梳理孔子、孟子、荀子阐释的君民关系思想,以期为后文阐释《管子》的民本治国思想作出积极铺垫。

1.孔子君民关系思想③

孔子,作为儒家创始人,主张以德服人。他认为,如果君施德政,那么民就

---

① 马克思,恩格斯.马克思恩格斯选集:第3卷[M].北京:人民出版社,1995:60.
② 张分田.民本思想与中国古代统治思想[M].天津:南开大学出版社,2009:34.
③ 陈秀平,陈继雄.中国古代民本思想探源——从先秦时期君民关系理论来看[J].前言,2010(20).

会像众星拱卫北斗一样拥护他,"为政以德,譬如北辰,居其所而众星共之";只有君"正",才能有效仿之民,"其身正,不令而行;其身不正,虽令不从","政者,正也。子帅以正,孰敢不正?"①韩非子曾引用孔子一段话:"为人君者,犹盂也;民犹水也。盂方水方,盂圜水圜。"②这里孔子把君民关系喻为盂和水,君好比"盂",民好比"盂中的水",有什么样的"盂",就会有什么样的"水的形状"。盂是方的,水就是方的;盂是圆的,水也就会变成圆的。这说明民在社会中的行为严重受君的影响,所以君在治国理政中自身要树立榜样,这样他就会影响、感染、带动更多的民。从孔子将国君以"刑政"与"德政"治民哪个效果更好的比对中可以看出,他的从"政"到"德"、从"刑"到"礼"、从民"免而无耻"到"有耻且格",是一个从阳刚到温和、从强制到感化、从被动到主动的积极变化过程,彰显了"德""礼"在君治国理政中的引领作用,凸显了"德政"的威力。③可见君施行"刑政",以法治国,民只会权且避免犯罪,并无任何羞耻之心,治标不治本;而君施行"德政",以德治国,民就会有羞耻之心,能够安分守己,从而达到标本兼治目的。

孔子还主张刑罚要适当,一定要让民敬畏它。如果刑罚不适当,那么民就无所适从,"刑罚不中,则民无所错手足"④。但是,他也不是一味主张迁就民,对于那些不接受教化、不安分守己的民,还是要诉诸刑罚的,"政宽则民慢,慢则纠之以猛,猛则民残,残者施之以宽,宽以济猛,猛以济宽,政是以和"⑤。他还主张对民施以教化,反对"不教而杀",认为君通过教化,即可以使民向善、从善。如果未对民进行教化而致其被诛杀,那就是君的罪过,"不教而杀谓之虐,不戒视成谓之暴,慢令致期谓之贼"。特别需要指出的是,孔子还提出了富民思想,他认为民富即是君富,民不富君也难富,"百姓足,君孰与不足?百姓不足,君孰与足?"⑥只有民先富足,国君才能富足。否则,君民皆不可能富足。这里潜藏有民本思想的因子;没有民,哪来君?

---

① 杨伯峻.论语译注[M].北京:中华书局,2017:183.
② 张觉,等.韩非子译注[M].上海:上海古籍出版社,2007:422.
③ 王义忠.《管子·牧民》的管理哲学思想及其当代价值[J].青海社会科学,2015(1).
④ 同①189.
⑤ 杨伯峻.春秋左传注[M].修订本.北京:中华书局,1990:1421.
⑥ 同①180.

2. 孟子君民关系思想

孟子认为,君务必要重视民,并将民视为诸侯的"三宝"之一,"诸侯之宝三:土地、人民、政事"①。在"民贵君轻"思想指导下,如果君暴虐无道,有势力的诸侯,应挺身而出,率领民伐罪,"贼仁谓贼,贼义谓残"。为了构建和谐融洽的君民关系,应防止"君视民如犬马,民视君如国人;君视民如土芥,民视君如仇寇"的情况出现,推进"君视民如手足,民视君如心腹"的良性情状,这就是孟子民本思想的直接体现。

孟子指出,君应将民的利益放在首位,"明君制民之产,必使仰足以事父母,俯足以畜妻子,乐岁终身饱,凶年免于死亡。然后驱而之善,故民之从之也轻"。他强调,君如无道,民就不可避免地反抗他,"是以惟仁者,宜在高位。不仁而在高位,是播其恶于众也。上无道揆也,下无法守也。朝不信道,工不信度,君子犯义,小人犯刑,国之所存者,幸也"。对于那些作恶多端之君,"有大过则谏,反复之而不听,则易位"。他还认为,"三代之得天下也以仁,其失天下也以不仁。国之所以废兴存亡者亦然。天子不仁,不保四海;诸侯不仁,不保社稷;卿、大夫不仁,不保宗庙;士、庶人不仁,不保四体。今恶死亡而乐不仁,是犹恶醉而强酒"。孟子还看到了民心向背对君的影响,"乐民之乐者,民亦乐其乐;忧民之忧者,民亦忧其忧",所以他主张君要争得民心,而如何争得民心,就需要君与民同忧乐。这也是民本理论模型的重要思想之一。孟子还认为,君应实现民的安逸生活,即所谓"便民逸,使民生";为了民的安逸生活而役使民众,即使极为劳苦,他们也不会抱怨,"以佚道使民,虽劳不怨",甚至"以生道杀民,虽死不怨杀者"。② 这就是君争取民心达到的最高境界。

3. 荀子君民关系思想

尽管荀子对民的地位和评价没有孟子那么高,但是他也主张为政应当爱民、保民、养民、利民;尽管荀子的民本思想没有孟子的那样清晰,但是他的民本思想主线还是非常清晰的,即"尊君而爱民",这是符合大国之君治理大国之民的君民关系思想,所以也是本模型君民关系采用的重要思想。③

在民之于君方面,荀子强调,民在巩固国家政权中的作用巨大,民的力量

---

① 罗炳良,赵海旺.孟子解说[M].北京:华夏出版社,2007:286.
② 同①260.
③ 张铉根.论荀子思想中的君、臣、民关系[J].衡阳师范学院学报(社会科学),2004,25(4).

能够推翻君,并以舟水关系喻君民关系,"君者,舟也;庶人者,水也。水则载舟,水则覆舟",这里从民对君可载可覆的维度出发,论证了"民惟邦本,本固邦宁"的深刻道理,也从侧面说明荀子非常重视民心向背。君作为"舟",如果不以民为本,"舟"就难以"浮起来";即使"浮起来",也会"覆下去"。这里明显突出了民是君赖以存在的基础,民的力量决定君的命运。他还进一步指出,"用国者,得百姓之力者富,得百姓之死者强,得百姓之誉者荣。三得者具而天下归之,三得者亡而天下去之",这说明君作为国家的代表与象征,只有以民为本,才能得到"富""强""荣",才能得民之力、之死、之誉,才能天下归之,才能真正"谓王称君",所以荀子的民本思想是潜藏的,但他的以民为本思想绝对是深厚的。其实,君并不只是一叶舟,民也不只是一汪水,君需要把民的力量有机整合起来、全面发挥出来,才能撑起更重、更宽、更阔的舟,才能更稳、更好、更快地前进,所以他极力推崇汤武"功参天地,泽被生民"的丰功伟绩,并提出了"爱民者强,不爱民者弱"的爱民定律。

在君之于民方面,荀子沿用了儒家立君为民的基本思想。他认为,国君位尊并非来自天生,而是来自民的爱戴与拥护,"儒者法先王,隆礼义,谨乎臣子而致贵其上者也""君者,国之隆也""天子者,势位至尊,无敌于天下""南面而听天下,生民之属莫不震动从服以化顺之。天下无隐士,无遗善,同焉者是也,异焉者非也"。君之所以为君,并非"使一人肆于民上,以从其淫,而弃天地之性"①,而是要为民造福、为民服务,所以他又把君与民的关系喻为"仪"与"影"、"盘"与"水"、"源"与"流"的关系,意为有什么样的君,就会有什么样的民,凸显了君对民的重大影响作用,"君者,仪也;民者,景也。仪正而景正。君者,盘也;民者,水也。盘圆而水圆""君者,民之原也,原清则流清,原浊则流浊"②。君为民的榜样师表,所以为仪为盘;民为君的全部内涵,所以为影为水;君"原"的清浊,直接影响民"流"的清浊。所以国君必须修礼而爱民,民也应依礼而尊君,君民相须,君民一体。君类似父母,又胜似父母,"父能生之,不能养之;母能食之,不能教诲之",而"君者,已能食之矣,又善教诲之者也"。③君有无民本思想,不仅关系君之荣辱,而且关系民之苦乐,更关系到国家的安

---

① 杨伯峻.春秋左传注[M].修订本.北京:中华书局,1990:1018.
② 王先谦.荀子集解[M].沈啸寰,王星贤,整理.北京:中华书局,2012:117.
③ 同②363-364.

危、民族的盛衰。君只有"以治天下为事,不以失天下为事"①,才不会丧失民本思想。对民而言,他们需要尊君;对君而言,他们需要贵民。民是国的根本,没有国,则君不成其为君;君是国的主宰,没有民,则国不成其国。君对民的依赖,犹如高山依附于平地,渡河借助于舟楫,头脑仰仗于肢体。

虽然孔子重视"仁",孟子重视"义",荀子重视"礼",但是从上述儒家思想的君民关系中,我们仍可以清晰地看出,无论是君还是民,都应是"己所不欲,勿施于人",与《管子》民本治国思想的"非其所欲,勿施于人,仁也"(《小问》)相吻合,这里的"欲",绝不是随心所欲的"欲";这里的"施",也绝不是肆意滥施的"施",因为有"仁"在这里作为参照标准。符合"仁"的"己欲"施民是可以的,而不符合"仁"的"己欲"是绝对不能施民的,否则不是"德人"而是"害人"。至于君作为国家资源占有者,是独自占有还是与民共享?则颇值得思考。如果他与天下之民同利,那么四方民众就会拥护支持他;如果他独占独享天下资源,那么天下的民就会图谋他。假如天下民都在图谋算计君,那么即使其地位再高贵,也会轰然倒塌;假如天下民都拥护支持他,那么即使间或遭遇危急之事,也只会有惊无险,化险为夷,有时甚至会扭转乾坤、奠定新的基业。正是因为君需要与民共享他所占有的资源,那么就有了下面民本模型中的"三对关系""三对法则"的衍生。这样一来,君与万民同心,以天下苍生为重,施以民本治国理念,就会江山社稷稳固。

3.1.2 实践中君民关系

"君之所以为君者,是因为有国;国之所以为国者,是因为有民。"正是因为君拥有了国,才能称之为国君;正是因为国有了民,国家才能称之为国家。没有国的君是不存在的,或者说是没有任何意义的,因为没有民跟随,这也是本书的一个界定:非君即民。民是君的依赖、国的根本,离开了民的君是难以存世的,所以君离不开民。这就要求君对民要有"爱、生、养、成、利、益、安"(《正》《枢言》)之心,施以爱民之道、益民之略、安民之举、成民之法、富民之方与利民之策;这就需要君像父母爱护子女那样爱护天下百姓,才能得到民的爱戴、拥护与支持,从而构建和谐的君民关系,"莅民如父母,则民亲爱之""莅民

---

① 李伟.明夷待访录译注[M].长沙:岳麓书社,2008:79.

如仇雠,则民疏之"(《形势解》)。对于君来说,"其功顺民者,则民助之;其功逆民者,则民违之",而"民之所助,虽小必大;民之所违,虽成必败"。主要原因在于君民关系和谐后,"君之所是,则民亦必是之;君之所非,则民亦必非之"。就像明末清初杰出思想家黄宗羲所描绘的"曳树"那样,前面有"唱",后面有"和"。所以君在治国理政过程中,承担着人性与社会性双重向度的责任,具有塑造或毁坏民、提升或抛弃民、培养或摧毁民的作用。他可以通过对民的积极影响,使社会整体变得高尚,从而建造一个伟大的国家;也可以通过对民的消极影响,使社会整体道德滑坡,从而毁灭一个衰败的国家。

作为一国之君,从宏观角度出发,他要爱民、爱国、爱民族、爱社会;从微观角度出发,作为人子、人夫、人父,他要尊长、爱妻、爱子。既要有人间的大爱,又要有寻常的小爱。因此,"君的治国理政能使民受益匪浅,除了民本思想外,不可能再有其他什么思想了"。所以无论是君还是民,都应根据"己欲施人"的原则行动,而不是按照"己所不欲,施之于人"的原则而行动,更不是出于个体的自私、贪婪而行动。只有以"己欲施人"为基础,民本治国的终极目标"安乐天下""构建和谐社会"才能实现。毋庸置疑,"人类的生活条件不可能得到大幅度的突然改善,因为人类改变这些条件,这些条件也改变人类,但是我们必须朝着使每一个人都有机会过上高尚生活的远期目标大踏步前进"。所以君在治国过程中,不仅要构建社会和谐局面,还要在推进爱民、益民、安民、成民、富民与利民方面给民带来可以感知的福祉,因为君与民在一个国家中是共同体,而不是联合体。如果君采用民本思想理政,那么他将开启理性治国的时代;如果君采用非民本思想治国,那么他将开始非理性理政的时期。君如何看待民,民就会有怎样的表现,"君视民如婴儿,则可与之赴汤蹈火;君视民如爱子,则可与之出生入死"。因此,从动机出发,爱民、益民是君理性治国思想的表达,而恶民、害民则是君非理性治国理念的体现。从这种意义上说,君的动机决定君的价值取向——以自我利益为导向,还是以民的利益为导向。所以君有善的思维,就会产生善的行动;君有善的行动,就可用善的伦理标准来衡量。

人立"家",则君的"国"有了实质载体和具体内容,而不是虚拟的幻想形式,同时"家"也因为有了君的"国"而改变了'家'的性质,人由自然意义转化为具有政治意义的代名词——民。这样民的"家"与君的"国"就具有了相同或相似的结构或秩序,维护君的"国"必然有利于维护民的"家",因为"家"是"国"赖以存在的基础,民"家"的情况是君"国"治理的重要来源。同样,维护民的"家"也必然有利于维护君的"国",因为具有特定政治内容的君之"国",则为具有特定社会内容的民之"家"提供了政治的、经济的、思想的、文化的甚至法律的支持。正是因为民之"家"与君之"国"有如此紧密的联系,才有了民本治国思想的演绎。君民是协调配合,还是对抗冲突,直接影响着君的地位。君之地位有赖于国之存亡,国之盛衰系于民之苦乐。君如网之纲,民如网之目,君在治国理政过程中有了民本思想,就会呈现"君举纲、民目张"的和合情状。然而,纵观中国历史发展的整体进程,梳理历次朝代更迭的缤纷脉络,我们可以清晰地发现,国家的发展经常陷入"乱—治—乱""衰—盛—衰"的怪圈。之所以会出现这样的规律,其根源在于君民关系的不同状况。这也可以通过中国历史上的"文景之治""贞观之治""康乾盛世"来检验。在这"三大盛世"期间,社会相对安定和谐,人民生活较为富裕,君民关系比较和谐。这得益于当时统治者在很大程度上汲取了前朝"官逼民反"的历史教训,得益于他们看到了人民在国家治乱兴衰中的地位和作用,更得益于他们妥善处理君民关系、官民关系而产生的民本思想。这些历史盛世的呈现,全面凸显了民本思想的潜在价值与固有张力。① 正所谓"国大而政小者,国从其政。国小而政大者,国益大"(《霸言》)。诚然,从整个中国社会历史发展的进程看,也有诸多偏离民本思想的君,然而,治国理政之君,欲打破"乱—治—乱"的历史周期,"解开这个历史的死结,必须将古有的民本思想向前推进一步,而创设以民为本的制度"②。因为只有君从民本思想出发,才能全面调动民的积极性、主动性和创造性。因为世间没有什么机器能像民这样的机器如此全面精确地发挥功能,"竟还如此便宜!"如果君离开了民的支持,那么国家治理就会像"一架懒散机器白白空转"③,迟早会停下来的。

从某种意义上说,中国历史是一部王朝更替、一治一乱的历史。类似事件一再发生,成耳熟能详的老套"治乱相循"。东汉末年仲长统在《昌言》中,通过对秦汉近五百年而"大难三起"的历史考察,他总结出一个"乱—治—乱"而

---

① 黄哲姣.从君民关系看三大盛世的盛衰之因[J].中国商界(下半月),2010.7
② 金耀基.中国民本思想史[M].北京:法律出版社,2008:22.
③ 韦伯.经济与社会[M].阎克文,译.上海:上海人民出版社,2009:35.

"每乱愈甚"的历史循环。这个观点勾勒出秦汉专制史的递变线条,甚至足以覆盖中国整个专制历史的流程。然而,君一旦有了民本思想,那么就"非徒能用其民也,又能用非己之民"。君与民的互动关系基本形式有三种:自上而下,君的治国理政思想通过各种途径向社会民众输出;自下而上,民的思想观念、行为诉求通过各种途径向君输入;上下共享,在君民互动过程中,产生若干共享的、稳定的社会价值与文化资源,从而形成君民共享的文化。因此,作为治国理政的君,不但要有科学的真理尺度,而且要有完善的民本尺度。一旦君有了民本思想并践行之,就会呈现"君之所是必是,君之所非必非""君荣之,则民趋以为是;君辱之,则民趋以为非"的情状,也就是君认为荣誉的事,则民就会认为正确,趋而附和;君认为耻辱的事,民就会群起而攻之,斥责其错误。这样就打造了君民命运共同体,也就是民以"君之所是为是,君之所非为非"。君治国理政的最高境界应是用五音奏出最优美的乐章、用五味调出最可口的味道,正所谓"五音不同声而能调""五味不同物而能和"(《宙合》)。

3.1.3 模型中君民关系

本模型兼采孔子的"仁者爱人"、孟子的"君民同忧同乐""民心向背"以及荀子的"尊君爱民"思想,首先从关联双方君民出发,君治国,民立家,众多的家组合成国,而君作为国家资源的占有者、支配者,不仅支配着民的物质生活,而且还支配着民的精神生活,"予之在君,夺之在君,贫之在君,富之在君"(《国蓄》)。由此可以看出,"予取民""民贫富"的一切决定权都在君。这样的界定蕴含了一个权威排序关系:君上民下。虽然君在上,民在下,但应该是君爱民、民尊君。由于国君掌握民所欲求的资源,所以这两个角色不能互换,这也是君之为君的前提。如果君不掌握资源,那么他对于民来说,在思想上没有影响力,在行动上没有号召力,在组织上没有动员力。

为了达到君的上述"三力",当君对其所掌握的资源进行分配时,他需要从儒家"仁""义""礼""智""信""廉"的思想出发,基于"己欲施人"的角度,站在构建和谐社会、安乐天下的战略高度,有效把握人性假设认定、予取博弈决策和客观情境要求,充分遵循人性善恶法则、民心向背法则、国家治乱法则,做出情感型关系、道义型关系、功利型关系的正确判断,才能达到治国理政天下大治的情状。本模型在情感型关系与道义型关系之间以虚线隔开,是因为二者之间具有一定的兼容性,即情感中有道义因子,道义中有情感元素。而在道义型关系与功利型关系之间则用实线隔开,是因为二者具有互不相容性,讲道义不能言功利,讲功利不能言道义。然而,作为一国之君,他对民施以功利、情感、道义,都是为了国泰民安、社会和谐、天下大治。所以在本模型中,情感型关系、道义型关系、功利型关系是有机统一的。这为第4章总结《管子》民本治国思想的整体特征——以功利为导向兼容情感与道义——作出了积极铺垫。

本模型之所以将爱民作为君民关系开启的阀门,主要原因在于历史上两位成功治国的贤臣都是如此,"文王问太公曰:'愿闻为国之大务,欲使主尊人安,为之奈何?'太公曰:'爱民而已。'"①"桓公又问曰:'寡人欲修政以干时于天下,其可乎?'管子对曰:'可。'公曰:'安始而可?'管子对曰:'始于爱民。'"(《小匡》)。由此可见,本书的民本理论模型不是从自然界中引出的,而是从中国历史上成功治国实践中把其中蕴含的民本思想系统归纳出来加以衍生演绎形成的,以期在治国理政、构建和谐的君民关系中运用,从而实现百姓富足、国家富强、天下大治的目标。

3.2 君的心理选择历程

"普天之下,莫非王土;率土之滨,莫非王臣。"②君作为国家资源的占有者、支配者,如何有效分配这些资源,取决于其选择。君一人专享,将会招致民怨,虽可获一时之利,却终将会导致自身毁灭,"夫利,百物之所生也,天地之所载也,而或专之,其害多矣。天地百物皆将取焉,胡可专也?"③因此,基于民本理论模型,君应"不以一己之利为利,而使天下受其利"④。具体说来,从儒家思想的"仁"出发,依据情感型关系判断,将会选择人性善恶法则中的从善取向,这是一种"智"的选择,由此再根据君对民的人性假设认定情状,施以爱民之道、益民之略;从儒家思想的"义"出发,做出道义型关系判断,将会选择国

---

① 徐培根.太公六韬今注今译[M].台北:台湾商务印书馆,1977:52.
② 罗炳良,赵海旺.孟子解说[M].北京:华夏出版社,2007:187.
③ 左丘明.国语[M].韦昭,注.上海:上海古籍出版社,2015:8.
④ 李伟.明夷待访录译注[M].长沙:岳麓书社,2008:2.

家治乱法则中的天下大治,这是一种"信"的选择,"人无信不立,国无信不存",这是客观情境要求君作出的选择,据此施以安民之举、成民之法;从儒家思想的"礼"出发,衍生功利型关系判断,将会选择民心向背法则中的民心所向,这是一种"廉"的选择,由此再根据君对民的予取博弈决策,施以富民之方、利民之策。

3.2.1 三个关系

情感型关系、道义型关系、功利型关系是维系君民之间的三个重要关系,也是民本理论模型建构的基本支撑。从民本治国之君的视角出发,情感型关系内在地含有爱民、益民因子,是本模型的前提和基础;道义型关系外在地固有安民、成民元素,是本模型的要求和保障;功利型关系本身潜藏富民、利民成分,是本模型的根本和关键。没有爱民与益民,从道德角度来说,君民的情感型关系难以维系;没有安民与成民,从伦理维度审视,君民的道义型关系难以维持;没有富民与利民,从经济维度观察,君民的功利型关系难以达成。

1.情感型关系

《心理学大辞典》认为,情感是人对客观事物是否满足自己的需要而产生的态度体验;也有人认为,情绪和情感都是人对客观事物所持态度的体验,只是情绪更倾向于个体基本需求欲望上的态度体验,而情感则更倾向于社会需求欲望上的态度体验;本书界定,情感是是君民心理上一种稳定而又复杂的评价和体验。作为治国理政之君,他的情感不受迷惑,不仅会耳聪目明,而且有助于实现国境内之民衣食丰足,这样就不会彼此争夺、互相怨怒,从而君民上下可以相亲,"气情不营,则耳目毂、衣食足;耳目毂、衣食足,则侵争不生,怨怒无有,上下相亲"(《禁藏》)。

情感型关系是从人性出发,基于有效的人性假设认定,按照人性的善恶法则做出的道德判断。"大凡君情之至者,其民未有不至者也。"这说明在君民之间维系情感型关系之重要。"仁"是情感型关系的核心。孟子认为,"仁"关系国家的兴亡,是保持权力、地位和身家性命的根本,"仁则荣,不仁则辱";君能否赢得民的拥戴,关键在于是否行仁政且恩及万民。倘若君能做到这样,那么"天下可运于掌"。君一旦以民为本,那么必将四海归心,"保民而王,莫之能御也"。孟子指出,"老而无妻曰鳏,老而无夫曰寡,老而无子曰独,幼而无父曰孤",认为"此四者,天下之穷民而无告者",君"发政施仁,必先斯四者"①,而"行仁政之君,亦莫之能御也"。这里强调的"仁",基本上是以君对民的"爱"为基础,所以君在做各项决策时,都应当考虑民,因为"无根而固者,情也"(《戒》),这说明君与民之间建立情感型关系非常重要。君一旦有了民的支持,就如鸿鹄之有羽翼、济大水之有舟楫(《霸形》)。所以《管子》强调,品德上没有仁爱之心的人,不可以授予权柄,"仁者,人也"②。国的主体是民,而民无不有人性。由于民的本性迥异,所以他们的喜怒、哀乐、好恶就不同,由此而衍生的情感、心态、欲求也不同。这就要求君治民时要像农夫管理农事那样,顺其自然的生长规律,"治人事天,莫若啬"③。因此,对于民的人性假设认定是民本理论模型提出的前提,而君对不同时期民的人性认识,则是其治国理政的依据。④

自20世纪50年代以来,学界对于人性的探讨极为活跃,先后出现了X理论、Y理论、社会人、复杂人、超Y理论(权变理论)等假设,这对于未来领导者治理民众具有重要的参考价值。由于君民之间的情感型关系是一种长期而稳定的关系,这种关系可满足民在关爱、温情、安全、归属等方面的需要,所以君可以以这种关系为工具,使民为国家的和谐发展服务;民也可以凭借这种关系,从君那里获取他合理欲求的物质与精神资源。不过,在这种关系中,情感价值成分仍大于工具性成分,但双方都是在尽心竭力地设法满足对方的需要。孔子非常重视"仁",在万余字的《论语》中,"仁"字居然出现多达百次,只不过他强调的是推己及人,己欲施人,"己欲立而立人""己欲达而达人",君以"一人之仁""一人之爱",推及"一民之仁""一民之爱",影响到"一家之仁""一家之爱",延伸至"一国之仁""一国之爱"。君用自己的仁爱之心带动民的仁爱之心,用自己的仁爱之情感染民的仁爱之情,将爱自己与爱他人、爱国家、爱民族、爱社会有机结合起来,然后凝聚成亿万民众之爱,从而温暖每一个民、每一个家。因此,以"仁"为核心的情感型君民关系,一旦在社会上建立,就会根植于君民的个体观念之中,有利于构建和谐社会,安乐天下。君民情感型关系的

---

① 罗炳良,赵海旺.孟子解说[M].北京:华夏出版社,2007:16.
② 阮元.十三经注疏[M].北京:中华书局,1980:1629.
③ 方尔加.《道德经》意释致用[M].北京:中国人民大学出版社,2007:142.
④ 方君诚.人性假设与构建人本管理型政府的路径[J].兰州学刊,2008(5),176.

建立,来自彼此性善的价值取向和人性假设认定,这种取向和认定是君民共同体建立的前提和基础,这种情感影响形成的纽带并非出自其他,而是君的思想基础——"以民为本"。但是,君一旦丢掉了民本思想,这种在情感影响下的君民共同体就会烟消云散、化为乌有。而君民共同体一旦建立,在君面临困境需要民挺身而出的时候,他们就会能动地为国家的利益慷慨赴死,这就带来了特殊的感人力量。因为君与民建立了持久的情感基础,也就是人们常说的,"平时注入一滴水,难时拥有太平洋"。这种生死与共、荣辱同享的命运共同体,会在民"当中产生共同的记忆,这种记忆往往比单纯的文化、语言或人种共同体的纽带具有更深远的影响"①。

君民关系和谐是君治国理政的最佳情感状态。其实,和谐是人类永恒的追求。从中国古代孔子的"和为贵""和而不同"、左丘明的"和实生物"、孟子的"地利不如人和"、张载的"仇必和而解",到西方古希腊哲学家毕达哥拉斯的"美德就是和谐"、近代莱布尼茨"预定和谐"的经典论断以及黑格尔的"统一辩证法"思维方式,无不凸显了和谐的价值与理念。作为从情感型关系出发的君,应从以下三个方面构建和谐关系:一是民身心的自我和谐,即民自身的形体与精神的和谐。只有达到这种和谐,民才能与天地万物"相参""相育",才能开启民自身与自然并生而不悖的和谐世界;二是民之间的和谐。就是要利用儒家"仁者爱人"的思想构建和谐的民与民之间关系,这也是一种务实的个体人际和谐。"和而不同"是儒家极为推崇的一种理念,在民迥异的环境氛围中构建一个和谐有序、安定互助的人际关系,是君治国理政不懈追求的一个重要目标;三是君民之间的和谐。这实际上是一种个体与群体的和谐,而国君作为个体只有融入群体的民之中,才能真正构建和谐的君民关系。

2.道义型关系

道义是一种社会意识形态,是对人的约束,它本身就是用来维系和调整人与人之间关系的准则,以道德义理和正义的形式呈现。所以君治国理政时,必须按照德行、道义立下正确的标准与准则,"德行必有所是,道义必有所明"(《法禁》),才能达到理想的君民关系状态。

如果说德政是博取民意的途径,那么道义则是君赢得民心的路径。道义

---

① 韦伯.经济与社会[M].阎克文,译.上海:上海人民出版社,2009:1038.

型关系是基于客观情境要求,按照治乱法则作出的正确判断。从孔子"君子义以为上""君子义以为质"①,到孟子"义,人之正路也""人皆有所不为,达之于其所为,义也"②,再到荀子"水火有气而无生,草木有生而无知,禽兽有知而无义,人有气、有生、有知亦且有义""义胜利者为治世,利克义者为乱世""唯仁之为守,唯义之为行""夫义者,内节于人而外节于物者也,上安于主而下调于民者也,内外上下节者,义之情也。然则凡为天下之要,义为本"③,此后关于"义"也有诸多论述,"唯人独能为仁义"④,"仁义礼智,人性之纲","人之异于禽兽,是父子有亲,君臣有义,夫妇有别,长幼有序,朋友有信","民之有君,以治义也。义以生利,利以丰民,若之何其民之与处而弃之也?"⑤"立君是为了维护道义,富裕民生。臣事君是为了协助治义,以从民欲;君不等于义,事君从命是从其义;如果违背了义,臣下应从义不从君"⑥。这些充分说明"义"具有强大的生命力、延展力。由此可以看出"义"对于君治国理政之重要,也从侧面折射出它的情感型关系成分,"凡得胜者,必与人也;凡得人者,必与道也。道也者何也? 曰:礼让忠信是也"⑦。由此可见,君能否真正得到长远利益,关键在于能否得民心,而能否得民心的根本又在于能否施行仁义。所以本模型将"义"作为道义型关系的核心。

道义是最高政治原则的代名词,君主是最高政治权势的化身。最高政治原则高于最高政治权势,这是一个历久而不衰的政治观念,"权势遵循道义,则可存而不王;道义不从权势,依然万古长存。权势永远不得压倒道义,而唯有权势才能推行道义。有道者应有位,有位才能行道"⑧,"凡有天下,无道则毁,有道则举。行义则上,废义则下。治民之道,食为大葆,刑罚为末,德正为首。使民之方,安之则昌,危之则亡,利之则富,害之则殃"(《盖庐》)。正如伯夷、叔齐不是饿死以后才有名的,而是因为他们此前就注重修德;周武王不是在甲

---

① 罗炳良,等.论语解说[M].北京:华夏出版社,2007:239.
② 杨伯峻.孟子译注[M].北京:中华书局,2012:184-374.
③ 王先谦.荀子集解[M].沈啸寰,王星贤,整理.北京:中华书局,2012:46.
④ 苏舆.春秋繁露义证[M].钟哲,点校.北京:中华书局,1992:354.
⑤ 徐元诰.国语集解[M].王树民,沈长云,点校.北京:中华书局,2002:256.
⑥ 张分田.民本思想与中国古代统治思想[M].天津:南开大学出版社,2009:530.
⑦ 同③292.
⑧ 同⑥530.

子那天以后取胜的,而是因为此前他就多行善政,"伯夷叔齐,非于死之日而后有名也,其前行多修矣。武王非于甲子之朝而后胜也,其前政多善矣"(《制分》)。虽然孔子"敬鬼神而远之""未知生,焉知死""人而不仁如礼何,人而不仁如乐何?""今之孝者,是谓能养。至于犬马,皆能有养;不敬,何以别乎?"①的人道思想已十分明显,但是孟子"保民而王,莫之能御""推此心足以王天下"的人道思想则更为突出。人之所以有别于禽兽,在于人具备道德、义理和有"不忍人之心",为人无道义可言,则与禽兽无异。这说明人与动物的差别,集中体现为有无"礼""义"。道义是不可违背的,无论是君还是民,都必须遵循道义而行事。君有了道义,才能"格君心之非";民有了道义,才能"格民心之非"。讲道义也是君的一种价值取向。如果君违背道义而肆意妄为,无论凭借什么力量治国理政,也必将招致挫败乃至灭亡。正所谓"缘道理以从事者,无不能成""弃道理而妄举动者,虽上有天子诸侯之势尊,而下有猗顿、陶朱、卜祝之富,犹失其民人而亡其财资也"②。所以君以道义治国,则天下无敌;君丧失道义治国,则破国丧身。君恪守道义,就可以得天下、保天下。从孔子的"以道事君",到孟子的"天下有道,以道殉身;天下无道,以身殉道"③,再到荀子的"从道不从君"④,足以说明道义在儒家大儒思想中高于一切,这就要求国家各种制度设置务必符合道义。制度合乎道义,行为才能合乎人情。正是因为君民之间有这种道义型关系存在,国君才能在治乱法则中选择天下大治为施政目标,才能施以安民之举、成民之法。同时,君也需体道、行道、守道,以道正己,以道治民,还需尊崇、任用有道之士。君道相合,则生治世;君道相离,则滋乱世,所以有道之君得天下,无道之君失天下。

其实,作为治国理政之君,道义是君的命根子,道义要高于其权势,而有了道义则会进一步提升君的权势。道义是最高法官、终极裁判者。所以君在治国理政过程中,要自觉接受道义的制约与裁衡。君始终保有道义,则民似百川般归之;一旦君丧失道义,民就会如树倒的猢狲般散去。这就是"君有道则天

---

① 罗炳良,等.论语解说[M].北京:华夏出版社,2007:21.
② 王先慎.韩非子集解[M].北京:中华书局,1998:136.
③ 杨伯峻.孟子译注[M].北京:中华书局,2007:296.
④ 王先谦.荀子集解[M].沈啸寰,王星贤,整理.北京:中华书局,2012:245.

下归之,君无道则天下弃之"①。以道义感化四方,"远人不服,则修文德以来之。既来之,则安之"②"夫君也者,民之川泽也。行而从之,美恶皆君之由,民何能为焉?"③"君之德犹风,民之德犹草,上行下效,风行草偃"④"君正,莫不正,一正君而国定矣"⑤。君一旦有了道义型的民本思想,将会"一语引而万民随,一言定而万民行",正所谓"天子有道,则人推而为主;无道,则人弃而不用"⑥。国君推行民本思想,实际上是为了达到君民的共赢,构建君民命运共同体,同享天下之乐,共同的命运,需要君民共同去把握;共同的未来需要君民共同来创造。君有能力、有智慧为民建设国家安全大厦,民有意志、有梦想为君实现国家持久和平。君有了民本思想,就编制了君民关系的维系之链,构建了尊君重民的磐石之基。从一定程度上说,民本思想是测试君的行为的检测器。抛弃了民本思想的君民对抗古已有之。没有民本思想,国家会稳定一时,绝不会稳定一世;没有民本思想,国家也会有一定的内聚向心力,但是这种内聚向心力绝不稳定,更不可能持久。从某种意义上说,民本思想与国家治乱成正相关或正比例的关系:君有民本思想,天下就会持续大治;君抛弃民本思想,天下就会渐趋混乱。天下大治,君民同乐,就是君从善思想由量变到质变的结果。或许有人认为,民本治国"并不是唯一适当的手段",但笔者认为它是治国理政"最为适当的手段"⑦。民之所欲,君必从之,于是民本无形之思变为有形之实践,这样就会出现君治国的盛况:政治修明,则示之以"天下大治"。然而,一旦政治赢败,则示之以"境内乱世"。正如日本学者五来欣造在其《政治哲学》中所指出的那样,"道德政治,即是不以力为政治要素,而以德为政治要素,不以力服人,而以德化民"。

3.功利型关系

虽然功利主义学说是由边沁创立的,但是民本理论模型中的功利主义关系与密尔的功利主义信条类似。当国君的功利思想能够促进民的幸福时就是

---

① 张分田.民本思想与中国古代统治思想[M].天津:南开大学出版社,2009:136.
② 罗炳良,等.论语解说[M].北京:华夏出版社,2007:249.
③ 徐元诰.国语集解[M].王树民,沈长云,点校.北京:中华书局,2002:172.
④ 罗炳良,等.论语解说[M].北京:华夏出版社,2007:183.
⑤ 罗炳良,赵海旺.孟子解说[M].北京:华夏出版社,2007:152.
⑥ 董浩,等.全唐文[M].北京:中华书局,1983:122.
⑦ 韦伯.经济与社会[M].阎克文,译.上海:上海人民出版社,2009:814.

对的,而当它是促进幸福的对立面时就是错的。对于民来说,幸福就是他们"想要的快乐和摆脱痛苦,不幸福就是痛苦和缺乏快乐"。在民本模型中,民"不是被仅仅当作手段而加以利用的东西",而是一个有血有肉的人,这与后来康德的提醒不谋而合,"我没有权力舍弃那内在于自己的人性,就像我没有权力舍弃那内在于他人的人性一样"①。君的民本思想一旦形成,它将会"是一只不死鸟"②。因为思想不仅影响君的行为,而且还会影响他对民的判断以及对他施政给予的解释,同时它也会影响民的思想与行为。从某种意义上说,它呈现的是"君的思想,民的行动"。

功利型关系体现为君把民当作自己建设国家、推动发展的物质武器,民也把君当作自己改善生活、分享快乐的精神武器。君是治国理政的主体,民是君理政治国的客体,主客体辩证统一。君的价值既可以表现为对民与民自我的物质需要的满足,也可以表现为对民与民自我精神需要的满足。当君的主体思想能够满足客体的民需要时,它对于民就有价值,满足民的需要程度越高,其价值就越大;反之,它就无价值或价值就小。而当君的主体思想不仅不能满足民的客体需要,反而对客体的民有害时,那么君的主体思想就只能具有负价值了。因此,君要把民的积极性、主动性发挥出来,并与现实性、客观性、物质性统一起来。只要是符合民的利益和发展要求的事,君就应该积极鼓励去做,及时给予肯定和褒扬。反之,就应该予以制止或否定。治国理政是以客观的实际考虑为基础,而不是以虚夸的随机考虑为指导。君推行了民本思想,那么民便可大体过上一种令人惬意而和谐的"幸福生活"。作为君务必要记住:国家"不是躺在我们祖先墓穴中的一具木乃伊,它应当,也必须作为我们子孙后代的家园而生机勃勃"③。作为君,一定要知道"予之于民就是取之于民"是治国的法宝,这一点在《管子》开篇便明确提出,"知予之为取者,政之宝也(《牧民》)"。因此,民本理论模型中的予取博弈决策选择的是"予≥取"而不是"予<取",这样才能保证国君适度地取之于民,"义者,谓各处其宜也"(《心术上》),从而赢得民心民意。同时,君在推进落实富民、利民思想时,要坚持正

---

① 迈克尔.桑德尔.公正:该如何做是好?[M].朱慧玲,译.北京:中信出版社,2011:138.
② 吉尔特·霍夫斯泰德,格特·扬·霍夫斯泰德.文化与组织:心理软件的力量[M].李原,孙健敏,译.北京:中国人民大学出版社,2010:37.
③ 韦伯.经济与社会[M].阎克文,译.上海:上海人民出版社,2009:1659.

义公平,虽然正义理论是从公平理论演化出来的,但是公平理论对正义理论既有批判性的继承,又有创新性的发展。这样就可以解决"资源有限"而民的欲望无穷的问题,因为民认为只要"他们能以公平的方式获得最大的利益,他们即会如此做"。

功利型关系是基于予取博弈决策、按照向背法则作出的科学判断。虽然礼有功利的一面,也有非功利的一面,但是本书强调礼的功利维度,并将"礼"界定为功利型关系的核心。孔子认为,"道之"从"政"到"德","齐之"从"刑"到"礼","民"从"无耻"到"有耻","礼至则不争",这说明礼不仅具有规范民众行为的功能,还有防止纷争的作用,所以要"非礼勿视、勿听、勿言、勿动"①。"礼"是荀子政治思想的核心范畴,也是其哲学思想的基本范畴。在他看来,"礼"存在的范围没有界限限制,从自然界到人类社会乃至人的思维,无时不有,无处不在,并且是万事万物存在变化的最高准则。②"人无礼则不生,事无礼则不成,国家无礼则不宁","天下从之者治,不从者乱",这里荀子将"礼"上升到国家治乱的战略高度,《管子》更是认为对近邻以忠信结交,对远国以礼仪维系,"近者示之以忠信,远者示之以礼义"(《霸形》)。荀子还认为,"礼有三本,天地者,生之本也;先祖者,类之本也;君师者,治之本也","故礼上事天,下事地,尊先祖而隆君师,是礼之三本也",可见"礼"在治国理政中的地位和作用。所以他指出,"隆礼贵义者其国治,简礼贱义者其国乱"③。由此可见,"礼"之所以能成为功利型关系的核心,是因为"礼"能帮助君治民,达到国治而不乱的功利性目的。"礼"作为一种社会调节阀,既对民有教化作用,又对社会具有一定的匡正规范作用。正是因为君民之间有上述的功利型关系存在,君才能在向背法则中选择向民之心而不是逆民之意,才能开出富民之方、推出利民之策。由此可知,民本理论模型中的"功利",与英国道德哲学家、法律改革者、功利主义学说的创立者边沁所说的"功利"是完全不同的。

综上所述,情感型关系、功利型关系、道义型关系,虽然形式上是各自独立的,但是只要君以民本思想为指导,也会"配合适当,达到和谐"④。因此,君民

---

① 罗炳良,等.论语解说[M].北京:华夏出版社,2007:177.
② 刘冠生.荀子的尚贤使能思想[J].管子学刊,1996(4).
③ 王先谦.荀子集解[M].沈啸寰,王星贤,整理.北京:中华书局,2012:265.
④ 柏拉图.理想国[M].郭斌和,张竹明,译.北京:商务印书馆,1986:126.

之间虽有功利型关系存在,但绝不能因此而完全陷入功利型思维,抛弃情感型与道义型关系,否则民本治国理念就会土崩瓦解,难以存续,直至销声匿迹或荡然无存。只有三种"关系"兼顾,君民才能休戚与共,同创未来,安享天下。君有了民本思想,他在民心目中的地位就会举足轻重;而一旦君偏离甚至抛弃了民本思想,他在民众心目中的地位无足轻重。从举足轻重到无足轻重,颇值得君深思。这就需要君静心去找到思想分野的根源,重新树立民本思想,从而开掘国家发展的动力。君对民是友善还是敌视,取决于君是否有民本意识。虽然千百年来中国历经多个朝代变换,但是民本思想始终如一在存续,这就说明了它的无穷魅力。因此,一旦民本治国理念在君的思想中沉淀固定下来,它就会成为难以摧毁或剔除的东西。民本理论模型,犹如商界推行的投币自动售货机,君选择何种思想之币投入,它就会迅速做出是不是"以民为本"治国理政的初步判断。这种判断实际上是,也应当是根据君治国理政的内容与实践进行具体评估,而不是按照形式与理论轻易做出的。如果君的行动脱离了民本实践,那么就是自拆台脚,他的政权是在不断削弱而非加强,是在渐趋消亡而非延续,中国千百年诸多朝代的更迭充分说明了这一点。

3.2.2 三对法则

善恶法则、治乱法则、向背法则是民本理论模型的三对重要法则。善恶法则是从道德维度衍生阐释的,治乱法则是从社会维度出发解读的,向背法则是从经济维度肇始释读的。虽然视角不同,但它们都是理解本模型的重要基点。

1.善恶法则

至善是一个古老的哲学话题。康德认为,"在近代人那里,有关至善的问题,已经过时,或者至少看起来已经成为第二位的事情了"[①]。由于只有智慧之君的思想,才能做出善的向民之心的行为,所以"智"是善恶法则的核心。《管子》认为,行善者有福,行不善者有祸,祸福都在实际行动,"为善者有福,为不善者有祸,祸福在为"(《枢言》)。君苟有善行,民必知之,"知之又知之,其心归之。归之又归之,则载舟之水由是积焉";君苟有恶,民亦知之,"知之又知之,其心去之。去之又去之,则覆舟之水由是作焉"。所以说,"至高而危

---

① 程恭让.牟宗三对康德最高善说的呼应、批评与超克[J].孔子研究,2002(3).

者,君也;至愚而不可欺者,民也"①。君如能"以百姓心为心""以百姓欲为欲",做到"顺民心以出令",则"不劳而理",无为而治。这就是"汤、武听民而兴,桀、纣听天而亡"②的原因。民本理论模型的最理想状态是君知道爱民,民懂得尊君。

　　长期以来,关于人性善恶问题,引发了"性善论"与"性恶论"之争。虽然诸子对人性看法迥异,侧重点不同,但是殊途同归,都是儒家思想的传承,旨在教人从善,使人达到理想的精神道德境界。虽然"性善论"与"性恶论"看似对立,实际上,它们并不是完全独立的,而是相互补充的。如果我们将二者思想观点统合起来审视考察,取其合理的因子,将对人性的理解做到先天与后天的统一、自然属性与社会属性的统一、个人自我修养与教化法治约束的统一,就可根据不同的人性运用不同的方法在治国理政过程中对民进行有针对性的塑造。本模型认为,对人性假设认定是君对民施行善政还是恶政的前提,而不同时期的人性假设是不同的,有麦格雷戈提出的经济人假设、梅奥等人提出的社会人假设、沙因提出的复杂人假设、马斯洛提出的自我实现人假设。从人性角度出发,基于不同的人性假设,就会采用不同的善恶法则。行为科学家道格拉斯·麦格雷戈在20世纪50年代后期提出了X理论、Y理论的人性假设,X理论强调外在控制,Y理论强调内在控制,后来的超Y理论则是二者的结合。

　　X理论—性恶论。X理论与性恶论是两种不同的表达方式,但是殊途同归,极为相似。X理论强调"人的本性不诚实、懒惰、愚蠢、不负责任",对人"以管束和强制为主"③,认为人天生就是懒惰的,没有什么抱负,而且还积极逃避责任,所以需要外部的强制、督促与惩罚,"月黑杀人夜,风高放火天"是人性向恶的最贴切表现,但是它只看到了人邪恶的一面,而没有看到或忽视了人向善的一面。X理论基本上把人看作是"懒惰的、不负责任的,需要经常加以监督",持有这种思想的国君,就会催之以徭役、增之以赋税、施之以刑罚。荀子是儒家性恶论的杰出代表,在我国历史上具有重要影响。由于他否定天赋道德观念,所以在人性问题上强调后天环境和教育对人的影响。他认为,人

---

① 白居易.白居易集[M].顾学颉,校点.北京:中华书局,1979:1301.
② 脱脱,等.宋史[M].北京:中华书局,1977:11579.
③ 威廉·大内.Z理论:美国企业界怎样迎接日本的挑战[M].孙耀君,王祖融,译校.北京:中国社会科学出版社,1984:8-9.

与生俱来就想满足欲望,若欲望得不到满足便会发生争执,因此主张人性本恶,需要由圣王及礼法教化,来"化性起伪"使人格提高。其基本思想理论是性恶论,即人之初,性本恶,充满了欲望,不但需要圣贤的教化,也需要礼法的约束。人性恶是天然的,人天生就有"饥而欲食,寒而欲暖,劳而欲息,好利而恶害"的意识;人性本来是恶的,人的本性就有"夫目好色,耳好声,口好味,心好利,骨体肤理好愉佚,是皆生于人之情性者也"的倾向,这些自然而又本能的属性只有通过封建伦理道德施加积极影响,才会演变成符合封建礼仪的性善指向。后天的善是教育的结果,并称之为"伪","虚积焉,能习焉,而后成,谓之伪"①。人性是恶的,而善则是后天人为教育的结果,善不是性,而是"伪"。由于人的本性是好利恶害,如果任凭民顺性发展,人与人之间就会相互争夺,使社会陷入混乱。"今人之性,生而有好利焉,顺是,故争夺生而辞让亡焉;生而有疾恶焉,顺是,故残贼生而忠信亡焉;生而有耳目之欲,有好声色焉,顺是,故淫乱生而礼义文理亡焉。"荀子还认为,人性恶的维度是迥异的,人性的善是后天人为外加的,"人之性恶,其善者伪也"②。从贪图私利层面出发,君民会因相互争夺而丧失辞让;从妒忌憎恨层面出发,他们彼此之间会因伤害忠信而丧失仁爱;从喜好声色层面出发,他们会因滋生邪淫而丧失美德。长此以往,国家的程序正义将丧失,社会的互惠体系难以形成。由此可见,"性本恶"与 X 理论虽属东西方不同时代的理论,但是二者有一定的相通之处。从某种意义上说,荀子的性恶论、麦格雷戈的 X 理论为以法治国提供了理论论证。正是因为人有性恶的一面,所以要以法治国。对民众不利于社会稳定的行为,要绳之以法。冯友兰先生曾指出,"荀子最著名的是他的性恶学说。这与孟子的性善学说直接相反。表面上看,似乎荀子低估了人,可是实际上恰好相反。荀子的哲学可以说是教养的哲学。他的总论点是,凡是善的、有价值的东西都是人努力的产物。价值来自文化,文化是人的创造。正是在这一点上,人在宇宙中与天、地有同等的重要性"③。

Y 理论——性善论。性善论与 Y 理论虽然在地域上分属东西方,在时间上相距两千年左右,但是二者的思想却有相通之处,只是未知麦格雷戈在提出 Y

---

① 王先谦.荀子集解[M].沈啸寰,王星贤,整理.北京:中华书局,2012:63.
② 同①420-421.
③ 刘志轩.性恶论改变中国[J].孔子研究,2015(4).

理论之前是否参阅过孟子的性善论思想。Y 理论"假设人们基本上都会努力工作,负责任,只需要给予支持和鼓励"①,它把人看作是勤劳和负责任的,大多数人都具有想象力、创造力,"人不是被动的,人的行为受动机的支配,只要给其创造一定的条件,他就会努力工作,达到确定的目标,希望自己的工作取得成就",所以该理论主张"以诱导的方法",鼓励人"发挥主动性和积极性"。孟子是儒家性善论的提出者,"君仁莫不仁,君义莫不义,君正莫不正"②。他还认为,人人都有同情心、羞耻心、恭敬心、是非心,同情心属于仁,羞耻心属于义,恭敬心属于礼,是非心属于智。仁、义、礼、智不是外在强加于人的,而是其本身固有的,只不过平时没有去想它,因而未觉得罢了,"探求就可以得到,放弃便会失去"。"恻隐之心,人皆有之;羞恶之心,人皆有之;恭敬之心,人皆有之;是非之心,人皆有之。恻隐之心,仁也;羞恶之心,义也;恭敬之心,礼也;是非之心,智也。仁义礼智,非由外铄我也,我固有之也。"③所以他还认为,人性是善的,而且善的价值是无穷的,是君之为君、民之为民的责任和义务,是人性所应具有的本质,是自然的而非外加的,就像水往下流一样,"人性之善也,犹水之就下也"④。对于治国理政之君来说,要以德施政,构建公平正义的社会环境;诚信经营,建设无假冒伪劣的社会氛围;以仁爱民,营造和谐互助的社会关系。由此可见,Y 理论与孟子的性善论有非常雷同之处。从一定程度上说,孟子的性善论为以德治国提供了哲学论证。正是因为人有"性本善"的一面,所以治国要用德治,也就是要"以德治国"。所以在爱民方面,要减轻民众的徭役、赋税。

兼容 X 与 Y 理论——性有善有恶论。 人有"时而向善、时而从恶"之情形,也有"时而勤勉、时而懒惰"之状态。这是人之善恶勤懒最为常见的情状。西汉董仲舒认为人性有善有恶;汉代扬雄明确表达了人性具有与生俱来的两种因素:善与恶,经过后天熏染、学习,发展"善"的因素则成为善人,发展"恶"的因素则成为恶人,"人之性也善恶混,修其善则为善人,修其恶则为恶人"⑤,

---

① 威廉·大内.Z 理论:应付日本经济挑战的立论基础[M].黄明坚,译.香港:长河出版社,1982:81.
② 罗炳良,赵海旺.孟子解说[M].北京:华夏出版社,2007:152.
③ 同②220-221.
④ 朱熹.孟子[M].上海:上海古籍出版社,2007:137.
⑤ 汪荣宝.法言义疏[M].陈仲夫,点校.北京:中华书局,1987:85.

"人之所好而不足者,善也;人之所丑而有余者,恶也。君子日强其所不足而拂其所有余,则玄道之几矣"①。这种"性善恶混论"实际上是对孔子"性相近也,习相远也"思想的发挥。然而,他离开了人的社会性去讲人性的善恶,无疑是一种抽象的人性论;东汉唯物主义哲学家王充明确提出了性有善有恶论,认为人性或善或恶,本性不可移易的人极少,大多数人是可善可恶或善恶混,他称之为"中人"。他在阐述战国时期世硕的人性学说时指出,"周人世硕,以为人性有善有恶,举人之善性养而致之则善长,性恶养而致之则恶长"②。如果说,X理论与人性恶的观点一致,那么,Y理论张扬了人"德性"的一面,实质上蕴含有"善"的成分。其实,在这类性有善有恶的善恶混合型中有三种情况存在,即善大于恶、恶大于善、善恶相等(如图3-2)。在任何一个社会,如果善≥

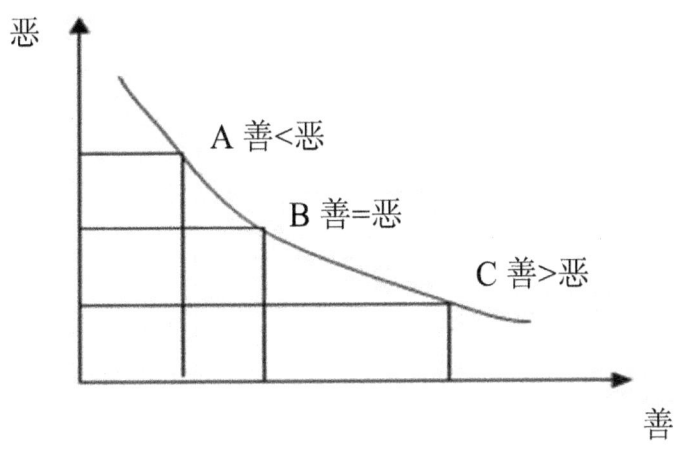

图3-2 善恶混合型示意图

恶的民居于多数,就可以施行德治为主、法治为辅的治国方略;如果善≤恶的民居于多数,就应实施法治为主、德治为辅的治国方略。由于人的善恶是相伴而生且可以相互转化的,就像没有白天就没有黑夜、没有晴天就没有阴天一样,白天过了一定时间可以转化为黑夜,晴天过了一段时间也会转化为阴天,所以作为治国之君,要以大张旗鼓的形式扬善,以斩草除根的方式祛恶,"善不可失,恶不可长"③,将礼仪制度、道德规范全面树立起来,保持社会的安定、公

---

① 司马光.太玄集注[M].刘韶军,点校.中华书局,1998:186.
② 黄晖.论衡校释[M].刘盼遂,集解.中华书局,1990:132.
③ 杨伯峻.春秋左传注[M].修订本.北京:中华书局,1990:50.

平与正义,确保社会秩序的和合。恶就像浮肿和结核,是慢性的,有时是无意识的,所以君应采取切实有效的措施,让民自觉遏制人性恶的一面的增量,减少人性恶的存量;积极拓展民中人性善的增量,增加人性善的存量,从而培养人性的自制力,抑恶扬善。而对于那些不能自制的恶人,正如一句谚语所谴责的,"假如被水噎住了,你还能用什么把它冲下去呢?"①对于这类无可救药之民,唯有以法治国才能达到目的。

超 Y 理论—性无善恶论。自从人类进入文明时代以来,人的自然属性渐趋减少,社会属性日益得到张扬,善恶之分随之凸显。超 Y 理论认为,人性是一个复杂的组合统一体,绝不能简单地用性善、性恶来解释,因为人有自然属性、社会属性之别。荀子主张"性恶论",是因为他强调了人的自然属性;而孟子主张"性善论",是因为他强调了人的社会属性;而告子则认为人性无善恶,是因为他强调了人的基本属性。所以对于人性,只要正确引导即可去恶从善,"性犹湍水也,决诸东方则东流,决诸西方则西流"②。由于性无善恶,所以人性的善恶完全取决于后天的行为影响。这也是儒家创始人孔子提出"性近而习远"的一个重要支撑点,即人性具有可塑造性。

总之,人性本善、本恶也好,有善有恶、无善无恶也罢,都从一个侧面说明了后天教育与环境影响的重要,也为民本治国思想教化成民提供了理论依据。不同的人性假设理论,反映了人们对人性的不同认识,也反映出不同的善恶判断。所以君可以根据不同时代对民的本性的不同认识,施以迥异的治国方式——以德治国,还是以法治国,抑或是恩威并重、德法并用,本模型选取的是后者。孔子认为,"君子之德风,小人之德草,草上之风,必偃"③。所以君从善治国理政,民亦会从善;君为善的政风、德风可以改变国家社会风气。一旦君"尊德乐义""彰善瘅恶",民就会衍生"穷则独善其身,达则兼济天下"④的思想,这里从"穷"到"达",从"独"到"兼",从"善其身"到"济天下",是一种从个体到群体、从微观到宏观的质变,是一国之君向善的魅力所在。正所谓"积

---

① 亚里士多德.尼各马可伦理学[M].廖申白,译注.北京:商务印书馆,2003:196.
② 罗炳良,赵海旺.孟子解说[M].北京:华夏出版社,2007:218.
③ 杨伯峻.论语译注[M].北京:中华书局,2006:145.
④ 朱熹.孟子[M].上海:上海古籍出版社,2007:166.

善成德,而神明自得,圣心备焉"①。君同民一起行善、为善,是公天下之善最高尚、最纯洁的德行。

2.治乱法则

治而不乱是任何一位国君都努力追求、万民企望分享的。俗话说:"诚是开山斧,信是做人金,人无诚信难立身。""信"是先秦儒家思想的重要组成部分,所以本模型将"信"界定为治乱法则的核心。因为君如果失去了信,民也会失去信,那么整个国家就会失去信,"信不足焉,有不信焉"②。如果君诚信不足,民就不会相信他,长此以往,国将不国。《管子》认为,"信之者,仁也"(《枢言》),"功成而不信者,殆"(《侈靡》),也就是有信义才能叫仁,事情即使成功了,如果是不讲信义达到的,那么最终也还是要失败的。

君有了"信",就会从安民、成民的角度施政,努力使国治;而君一旦没有了"信",就不会从安民、成民的角度出发,国就必定乱。所以管子认为,天下没有常乱、常治,恶人当政则乱,善人当政则治。当政达到尽善,是因为善人有办法施加影响的缘故,"天下者,无常乱,无常治。不善人在则乱,善人在则治,在于既善,所以感之也"(《小称》)。这说明"信"看似无形、实则有形,"信作为'仁'学的五端之一,是人安身立命之基"③,"信在诚。诚则信矣,信则诚矣"④,"信也者,民信之"(《小问》),"诚者,心之独用也","夫诚者,实有者也,前有所始,后有所终也"⑤。尽管如此,"信"不是一种契约,而是确立一种稳固的和谐关系。因此,无论是对君还是对民,"信"都意味着是一种义务。因为它有利于社会的和谐稳定、国家的发展有序,"所谓共其安危,同其休戚者,岂不信欤!"因此,无论是君还是民,正如韦伯所言,"你在哪里失去了信,就应在哪里找回它"。

既然如此,那么君如何做到"信"、确保国治而不乱呢?《管子》给出了明确答案,"以人为本,本治则国固,本乱则国危"(《霸言》),这里的"人"应为"民",直接把民上升到关系国家稳定与否的战略高度。而如何做到民不乱

---

① 王先谦.荀子集解[M].沈啸寰,王星贤,整理.北京:中华书局,2012:7.
② 楼宇烈.老子道德经注校释[M].北京:中华书局,2008:40.
③ 中国孔子基金会,等.中国梦与儒家文化[M].济南:齐鲁书社,2014:145.
④ 程颢,程颐.二程集[M].王孝鱼,点校.北京:中华书局,1981:318.
⑤ 吴乃恭.儒家思想研究[M].长春:东北师范大学出版社,1988:394.

呢?《管子》又给出了答案,君应充分了解民的疾苦,民就不会作乱,"举知人急,则众不乱"(《问》)。这就需要君及时适应民的变革要求,不墨守成规,否则是不可能取信于民的,"民变而不能变,不可服民取信"(《侈靡》)。它还认为,如果"事君有义,使下有礼,贵贱相亲,若兄若弟,忠于国家"(《四称》),使上下各得其所,那么天下就会大治而不乱。这说明国家治乱的情况会随着客观情境变化的强弱而波动,从而要求君"至少在一定程度上——见风使舵"①。《管子》认为,君有了"信"以后,才会"民爱之,邻国亲之,天下信之",并明确指出了君之"信"应"始于为身,中于为国,成于为天下"(《中匡》)。从某种意义上说,君民能否同心同德是治乱兴衰的关键,"君民同治乱、共安危","君失其国,民亦不能独全其家","阴阳同功,君民同体"。因此,君在治国用人方面,如果君能确保民德当其位、功当其禄、能当其官,那天下必将大治;如果德义未明而加以尊位、功力未见而授予重禄、临事不信而使任大官,那么必将会滋生乱源,"民以君为心,君以民为体。心安则体安,君泰则民泰。未有心瘁于中而体悦于外,君忧于上而民乐于下","民有求于君,君无不应;君有求于民,民无不承","不然,事急而使之,必有不应者","故君治国以亲民为要",施以安民之举、成民之法。

3.向背法则

如果说民是治国理政的根本,那么民心向背则是君不可忽视的重要因素,因为它关系国家的存亡、事业的成败,是治国安邦的最重要问题。由于民是国家发展的基本依靠力量,这就需要君施以向民心之策,而向民之心的关键在于顺乎民心、合乎民意。

民本理论模型认为,"廉"是向背法则的核心。只有清廉之君才能做出顺应民心而不违民心的事来,《管子》不仅看到了民心向背,而且把它同政事的兴废联系起来,"政之所兴,在顺民心;政之所废,在逆民心"(《牧民》)。所以君不能仅取不予,也不能仅予不取,而是要予取适度,顺乎民心民意。其实,自从有了国,就有了它的兴盛与衰亡;自从有了君,就有了他的荣辱与更替,而国之盛衰兴亡,君之荣辱更替,归根结底取决于民心向背。如果民本思想是天下盛治之基,那么"廉"则是君治国理政、赢得民心之根,"天下之乱不止,未有不

---

① 韦伯.经济与社会[M].阎克文,译.上海:上海人民出版社,2009:436.

贪之风;天下之治不已,未有不廉之气"。因为君有民本治国思想,能否真正贯彻落实,不仅在于君本身,而且在于从民中挑选的各层级官吏的执行力。如果说君舍民本思想而欲求国治,犹"脱轮而欲车行",那么各级官吏偏离甚至抛弃君的民本思想,则犹"弃楫而欲舟移"。

在争取民心方面,《管子》认为,"得民心之道,莫如利之;利人之道,莫如教之"(《牧民》),它还强调,如果国家仓库里的财物都放腐朽了,也不拿出去借贷给民众,那么就会失去民心,做事就要失败,"蓄藏积陈腐朽,不与人者,殆"(《枢言》)。孟子也明确指出,"桀、纣之失天下也,失其民也",而"夫争天下者,必先争人。明大数者得人,审小计者失人"(《霸言》),君之所以失去万民,是因为失去了民心,"失其民者,失其心也"。孟子还进一步指出了得天下、得人民、得民心的办法,"得天下有道,得其民,斯得天下矣;得其民有道,得其心,斯得民矣!得其心有道,所欲,与之聚之;所恶,勿施尔也"[①]。孟子深谙民心向背之道,他认为民心所向,国家存续;民心所违,国家灭亡。这说明孟子当时已充分认识到民的力量和民心向背的重要性。所以他强调"天时、地利、人和",足见争取民心在孟子心中的重要地位。因为只有争取民心,君的地位才能巩固,而如何争取民心,如前文所述,君与民同忧同乐。

3.2.3 两种手段

德治与法治是民本理论模型中君治国理政的两种重要手段,其直接理论依据是本书设置的民的类型线(见图3-3),它从总体上把民划分为三类,即处于民的类型线之间的正常民(WP)、线上的积极民(EP)、线下的消极民(NP)。对于WP,只要以理性的政令适度规范,他们就会按照君的意图行事;对于EP,只要以道德进行有效引导,他们就会遵循君的规则从事;而对于NP,则只能主要以命令和法律强制,他们才会依据君的理政意图行事。毋庸置疑,在一个社会之中,WP居绝大多数,而EP、NP所占比例均较小。对于WP、EP,如果君能有效驾驭,那么将是推动社会发展的强大正能量,君施以德治即可;而对于NP,如果君能施以教化,将其从线下拉回线上,他们也会为社会发展作出贡

[①] 罗炳良,赵海旺.孟子解说[M].北京:华夏出版社,2007:146.

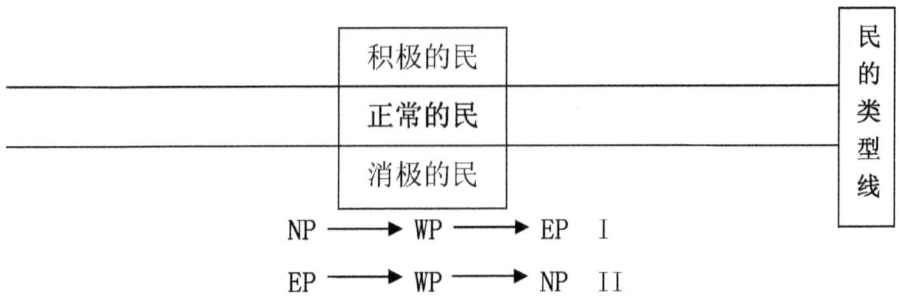

其中，EP 代表 Energetic People
WP 代表 Well-balanced People
NP 代表 Negative People

图 3-3　民的类型线及"三民"示意图

献，那么他们还是君"无与伦比的子民"①。然而，一旦教化不成功，那么这类民就会制造负能量，他们不但不能推动社会发展，而且还会影响社会进步，这就需要君施以法治。这也是本模型采用德法并用治国的主要原因。

虽然民是君治国理政的主要客体，但是他们"也有怪想和偏见、喜好和憎恶、感情和梦想、奇特的精神态度、刚烈之处和心底的苦痛"，所以上述三类民作为迥异的共同体，必然维护各自的利益。"一个共同体，随着它的成长，通过联合而形成的活动使得物质上和精神上的利益成为可能。因此，某些利益是社会创造出来的，他们不同于那些撇开共同体而创造出来的利益。"②其实，在一个国家中，除了极少数 EP、NP 外，绝大多数的民是 WP。EP 是一个社会整体发展进步的重要推动力量，一个国家发展的快慢，归根结底要看其是否有一定数量的 EP 群体在发挥积极作用，而 NP 一旦在国家里大量出现，"便要造成混乱，就像人体里黏液与胆液造成混乱一样"③。因此，作为治国理政之君，要用德治积极促进民沿着公式 I 的方向发展，要用法治防止民沿着公式 II 的方向发展，也就是用德治促使 NP 转化为 WP 乃至 EP，用法治防止 EP 退化为 WP 甚至 NP。

---

① 韦伯.经济与社会[M].阎克文，译.上海：上海人民出版社，2009：627.
② 谢尔登.管理哲学[M].刘敬鲁，译.北京：商务印书馆，2013：27.
③ 柏拉图.理想国[M].郭斌和，张竹明，译.北京：商务印书馆，1986：346.

1. 德治

"在先秦哲学里,德是一个关于人性的核心概念。"①尽管需要后世的琢磨与彰显,但是它在本质上具有一定的天性,公允地属于每一个人,且不论此人在现实社会中身份贵贱、地位高低。这主要是由德内在地包含两方面的内容造成的:一方面是指德行,即人耳熟能详且为他们通常所理解的、有修养的良善行为;另一方面是指德性,即人与生俱来的、本体意义上的人格特征或能力。后者不仅启发和支持人们在许多场合下有特定义务的道德权利,而且也启发和支持人们在某些特殊场合下并无特定权利的道德义务。从这种意义上说,它至少可以成为指向人们特定责任或义务的道德资格与意志能力,正是人们有了这样的资格与能力,才会有"人皆可以为尧舜"②的经典话语,这也是君能施以德治的前提。德的思想发轫之时,主要是围绕德政展开的。在西周与春秋战国时期,"以德配天"思想获得普遍认同,特别是"修厥德"与"丕显德"。前者是自觉正心修身的道德修养,后者是治国平天下的显赫功业。"修德"是"显德"的直接保证,"显德"是"修德"的终极体现。从这种意义上说,所有的民本问题,都可使其转变为伦理问题,君于治国理政之中在何种程度上解决这些问题,尽管"以德行仁者王"③"山高而不崩则祈羊至矣,渊深而不涸则沉玉极矣"(《形势》),但是也依赖三类民(EP、WP、NP)达到道德自觉的程度。

"一德开基,百年垂统。"④对于民本理论模型来说,君从情感型关系出发,立足人性本善的基础,运用 Y 理论的思维,施行"以德治国",落实爱民之道、益民之略,旨在赢得民心、凝集民智、汇聚民力;君从道义型关系出发,积极推行治而不乱的施政方略,立足客观情境要求,推进安民之举、成民之法,用德治与法治相结合的治国模式,达到天下大治的目标;君从功利型关系开启,抓住向民之心的本质,适时有效地"予""取",施以富民之方、利民之策,以法治有效规范引导,使民与君同心,从这个层面出发推行"以法治国",防止君的富民、利民政策得不到落实。因此,君民之间的关系,通过情感的纽带而得到加强,通过道义的举措而得到稳固,通过功利的渠道而得以保障。

---

① 夏勇.民本与民权:中国权利话语的历史基础[J].中国社会科学,2004(5).
② 罗炳良,赵海旺.孟子解说[M].北京:华夏出版社,2007:237.
③ 同②66.
④ 脱脱,等.宋史[M].北京:中华书局,1977:3105.

君有"老吾老以及人之老,幼吾幼以及人之幼"①思想,用推恩及人的路径治民,与民同乐,以恻隐之心感染民,以是非之心塑造民,以羞恶之心引导民,以辞让之心影响民,充分恢复消极之民应有的"良知""良能",切实增强积极之民识辨"是非""真假"的能力,就有利于君的治国理政。如果君心中有了民本思想并付诸实施,那么就会把众多分散之民的积极性充分调动起来,"民乃知时日之蚤晏,日月之不足,饥寒之至于身也,是故夜寝蚤起"(《乘马》);同样,众多的民受到了君施与的恩惠,就会呈现"百舸争流"之势,极大地创造社会财富,为君既定的富国强兵目标而努力。因此,做人君的要用德来庇护民众,作为民也要用行动捍卫君的威严,"夫为人君者,荫德于人者也"(《君臣上》)。《左传》认为,德之于国,是政治的基础;于人,是安身立命之本;于战争,是胜负关键。周人以德治国,带来了周代社会文明的进步,"周虽旧邦,其命维新",这个"新"在于确立了"王其德之用,祈天永命"②的信念。在此信念的激励下,周初的开国之主和守成明君几乎都是勤勉、谦逊的典范,"比于文王,其德靡悔;既受帝祉,施于孙子"。周初国泰民安的德治实践,为后世之君打造了一个成功的"治世"样板。经过儒家的强化与系统化,成为中国传统社会所标榜、追求的理想政治。

2.法治

法治是君治国理政的又一重要手段,但法治的目的不是威慑人民,而是为民谋幸福。君以法治震慑、严惩那些不法之徒,以维持国家稳定、社会和谐。特别是对那些无法通过教化转化的 NP,必须绳之以法,正所谓"草茅弗去,则禾谷必受其害;盗贼弗诛,则良民必受其伤"(《明法解》)。诚然,有些 NP 甚至 WP"在灵魂深处是如此贪婪"③,他们会用非正常的手段得到他们不应得的东西,要有效制止这种行为,只能依靠法治而不是德治。同时维持整个社会的运转和秩序,也需要法治。因此,君在治国理政过程中,必须要求民众依法行事,以重典治乱。

由于民有三类,所以以德治国并非一定能够消除冲突、杜绝违法,德治要与法治相结合。没有以法治国"法"的威慑与保障,以民为本的德治也不可能

---

① 罗炳良,赵海旺.孟子解说[M].北京:华夏出版社,2007:18.
② 阮元.十三经注疏[M].北京:中华书局,1980:213.
③ 迈克尔·桑德尔.公正:该如何做是好?[M].朱慧玲,译.北京:中信出版社,2012:7.

施行。同时,"以法治国"也体现了"善有善报,恶有恶报,不是不报,时辰未到"的警世恒言。因此,从本模型出发的民本治国,无论是对哪一类民,都要求以道德约束,诉诸法律强制,这样君民才能始终保持一种和谐而理性的关系。君在民本思想指导下推进以法治国,社会公平正义就会清晰呈现,和合的人文环境就会被营造。从宏观层面来讲,这对包括 NP 在内的"三民"整体都是有益的,同时为社会的发展提供正能量。如果君抛弃了民本思想,社会平等就会被撕裂,公平正义就会被埋葬,和合环境就会被破坏。显然,这对三类民都是无益的。

尽管法治具有一定的积极意义,但是治国理政绝不能过于倚重法治。这里仅以先秦极为重法的商鞅、韩非为例,并略加比较,旨在凸显以法治国的真正目的性和切实必要性。"行刑重其轻者,轻者不生,则重者无从至矣"①,"重刑连其罪,则民不敢试,故无刑也"②,商鞅制定了连坐法与三夷之诛,增加了肉刑、死刑,甚至出现了凿颠、抽胁、镬烹等酷刑,是纯粹的法治。而韩非则吸收了其师荀子的"性本恶"思想,认为民的本性是"恶劳而好佚",需以法来约束,施刑于民众,唯有如此,才能"禁奸于未萌"。他认为,重刑不仅可以禁奸止暴,防止犯上作乱,而且"刑重,则不敢以贵易贱",甚至能够预防犯罪,"民不以小利加大罪,故奸必止者也"③。由此看来,韩非所主张的重法并不是为了惩罚而惩罚,而是旨在借助重法的威慑,预防犯罪,达到"以法去罚"的目的,这与儒家的"去刑""无讼"的终极目标殊途同归,也是本模型以法治国的要义所在。韩非甚至认为在一个人人皆为君子的社会里,由于人们的道德行为能动地对社会生活起着巨大的调节作用,所以根本无需法治来治理,"尽如比干,则上不失,下不亡"。然而,当国家进入乱世之秋,欺诈成风,暴虐盛行,昔日作为调节人们之间关系的道德准则便失去了制约作用,"严刑重罚之可以治国也"④。这说明韩非的法治与商鞅的法治不尽相同,前者还潜藏有一定的德治成分,也是本书模型设计德法结合治国的基本理路。

综上所述,尽管法对于君治国理政来说是必要的,但是法"犹治病者之服

---

① 高亨.高亨著作集林:第七卷[M].北京:清华大学出版社,2004:430.
② 同①533.
③ 张觉,等.韩非子译注[M].上海:上海古籍出版社,2007:641.
④ 高华平.韩非子鉴赏辞典[M].上海:上海辞书出版社,2012:63.

乌喙、藜芦也""亦犹见乌喙、藜芦之愈病而欲以为服食也"①,乌喙、藜芦虽然能一时医治好病人,但这并不意味着人们就可以把它当作食物一样长期服用。法也是如此,虽然对于君治国理政能发挥到一定的作用,但是仅仅以法治国,未必能达到预期效果,所以君治国理政也离不开德治。这也是本模型采用德法并用治国的一个重要原因。

3.德法并用

德法并用是君治国理政的最重要方式。通过将德治与法治有机结合起来,对 EP、WP 与 NP 进行正向积极的引导与规范,促使其养成秉持道德、遵守法律的习惯,而"习惯是道德教育的第一步","如果一切进展顺利,那么习惯最终会起作用,我们也会明白习惯的意义所在"②。对于不同类型的民来说,他们善德守法的程度不同。假定一个 WP,他 90%的概率是善德守法,那么其恶德违法的概率就是 10%;假定一个 EP,他 95%的概率是善德守法,那么其恶德犯法的概率就是 5%;假定一个 NP,他 10%的概率是善德守法,那么其恶德违法的概率就是 90%。基于此,本书对德法并用治民进行了分类。

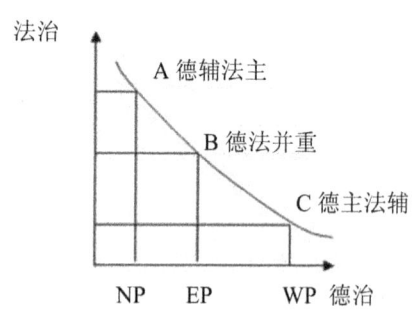

图 3-4 德法并用治民示意图

依据民本理论模型构建的思路,从图 3-4 中可以清晰地看出,德辅法主、德法并重、德主法辅都是德治与法治相结合治民的重要形式,只不过德辅法主主要针对的是 NP,德法并重主要针对的是 EP,德主法辅主要针对的是 WP,而德主法辅则是德治与法治相结合治民的最重要形式,它主要针对的是 WP。之所以如此分类,是因为 NP 与 EP 在三类民中占少数,而 WP 则占绝大多数。

---

① 李伟.明夷待访录译注[M].长沙:岳麓书社,2008:133.
② 桑德尔.公正:该如何做是好?[M].朱慧玲,译.北京:中信出版社,2012:226.

由于 EP 只要被正确的引导,它的恶德犯法概率只有 5%,所以在德法并重的法的震慑下,再加上 EP 的智慧,这类民的违法概率极有可能会低于 5%,这也是要对这类民施以德法并重的重要原因;由于 NP 恶德违法概率非常高,达到 90%,所以需要君施以积极的有效教化,再加上法具有极强的威慑作用,从而可以使这类民触犯法律的概率在一定程度上降低,有时甚至会远远低于 90%。毋庸置疑,在民的类型线设置的情境下,君给民所设计的理念和实践,未必为全部的 NP、EP 所接受,他们中可能会有一部分民蓄意地破坏这种共识。正因为如此,才有必要在以德治国基础上辅之以法治国。在众多 WP 与一部分 NP、EP 的影响下,那些偏离或背离之民会受到这些民的"大众性条件反射"①,从而矫正或修正自己的行为取向,直至与社会整体融为一体。

在一个社会中,EP 一般会权衡利弊,考虑休戚与共,总体上会为国家的发展提供正能量,但需要正确的引导,这就需要施以德法并重的治民方式。这种方式无疑具有一定的功利型倾向,只不过这种功利旨在让 EP 为国家发展提供积极的正能量;NP 通常会形成社会发展的负能量,破坏和谐,导致冲突,因此需要他律、法治才能进行匡正。对于 NP,君是从道义型角度出发施行的法治,使其弃恶从善。WP 一般都能遵纪守法,比肩而立,和平共处。由于 WP 自律性好,而且能够持续为社会的发展提供正能量,所以对这类民需要君从情感型关系出发,有效施以德治;同时,对于 WP 来说,法的强制力并不是普遍地绝对必需,即使有没有法律,这类民通常也处于正常状态。由此可见,在民彼此相容、相悖、相仿的实际行动中,以德治国与以法治国"是既作为因也作为果而交织在一起的"②。君可以通过"以德治国"的感染性,发挥民的"能动性";通过"以法治国"的规范性,引导民的"正向性"。治国无法,犹饥而无食;治国无德,如寒而无衣。所以一个国家的肌体健康与否,关键在以德治国与以法治国相结合的频度与力度。秉公治国,方能赢得民心;清廉理政,才能取信于民。从某种意义上说,法治是保障,德治是方向。没有法治的德治,国君的统治不会久远;没有德治的法治,各种暴政就会相继呈现。因此,以德治国行仁政,是"以德服人者,非力服也",所以君也需要以法治国,因为有 NP、EP 存在;以法

---

① 韦伯.经济与社会[M].阎克文,译.上海:上海人民出版社,2009:1544.
② 同①446.

治国施强权,"以力服人者,非心服也",所以君也需要以德治国,因为有大量的WP存在。因此,民本理论模型中的君,既有仁德之风,又有法治之气。君行德治之术时,便为民兴利除害,使天下万民安乐;君施法治之威时,对内赏信罚必、有令必行,对外声振寰宇、保四方之民平安。

3.3　民本理论模型的整体释义

通过前文对民本理论模型的阐释,我们可以发现,它集经济、社会、法律、伦理、道德、人性角度于一体,兼采儒家、法家、人性假设、功利主义思想于一炉,将儒家的"仁""义""礼""智""信""廉""德""法"思想贯穿于整个模型之中,旨在达到天下大治、安乐共享的和谐社会。由于民本理论模型不只是来自逻辑的推理、思想的演绎,更是来自对历史经验教训的认识总结。所以它不仅富有人性色彩,而且具有人文关怀和人道理念。

通过全景式地考察、分析与论证民本理论模型,可以发现它以儒家思想为核心支撑,以法家思想为重要支点,采用的是荀子"尊君爱民"的民本思想,构建的是"以德治国"与"以法治国"相结合的民本治国理论模型。在本模型中,尊君与爱民并存,"二者是比翼双飞的关系"①,它们共融于君治国理政的宏伟体系之中,实现思想与社会的互动。得民则昌,失民则亡。利民则利君,害民则害君,无民则无君。亲民必兴盛,离民必衰败。通过回放式审视已构建的民本理论模型,可以清晰地发现它的思维方式、理论结构、价值取向与实际功能,从而更全面、更准确地理解民本理论模型的概念内涵与外延。本书构建民本理论模型的目的,旨在让治国理政之君,行爱民之道,爱民而不恶民;施益民之略,益民而不害民;定安民之举,安民而不扰民;推成民之法,成民而不败民;开富民之方,富民而不贫民;想利民之策,利民而不苛民。"国者,君之车也;民者,国之轮也。"假如国是君治国理政之车,那么民便是君驱车前行之轮。因此,作为一国之君,他的心思应始终在为国之发展而谋、为民之福祉而虑,不停地游弋在国境内的"东西南北中",落实在理想与现实之间,目光始终指向如

---

① 张分田.民本思想与中国古代统治思想[M].天津:南开大学出版社,2009:15.

何"爱之、益之、安之、成之、富之、利之";六者"俱正,而化大行"①。因为国置于君车之上,民作为驱车之轮,他们的能动性发挥情状如何,直接决定君车行驶的质量与速度。

"民者,国之大事,向背之心,贫富之形,不可不察也。"因此,作为一国之君,在天下混乱时,要有为天下谋太平的抱负,也就是安定天下;在天下安定时,要有为百姓谋幸福的理想,也就是以民为本。"天下者,国之本也;国者,乡之本也;乡者,家之本也;家者,人之本也;人者,身之本也;身者,治之本也。"(《权修》)民本理论模型不是主张推行"君民二分法",而是积极构建"尊君爱民"的君民共同体。本模型中的情感型关系绝不是主张君治国感情用事,而是将它作为施行爱民之道、益民之略的情感驱动力;道义型关系绝不是主张君只以德治国而不以法治国,而是将它作为施行安民之举、成民之法的道义驱动力;功利性关系也绝不是主张君完全以法治国而无视情感与道义,而是将它作为施行富民之方、利民之策的物质驱动力。通过这"三大驱动力"的全面高效运作,就能充分发挥民的主观能动性。因此,本模型的理论基础,不是民服从于君非人格的理性目标,也不是服从于君制定的抽象规范,而是服从于儒家的"仁""义""礼""智""信""廉"思想,正是儒家这六大经典理论思想才能将"三大关系""三对法则"联结起来,成为一个有机的统一整体。如果君能以仁的道德本体作为治国理政的基础,思虑民心时作出合乎"义"的道德判断,治国考量时能符合"礼"的原则,在涉民情境中能用"智"思量善恶法则,用"信"赢得民的支持,用"廉"守护民心向背法则,切实以民为本,这样就能将上述儒家的六大经典思想在民本治国实践中融合为一体。

由于本模型是后文研究《管子》民本思想的分析框架,所以本书也认真总结了模型中儒家思想在《管子》一书中出现的情况,"仁"出现了58次,"义"出现了200次,"礼"出现了129次,"智"出现了86次,"信"出现了146次,"廉"出现了25次,"德"出现了247次,"法"出现了431次,"三王""明君""圣王""先王""圣人"则分别出现了5次、39次、45次、78次、100次。这些高频率的出现,充分说明了本模型是可以作为本书分析框架的,这也与儒家"君子义以

---

① 董仲舒.春秋繁露[M].张世亮,钟肇鹏,周桂钿,译注.北京:中华书局,2012:72.

为质,礼以行之,逊以出之,信以成之"①的思想不谋而合。《管子》指出,如果义、礼在上面形成了典范,美、善在下面贯通到人民,那么百姓就都向上亲附于君主,向下致力于农业了,国家自然也就安定了,民众也就安居乐业了,"义礼成形于上,而善下通于民,则百姓上归亲于主,而下尽力于农矣"(《君臣上》)。久而久之,将会达到"君民两忘,上下合一"的理想和谐境界。这就是君将民本思想的理论模型运用于治国实践的最佳功效。

民本思想是伦理法则与价值法则的有机统一体,是君在治国理政过程中如何看待民的问题的政治判断。在伦理法则方面,它确认民的主体地位,把民"赞成不赞成、满意不满意"作为治国理政的最终判断标准;在价值法则方面,它把君"爱之、生之、养之、成之"(《正》)、"爱之、利之、益之、安之"(《枢言》)视为其治国理政的终极实践指向,"天之生民,非为王也。而天立王,以为民也。故其德足以安乐其民者,天予之。其恶足以贼害民者,天夺之"②。无数事实告诉我们,"得民心者得天下,失民心者失天下",这是一条颠扑不破的真理。其实,得民心的方法很简单,从其所欲,勿施其所不欲。民之归于君,犹如水之归于海,兽之趋于穴;施暴政于民者,犹为渊驱鱼的水獭,为丛驱雀的鹰隼。正所谓"得道者多助,失道者寡助。寡助之至,亲戚叛之;多助之至,天下顺之"③,而"以民为本"便是得民心的最直接体现,以民为本之君,国必兴,反其道而行之则国必亡,这是本模型的实践基础;依据"己欲施人"的理念,从儒家的"仁""义""礼""智""信""廉"思想出发,运用四种理论,围绕六个角度,阐释三个关系、三对法则与两种手段,这是本书民本理论模型的理论基础。因此,民本理念构思与实践必须契合历史潮流,既不能超越时代而无法做到,又不能落后时代而无法适应。通过民本理论模型的"关系与法则",在君民之间建立起一座桥梁,目的并不是让君加入到民的行列之中,而是在君的领导下整个社会的民都可以通过这座桥梁,在共建中共享和谐,在共享和谐中持续共建。

民本思想是社会发展的种子,它作为在中国延续两千多年的传统文化血脉,尽管在不同的时代有不同的表达形式,但是作为一种思想文化,就会既有

---

① 杨伯峻.论语译注[M].北京:中华书局,2006:187.
② 董仲舒.春秋繁露[M].张世亮,钟肇鹏,周桂钿,译注.北京:中华书局,2012:277.
③ 罗炳良,赵海旺.孟子解说[M].北京:华夏出版社,2007:85.

其"共性",也有其"个性",有共性则古今思想可以汇流,有个性则古今思想可以交流。本模型在继承先秦儒、法思想基础上,又吸收了诸子的长处,汲取了人性假设思想的精华,并加以充分综合、有效改造,构建了民本理论模型,进一步发展了中国古代的唯物主义思想。民本思想是历史前进的动力,它以爱民之道、益民之略、安民之举、成民之法、富民之方、利民之策为载体而不断前行。在改善民众命运方面,它所取得的成就比任何其他因素都要大。在引领社会进步方面,在人类漫长的发展历史上还没有其他思想取得如此巨大的成功。因此,透过千年的历史演绎可以发现,绵延千秋的民本思想,展现出如此之高的魅力和通向未来的无限引力,这是颇值得深思、关注的问题。

毛泽东同志曾说过,"人心就是力量",习近平同志强调"人心是最大的力量",在本模型中,我们也可以发现,民心就是力量,甚至是最大的力量。民本思想是中国思想发展史上最为重要的一脉,而历经千百年涤荡的《管子》民本思想则是其中璀璨的明珠,对正处于社会转型的当代中国来说,不仅具有深远的历史意义,而且具有极高的参鉴价值。这种意义和价值集中体现于它可以为当今中国推进"国家治理体系和治理能力现代化"提供些许思想智慧、理论借鉴,这也是本书研究的初衷。民本理论在一个国家运用的程度,取决于君在其治国理政中民本思想因子丰富的程度。任何一种事关民生的理论都是应时代的需要而提出的,民本理论模型也不例外。本书旨在以《管子》为载体,构建一个"以民为本"的理论与实践模板。如今之中国正值发展的盛世,再加上新一代中央领导集体正在施行"以民为本"之政,所以民本理论模型也是顺应时代之需而构建的。虽然本模型是经过了"小心的求证",但是也未必能全面揭示那些"大胆的假设"。正如鲁迅先生在《故乡》中那句耐人寻味的话:"希望是本无所谓有,无所谓无的。这正如地上的路;其实地上本没有路,走的人多了,也便成了路。"民本理论模型也是如此。在当代中国,国家治理与社会管理血管中有一种新的血液在流动,持续充满新的活力与热情——那就是民本思想,它点燃了社会和谐进步与国家快速发展的希望之光,指引着人类向着更为美好的理想目标迈进。

第 4 章
《管子》民本治国思想的整体特征

《管子》是我国古代治国理政的"百科全书",其核心思想是"以民为本",并在当时齐国的治理实践中得到了成功运用,这在中国思想发展史上具有划时代意义,对后世产生了重要而深远影响。虽然全书包罗万象,但是其政治、经济、哲学甚至军事等诸多思想都从未离开这个核心,并呈现出"以功利为导向兼容情感与道义""以儒家思想为主导兼容两家思想""以法为主的礼法并用思想"三个方面特征,由此形成了中国民本治国思想的经典理论与宝贵实践。

4.1 以功利为导向兼容情感与道义

"富国强兵,称霸诸侯"是《管子》治国理政的终极功利指向,"地大国富,人众兵强,此霸王之本也"(《重令》)。它通过"九合诸侯"(《小匡》),"一匡天下,诸侯莫违我者"(《封禅》),达到了"地大""兵强"目的;通过"务本饬末"(《幼官》),"薄敛轻征",实现了"行此数年,而民归之如流水"(《霸形》)的"国富""人众"目标。实践证明,《管子》在指出如何达成功利霸业过程中充满情感与道义(简称"情义"),这也是其能流传千古的原因之一。

4.1.1 兼容情义的"九合诸侯"

虽然管仲辅佐齐桓公创建霸业的丰功伟绩清晰地呈现在《管子》绘声绘色的描写之中,但是其历经艰险、成就伟业的无数事迹,仍凸显了"九合"与

"一匡"的不易。《管子》以功利为导向兼容情义的"九合诸侯",突出呈现在九次会盟的盟约之中:

"一会诸侯,令曰:非玄帝之命,毋有一日之师役。再会诸侯,令曰:养孤老,食常疾,收孤寡。三会诸侯,令曰:田租百取五,市赋百取二,关赋百取一,毋乏耕织之器。四会诸侯,令曰:修道路,偕度量,一称数,毋征薮泽,以时禁发之。五会诸侯,令曰:修春秋冬夏之常祭,食天壤山川之故祀,必以时。六会诸侯,令曰:以尔壤生物共玄官,请四辅,将以礼上帝。七会诸侯,令曰:官处四体而无礼者,流之焉莽命。八会诸侯,令曰:立四义而无议者,尚之于玄官,听于三公。九会诸侯,令曰:以尔封内之财物,国之所有为币。"(《幼官图》)

上述"九次盟约"核心内容非常丰富,从"没有玄帝命令,不许有一天战争"到"供养孤老、常病者,收养孤儿寡妇",从"低税、不要使人民缺乏耕织的生产工具"到"修路、统一度量衡标准以及林薮湖泽按时禁放",再到以礼匡正,充分体现了《管子》重视民的生存权、发展权,也说明其在指导创建功利霸业的过程中充满诸多情义。由于葵丘会盟是最大也是最后一次会盟,所以它的盟约内容吸纳了其他会盟精华。本文根据研究需要,仅选取葵丘会盟的盟约内容,详细探析《管子》民本思想的整体特征之一——功利兼容情义。毋庸置疑,会盟诸侯本应由周天子举行,但是由于周王室已失去威势与权柄,只能将它交予他人协助其完成,这说明桓公"九合诸侯"含有助力周王的意味,潜藏有一定的道义性。"凡有天下者,以情伐者帝,以事伐者王,以政伐者霸"(《禁藏》),齐国以这种思想为指导成就了霸业,这种思想对后世曹操产生了很大影响,他有效借鉴并成功运用之。虽然《管子》中记载葵丘会盟的盟约内容不是非常详细,但是历史上对其记载评价很多,充分彰显了这次会盟的特殊意义。葵丘会盟强调五霸中桓公最强,盟会之后彼此都恢复友好关系,并明确提出了五条要求:"初命曰:诛不孝,无易树子,无以妾为妻;再命曰:尊贤育才,以彰有德;三命曰:敬老慈幼,无忘宾旅;四命曰:士无世官,官事无摄,取士必得,无专杀大夫;五命曰:无曲防,无遏籴,无有封而不告。"[1]

这里从"初命""再命""四命""五命"中可以清晰发现《管子》功利霸业思想中的道义元素,从"三命"中可以看出其情感成分。具体说来,一是通过"诛

---

[1] 杨伯峻.孟子译注[M].北京:中华书局,1960:266.

不孝",责罚那些不孝之民,可以使社会上的"孝"蔚然成风,"事死如事生,事亡如事存,孝之至也"①,有利于形成良好的社会风气,这无疑对民的风俗习惯、思想意识乃至心理结构都会产生广泛而深远影响,同时对社会和谐、国家安定、家庭幸福也能起到积极作用。使老人得到应有的尽孝,充满了爱民情感;使世子、正妻地位得到保障,充满了人间道义。通过"无易树子"可以使已立为宗嗣的嫡子的地位得到保证,避免"易子"带来风波与动荡,再加上通过"无以妾为妻",可以使"废妻立妾"现象减少甚至消除,从而有利于社会和谐与稳定,这显然充满了道义安民性。《管子》明确指出,尊立女宠之子为嗣,而驱逐嫡长子,是伤害道义,"明立宠设,不以逐子伤义"(《君臣下》)。诚然,君爱民就会得到民的拥护与支持,他们积极主动追随君,就像饥寒之人盼食衣、酷热之人盼望清凉,"如饥之先食也,如寒之先衣也,如暑之先阴也"(《形势解》),正所谓"未之见而亲焉""可以往矣","久而不忘焉""可以来矣",而不是"乌鸟之狡,虽善不亲"(《形势》);二是通过尊重贤人、培育人才,就可以使贤能之士纷纷出来为国家治理贡献才智,从而使国家发展所需人才资源生生不息,这进一步彰显了道义治国的魅力,同时对那些有德行的人进行表彰,可以汇聚起有利于社会发展的正能量;三是通过敬老爱幼,就可以在民之间构建一种和谐融洽的情感型关系,再加上勿忘宾客,就可以使其得到相应照顾,这些无疑是于民有益的,充分凸显了治国的道义成分;四是通过不能私自封赏而不报告盟主的"无有封而不告",可以使国家的"赏罚以安民"更为公正,特别是"士人不能世代做官、公职不能兼任、选用士人一定要得当、不得擅自杀戮"的要求,可以称得上是会盟追求功利的道义之举;五是通过不垄断水利、修筑堤坝的"无曲防",可以使民的农田得到灌溉,旱情得以缓解,从而为民的生产生活提供保障,进而达到"成民之事"的道义目的;通过不得阻止邻国来买粮食的"无遏籴",可以保证民的基本生存之需,潜藏了无限情义因子,再加上运用轻重之术,使商业发展颇为兴旺,有利于民买到价格合理的粮食,富民、利民思想也潜存其中。这些充分说明尽管会盟具有追求霸业的功利目的,但是其盟约包含有丰富的情感、道义元素。

其实,后世对《管子》"九合诸侯"也给予了很高评价,孔子评价颇具代表

---

① 方尔加.《大学》《中庸》意释致用[M].北京:中国人民大学出版社,2008:18.

性:"桓公九合诸侯,不以兵车,管仲之力也。如其仁,如其仁。""管仲相桓公,霸诸侯,一匡天下,民到于今受其赐。微管仲,吾其被发左衽矣。"可见孔子对《管子》评价也聚焦在爱民与益民维度,凸显其在追求功利中潜藏的情义元素,使民在"仁"爱中远离了"被发左衽",也彰显了它人性向善的一面;荀子的评价意味深长,桓公"九合诸侯,一匡天下,为五伯长,是亦无他故焉,知一政于管仲也"①,这"知一政"实际上是对《管子》民本治国思想的一种认同;韩非子的评价更是耐人寻味,桓公"得管仲,为伍伯长;失管仲,得竖刁而身死,虫流出尸不葬"②,这说明用贤才治国理政安民的重要性,凸显了德才兼备的人才与君主存亡、国家治乱呈正相关关系。得贤才为国家追求功利,君安民安,社会和谐,呈现治国的道义性;用奸佞则个人追求功利,君亡民不安,社会动荡,丧失安民的道义性;司马迁也曾盛赞管仲,"管仲既任政相齐,以区区之齐在海滨,通货积财,富国强兵,与俗同好恶",这说明它推出治国理政举措是符合民意、顺势利导的。因为它既最大限度地减轻社会动荡,又最大程度地实现民安居乐业,其治国理政的道义性非常明显。然而,后世商鞅却反其道而行之,完全忽视了民的承受能力,全面颠覆了社会常规,难怪史学家司马迁在撰写《史记·商君列传》卷时引《诗》《书》之语,"得人者兴,失人者崩""恃德者昌,恃力者亡",并对《管子》的政绩也给予了经典总结:"故论卑而易行。俗之所欲,因而予之;俗之所否,因而去之。""其为政也,善因祸而为福,转败而为功,贵轻重,慎权衡。"③

4.1.2 兼容情义的"务本饬末"

为了实现"富国、强兵、称霸"的既定目标,管仲推出了"以民为本"的"务本饬末"(《幼官》)政策。从图 4-1 可以看出,它不是其肆意的主观臆造,而是合目的性与合规律性的有机统一,直接体现为在调整社会生产关系中确立了工商之民的社会地位,在本末业协调共进中促进了社会生产力发展,在加快经济发展中实现了治国理政目标,同时在实现这个目标的功利路径中充满了情义。

---

① 王先谦.荀子集解[M].沈啸寰,王星贤,整理.北京:中华书局,2012:219.
② 韩非子[M].高华平,王齐洲,张三夕,译注.北京:中华书局,2010:555.
③ 尹立杰.史记全编[M].北京:北京日报出版社,2016:147.

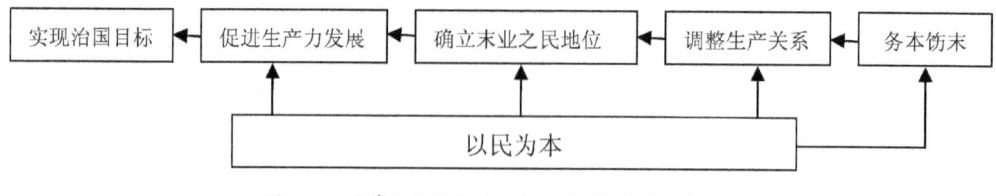

图4-1 《管子》民本治国"功利性"导向路径图

1.在调整生产关系中确立末业之民的社会地位

随着社会演进到春秋战国时期,末业的重要性愈益凸显。为了将工商业打造为国家经济增长的原动力,需要从情义维度出发给手工业者、商人提供更好的发展空间,于是管仲结合齐国实际开启了功利性调整社会生产关系的新时代,从而为工商之民社会地位的确立奠定了坚实基础。

由于"霸必须恃其甲兵之强、财富之多"①,所以管仲要实现既定的治国功利目标,就需要其"把一切可以团结的力量都团结起来,把一切可以调动的积极因素都调动起来"②,切实形成富国强兵的合力。而只有实施"以民为本"的治国举措,才能充分调动民的积极性、主动性和创造性,进而衍生出这种合力。《管子》"重本饬末+四民分业"的情义治理模式,在当时确实能使农工商之民自如、高效、快乐地劳作,"不待见使"而"力作而无止"(《山权数》)。而"以民为本"必须首先解决他们的生存问题,解决这一问题就需要重视农业。那么,本业发展起来,也有利于末业发展,"本善而末事起"(《侈靡》),这就要求在重视本业基础上发展末业,而欲发展工商业就需要对当时社会生产关系进行调整,否则治国终极目标就会如"镜花水月,龟毛兔角之涣然无矣"③。从这种意义上说,管仲功利性地调整社会生产关系是一种依据"目的因"来寻求发展的"动力因"④。

由于人和事是达到治国功利的两个重要方面,所以《管子》要求用人一定要让他竭尽全力,做事一定要使它取得成功,"治之本二:一曰人,二曰事。人欲必用,事欲必工"(《版法解》),而"重本饬末"在当时则可达到此种目的。

---

① 田浩.功利主义儒家:陈亮对朱熹的挑战[M].姜长苏,译.南京:江苏人民出版社,2012:122.
② 辛向阳.中国特色社会主义制度的三个基本问题探析[J].理论探讨,2012(2).
③ 王夫之.尚书引义[M].北京:中华书局,1976:27.
④ 亚里士多德.形而上学:第5卷[M].苗力田,译.北京:中国人民大学出版社,2003:84-85.

基于此,管仲从两个方面着手:一是从"人"出发,调整社会生产关系,将末业之民列为社会发展的两个重要支柱,显然他是对齐国部分百姓的身份给予全新社会定位,具有一定的情义因子。正如列奥纳德·伍尔夫所指出的那样,这"是常识的新鲜空气与纯粹亮光",也说明管仲对当时的社会生产关系情状有了全新认识。尽管社会地位处于"四民"末位,但是"商工之乡"达到六个,说明工商之民绝不可小视。由于末业发展情状直接影响手工业者、商人的生存、生活与发展,所以君治国理政绝不能忽视这两大群体。从这种意义上说,"务本饬末"具有一定的爱民情感成分;二是从"事"出发,调整产业结构,把工商业作为国家经济发展的重要"两极",这是对齐国百姓职事进行全新社会分工。对手工业者、商贾来说,发展末业使其有事可干,充满了"成民之事"的道义成分。正如约翰·梅纳德·凯恩斯所言,"这是激动人心的、令人振奋的,是一个复兴时代的开端,一片新天地的绽放"。这样就使末业发展由私下交易发展为公开交易,从而有利于工商业快速发展,进而能促进工商之民幸福的增长和创造力的扩展①。管仲由此播撒下了民本思想的种子,顽强地松动了齐国那块已经固化了土地,"为生长出更美丽的花朵"②提供更加有益的土壤,从而最终确立了末业之民的社会地位。

2.在推动本末业协同共进中促进社会生产力发展

随着"末业"社会地位的确立,加快工商业发展已成为时代课题。为了推动本末业快速发展,管仲推出了一系列兼容"情义"成分而又促进本末业协调发展的功利性举措,"有道则民归之"(《形势解》)。

确保农业持续稳健发展。虽然"麦者,谷之始也""黍者,谷之美者也"(《轻重己》),但是农人不耕作,人们就会遭受饥饿的威胁,所以管仲非常重视农业,以解决民不饥的问题,具有一定的道义性。由于"民事农则田垦,田垦则粟多,粟多则国富",而"国富者兵强,兵强者战胜,战胜者地广"(《治国》)。为此他推出了促进农业生产的四大功利性举措:一是兴利除害,切实保障农业生产。通过疏浚积水,可以消除农业生产内涝的潜在威胁;通过修通沟渠,可以缓解干旱季节的旱情;通过清淤通堵,可以便利农业的灌溉。这些有利于农

---

① 阿拉斯戴尔·麦金太尔.追寻美德:道德理论研究[M].宋继杰,译.南京:译林出版社,2011:17.
② 道格拉斯·麦格雷戈.企业的人性面[M].韩卉,译.北京:中国人民大学出版社,2008:4.

业生产发展,能够使民的生存问题得到基本解决,充满治国的道义成分;二是乡师督导,确保农事按时生产。这些地方官吏"行乡里,视宫室,观树艺,简六畜,以时均修焉;劝勉百姓,使力作毋偷,怀乐家室,重去乡里"(《立政》),使"春十日不害耕事,夏十日不害芸事,秋十日不害敛实,冬二十日不害除田"《山国轨》。在他们督促下农事生产能够正常进行,不会延误甚至错过农时,这就为农业生产提供了基本保障;三是借贷帮扶,积极支持农业生产。"农事且作,请以什伍农夫赋耜铁"(《轻重己》),"民之无本者,贷之圃锸""无种者贷之新"(《揆度》),"无赀之家,皆假之以械器"(《山国轨》)。对于那些具备条件的农户,则要求"耟、耒、耨、怀、銍、鉊、叉、橿、权渠、缦綊……必具"(《轻重乙》)。通过国家道义性的借贷帮扶以及一些具体要求,为农业发展提供了务实性支持,从而有利于农事生产进行,进而使民的基本生活无忧;四是奖励刺激,提高劳动生产率。"榜样的力量是无穷的"①,管仲为此明确了对几类农民的奖励及其标准,"民之能蕃育六畜者""民之能树艺者""民之能树瓜瓠荤菜百果使蕃裒者""民之通于蚕桑,使蚕不疾病者",都"置之黄金一斤,直食八石"(《山权数》)。通过他们的模范行为影响、感召、带动其他民,"人尽地之责"(《问》),使农业生产更好地发展,直至呈现出"府不积货,藏于民也"(《权修》)的盛况,这就是管子在功利治国基础上兼容情义衍生的结果。

积极促进手工业发展。由于"一农之事,必有一耜、一铫。一镰、一鎒、一椎、一铚""一车必有一斤、一锯、一釭、一钻、一凿、一銶、一轲""一女必有一刀、一锥、一箴、一鉥",这样才能成为农、车、女(《轻重乙》),而"一女不织,民有为之寒者"(《揆度》),所以需要保证手工业发展。为了达到这种目的,《管子》随之推出了四项功利性措施:一是保障原料供应。"泽梁时纵"(《霸形》))、"丹砂之穴不塞"(《侈靡》)、"山林梁泽以时禁发而不正也"、"草封泽盐者之归之也,譬若市人"(《戒》),这样手工业发展的原料就有了保证,也说明手工业生产是有条件的,没有国君情义性地适时开放梁泽,手工业发展就没有原料支撑。由于优质原材料是制造高端争霸器械的保证,所以《管子》要求"致天下之精材"。对于"精材"可以高价购买,"五而六之,九而十之,不可为

---

① 习近平.把培育和弘扬社会主义核心价值观作为凝魂聚气强基固本的基础工程[N].人民日报,2014-02-26.

数";二是引进优秀人才。由于任何一个国家杰出的手工业人才都是有限的,所以《管子》要求"来天下之良工"(《小问》),以确保"存乎论工,而工无敌"(《七法》)。对于良工可以高薪聘请,"三倍,不远千里"(《小问》)。之所以如此,主要是因为能工巧匠是手工业发展中最活跃的因素,他们可以"从现存的具体条件出发,利用条件……正确地发挥主观能动性"[1],生产出更多更好的优质产品;三是高标准生产。为了实现强兵称霸,《管子》对作战器械生产标准要求很高,"存乎制器,而器无敌"(《七法》);为了发展丝织业,它也提出了高标准要求,致使"诸侯以缕帛布鹿皮四分以为币,齐以文锦虎豹皮报"(《小匡》),而这种花锦"是以彩色丝线织成的有花纹的高级丝织品,素绸当然不能和花锦相提并论"[2],以优质成品换低质半成品,凸显其治国称霸的道义性,同时也为齐国赢得了"冠带衣履天下"的美誉;四是要诚信加工。"非诚工不得食于工"(《乘马》),这种强制性规定目的在于营造良好的社会环境,"诚信者,天下之结也"(《枢言》),有利于发掘手工业者的潜能,还具有强烈的道义成分。这种思想不仅在当时试图建立霸业的齐国具有极强的现实意义,而且即使在两千年后的今天仍具有深远的历史意义。总之,《管子》中这些发展手工业的功利性举措,为齐国"九合诸侯,一匡天下"作出了积极贡献。

为商业发展提供正能量。 虽然"聚者有市,无市则民乏"(《乘马》),但是市场仅"可以知多寡,而不能为多寡"(《乘马》),这就需要发挥商人的作用,才能满足市场需求。为了加快商业发展,《管子》推出了三项功利性措施:一是修路便利通途。为积极发展商业,《管子》要求"修道途,便关市"(《五辅》),并下令全国16条道路都要方便远方客商,"以来远人。十六道同身"(《问》),同时注意送往迎来,为过往客商提供优质服务,使其能更加愉快地劳作,从而有效吸引境外客商来齐国从事商业活动,这说明当时发展商业具有一定的情义因子。其实,这种修路通途服务,不仅可以为各类商贾提供方便,而且还能为强兵称霸的军事征伐提供便利,这些都是其显性目的。实际上它还隐藏有尊重民的劳动的因子——使他们辛勤耕耘生产的产品不至于低价销售或严重滞销,凸显了"劳动作为主体,作为活动是财富的一般可能性"[3],从而将他们

---

[1] 萧前.萧前文集[M].北京:中国人民大学出版社,2004:47.
[2] 戴吾三.齐国科技发展原因试析[J].管子学刊,1995(2).
[3] 马克思,恩格斯.马克思恩格斯全集:第30卷[M].北京:人民出版社,1995:254.

的劳动成果价值——以正常价格或较高价格形式——最大限度地呈现出来,是一种富民的潜在务实举措,包含着修路富民思想的"天才萌芽"①,对后世影响深远,即"要想富,先修路";二是级差免费给养。由于商贾是盘活商业、推进市场繁荣的生力军,他们可以增减商品供给、调剂市场余缺,满足民众日常生活的各类物质需求,所以为了给国内外商贾提供贩运过程中的便利,国家通过财政投入,"为诸侯之商贾立客舍",并提供免费用膳、供应饲料、专人服务等条件,"从一乘者有食"到"三乘者有刍菽"再到"五乘者有伍养"(《轻重乙》),可见其使人畜都有食可吃,充满了商业发展的情义元素。尽管这种举措形式上是为商贾服务,而不是为了赚取他们的费用,但是实质上无法规避国家民本治国的终极目的,这一点将在第5章"益民之略"中阐释,不再赘述。这些级差免费给养对于旅途口干舌燥、饥肠辘辘、疲惫不堪的各类商人来说,确实是一个很大诱惑,无疑是民心所向之策。《管子》虽然没有从提供优质服务方面说明采取这种措施的原因,但是在当时条件下它确实把握并运用了这种思想。尽管它施行了多久,后人未得而知,但是这种鼓励性商业政策给齐国经济发展注入了无限活力,对当时商业的发展也起到了推波助澜的作用,带来的效果极为明显;三是礼仪接待官贾。由于《管子》将礼、义、廉、耻定位为"国之四维",所以在商业发展过程中也特别注重"礼"。它要求三十里设一驿站,在那里储备所需物资,由专人负责管理,接待过往诸侯国的官贾,"三十里置遽,委焉,有司职之"。凡境外来的官贾,都派专人接待照顾,用车替他们负载行装,"诸侯欲通,吏从行者"。若是住宿,派人替他们喂马,并设宴招待,"食其委"。接待不周,收费不当,要被问罪,"义数而不当,有罪"(《大匡》)。这些无疑有利于助推当时商业的发展。但是,如果依此认为这里的"礼""已经是道德化了,则这里还缺少很多的东西"②。管仲还运用轻重之术,使"天下之商贾归齐若流水"(《轻重乙》)。总之,这些管理举措无疑是当时齐国打开商业发展阀门的关键,也是其筹集某些特殊战略物质进行强兵的有效路径,更是富国富民的重要手段。同时,由于各类器材是商人逐利所为,不易为邻国所重视,从而达到隐性强兵目的,在道义治国中实现功利目标。

---

① 马克思,恩格斯.马克思恩格斯全集:第4卷[M].北京:人民出版社,1995:213.
② 康德.历史理性批判文集[M].何兆武,译.北京:商务印书馆,1997:15.

综上所述,"务本饬末"将工商业者从"重本抑末"的压抑状态下解放出来,不仅充满了情义元素,而且把他们的智慧带入了社会生产实践中,有效统合了人的社会属性与物的自然属性,进而最大限度地推动了当时社会生产力发展。此外,《管子》还主张免税、低税、不重征等多元化税赋政策(详见第7章"让利于民"),从"发挥杠杆效应,促进生产力发展",到"运用调节作用,缩小贫富差距",再到"施以'权变灵活',构建社会和谐"①,充分体现了它在追求功利过程中充满情义的善性思想。

3. 在加快经济发展中实现治国理政目标

从上述阐释中可以发现,管仲之所以能创建"九合""一匡"的千古伟业,就是将其充满情义的民本思想贯彻在治国实践过程中,从而将民的从业激情全面调动起来,积极投入到农工商产业发展中,既创造了丰硕的物质财富,又加快了生产力发展步伐,还实现了治国理政目标。

一言以蔽之,管仲借助末业发展的驱动力量,使当时社会财富显现出"天子藏珠玉,诸侯藏金石,大夫畜狗马,百姓藏布帛"(以下简称"三藏一畜")的积累情状,这说明末业的发展真正实现了为民众的社会生活服务、为国家的经济发展服务、为民本治国的宏伟目标服务。所以"重本饬末"思想推行后,国家展现出一派生机勃勃的繁盛景象,呈现出如荷马描绘的"五谷丰登。大地肥沃,果枝沉沉。海多鱼类,羊群繁殖"(《奥德赛》)景象,出现了"德泽加于天下,惠施厚于万物,父子得以安,群生得以育,故万民欢尽其力而乐为上用"(《形势解》)、"谋士尽其虑,智士尽其知,勇士轻其死"(《山至数》)的局面。这些从侧面说明了一个社会的更迭,不是由天子、国君、公卿、大夫决定的,而是由无数民众整体的人心向背决定的,所以国君在功利性治国的同时,一定要将情义潜藏其中。管仲在此基础上还提出了充满情义的"修身、治国、平天下"(《中匡》)思想(见表4-1),这不仅比《大学章句》里的"修身、齐家、平天下"更为明确、具体,而且在治国之道、平天下之道中明显蕴含有民本因子,对后世的潜在影响颇为久远,足见管仲在功利性治国过程中充满情义的威力。

---

① 王义忠.《管子》赋税思想及其当代价值[J].税务研究,2015(8).

表 4-1　《管子·中匡》"修身、治国、平天下"思想内容简表

名　称	内　容
修身之术	"道血气,以求长年、长心、长德"
治国之道	"远举贤人,慈爱百姓,外存亡国,继绝世,起诸孤;薄税敛,轻刑罚"
平天下之法	"法行而不苛,刑廉而不赦,有司宽而不凌;菀浊困滞者,法度不亡,往行不来,而民游世矣"

通过上述论述,我们可以发现,《管子》的"务本饬末"思想是"厚""重"而不是"薄""约"。"厚"体现在其浓郁的富民与利民之民本情怀上,"重"呈现在思想与行动的有机统一上。由于本业为末业的发展提供支持,末业承载着运营社会生产要素的能力,也为本业的发展增添动力,所以"务本饬末"不是感性唯心的而是理性唯物的,不是纯粹功利性的而是充满情义成分的。管仲在追求功利的基础上成功调整了社会生产关系,集中解决了社会生产力发展问题,基本实现了创造"最大多数人的最大幸福"①的隐性目标,也为治国霸业的达成奠定了坚实的物质基础。因此,一种思想及其实践在治国理政中所起的作用大小、好坏,归根到底,要看它对于社会生产的发展是否有帮助及帮助大小,看它是解放生产力还是束缚生产力的②。正如全国政协前副主席陈锦华指出的那样,"尊重人的本能,引导和发挥人的功利激情,就能各业兴旺,社会和谐,国泰民安"③。管仲治国的成功实践告诉我们,国君无论何时何地追求功利治国都无可厚非,但是在达成目标过程中,绝不能将其对民的"情义"抛入太平洋,也即在治国功利张力发散过程中,务必要兼容情义,这种兼容"绝不是偶然的和随意的,而是先天地建立在理性本身之上的,因而是必然的"④。

4.2　以儒家思想为主导兼容两家思想

历史唯物主义认为,社会存在决定社会意识,社会意识反映社会存在,并对社会存在具有一定的反作用,所以任何一种思想或观念都不是凭空产生的,

---

① 约翰·穆勒.功利主义[M].徐大建,译.上海:上海人民出版社,2008:14.
② 毛泽东.毛泽东选集:第 3 卷[M].北京:人民出版社,1991:1079.
③ 陈锦华,等.功利与功利观[M].北京:人民出版社,2014:4.
④ 康德.实践理性批判[M].邓晓芒,译.北京:人民出版社,2003:167.

而是要凭借一定的客观现实条件。作为治国经典的《管子》也不例外,它正是基于当时社会变迁的恢宏背景、结合齐国发展的实际情状,形成了以儒家思想为主导而兼容墨、阴阳两家思想的民本治国思想。由于《管子》儒家思想是以礼、义、廉、耻"四个维度"为基础,紧紧围绕"爱之""益之""安之""成之""富之""利之"等"六个向度"展开,并要求"视时而立仪""皆用而勿尽""好讥而不乱,亟变而不变,时至则为,过则去"(《国准》)。鉴于其中"四个维度""六个向度"将在后文全面呈现,所以在此不再赘述。

由于本书同意学界研究意见,把《管子》一书界定为从春秋到战国乃至秦汉时期的著作,所以从成书时间来看,它兼容了墨、道、法、兵、阴阳家思想。本节基于民本治国思想的研究指向,这里仅选取与其儒家民本思想有关的墨家、阴阳家思想予以阐释。

4.2.1 兼容墨家"兼爱""尚俭""尚贤"思想

墨家是先秦百家争鸣时期的实力派代表,"兼爱""尚俭""尚贤"思想在其哲学体系中占有重要地位,更是它经典思想的核心部分,但是它们也蕴含在《管子》民本治国思想之中。

在兼爱方面,由于《管子》与墨家"兼爱"的视阈不同,所以二者"兼爱"是同中有异,各自精彩。前者的"兼爱"是从治国层面出发的。"天下之所生,生于用力,用力之所生,生于劳身"(《八观》),这说明治国只要有了民,什么人间奇迹都能创造出来。"而众者,不爱则不亲"(《版法解》),所以君要慈爱他们,"兼爱无遗""兼爱以亲之"(《版法解》),这样就会"虽夷貉之民,可化而使之爱",正所谓"大哉!恭逊敬爱之道"(《小称》)。这也是《管子》推出爱民之道的重要原因。尽管如此,《管子》认为在军队中绝不能有这种思想,"兼爱之说胜,则士卒不战"(《立政》)。如果国君在治军方面听信"兼爱"言论,"视天下之民如其民,视国如吾国"(《立政九败解》),虽然在短期内"无覆军败将之事",但是从长远来看,必将全军覆没、将帅被杀、君位难保。而墨家的"兼爱"则是从社会层面出发的,主张人与人要相亲相爱,互帮互助,不要相互仇视,"兼相爱、交相利"[①]。因此,它是建立在无私基础上无差别地"博爱","待周

---

① 吴毓江.墨子校注[M].孙启治,点校.北京:中华书局,1993:158-159.

爱人而后为爱人",这就将"爱"延伸到社会生活的各个领域之中,"必兴天下之利,除去天下之害",所以墨家在倡导"爱"的同时,也强调对"恶"的抵制,"天必欲人之相爱相利,而不欲人之相恶相贼也"。

在倡俭节用方面,《管子》主张节俭治国,"节衣服,俭财用,禁侈泰",并将其上升为"国之急也",同时强调,"不通于若计者,不可使用国","入国邑,视宫室,观车马衣服,而侈俭之国可知也"(《八观》),"知侈俭则百用节矣"(《乘马》),足见节俭在其治国思想中的地位。但是它也指出,要切实防止"用财啬则费"(《版法解》)、"俭则伤事"(《乘马》)的情形出现,"俭其道乎!"(《法法》)由此可以看出《管子》"节用"思想的系统性、完整性与权变性。"力而俭则富"(《形势解》),则说明节俭也是富民之方。节俭思想不仅是《管子》的治国思想之一,也是墨家的主要思想,只不过后者是针对当时社会弊端开出的济世利民良方,并将其细化延伸到了日常生活的方方面面——衣、食、住、行,从"当为衣服不可不节"到"当为食饮不可不节",从"当为宫室,不可不节"到"当为舟车不可不节",无不彰显了墨家"节用"思想之细微,它同时强调"君实欲天下之治,而恶其乱也"①。需要特别指出的是,《管子》虽然主张节俭、反对奢侈浪费,但是它从治国层面出发,根据国家藏富于民情况,结合社会发展实际,适时推出侈靡政策,以全面拉动内需、刺激经济增长、构建社会和谐②。这显然是积极的益民之略,与墨家纯粹"节用"思想相比,又具有一定的独特性。

在崇尚贤能方面,《管子》注重对贤人"德"的考察,"道术德行出于贤人"(《君臣下》),"大失在身,虽有小善,不得为贤"(《形势解》)。它的尚贤思想强调"使贤者食于能,斗士食于功"③,前者可使"上尊而民从",后者能使"卒轻患而傲敌",二者统合起来就能达到"天下治而主安"的目的(《法法》)。这无疑有助于治国安民,所以《管子》要求"举贤良""远举贤人"(《中匡》)。对于贤人,各级官吏要积极举荐,"有则以告,有而不以告,谓之弊才"(《小匡》),"闻贤而不举,殆"(《法法》),并治以相应的罪。同时派出专人"收求天下之贤士"(《小匡》),选贤耗时数年,"四年选贤以为长"(《戒》),还推出了富有特色的"三选"制度。《管子》还特别强调,排列爵位不要排斥贤人,选择贤人更

---

① 墨翟.墨子[M].高秀昌,注译.郑州:中州古籍出版社,2014:50.
② 王义忠.《管子》"侈靡"思想的三重维度[J].云南社会科学,2015(2).
③ 王京龙.《管子》尚贤思想简论[J].齐鲁学刊,1990(5).

不必计较其年龄、地位,"列不让贤,贤不齿第择众"(《霸言》)。而墨家的尚贤思想①是在列国竞雄的宏观背景下提出的,"夫尚贤者,政之本也","列德而尚贤,虽在农与工肆之人,有能则举之","国有贤良之士众,则国家之治厚","贤者举而上之","贤者之治国也,蚤朝晏退,听狱治政","贤者之长官也,夜寝夙兴,收敛关市、山林、泽梁之利,以实官府","贤者之治邑也,蚤出莫入,耕稼树艺,聚菽粟,是以菽粟多而民足乎食",这样就会"国家治则刑法正,官府实则万民富"②。由此可以看出,《管子》的"尚贤"思想与墨家虽各有千秋,但是共性大于个性,个性寓于共性之中。由于墨家的"尚贤"是在"兼爱""非攻""尚同"基础之上,试图构建一个"民众""国富"的理想"世外桃源",所以它与《管子》基于治国层面的"尚贤"以"成民"又有所差异。

4.2.2 兼容阴阳家"四时""五行"思想

阴阳家是先秦诸子百家中重要的一家,它将"四时""五行"与"政事"统合起来,既能为君治国理政服务,又能为"成民之事"服务,因而流传甚久。

《管子》阴阳五行思想表现为"五行相生"的特点,"五行"配合"四时"变动,就能演绎出精彩变化。东方季节为春,与木相配,其气是风,"东方曰星,其时曰春,其气曰风,风生木与骨";南方季节为夏,与火相配,其气是阳,"南方曰日,其时曰夏,其气曰阳,阳生火与气";中央是土,其德性是辅四时运行,"中央曰土,土德实辅四时入出,以风雨节土益力";西方季节是秋,与金相配,其气是阴,"西方曰辰,其时曰秋,其气曰阴,阴生金与甲";北方季节是冬,与水相配,其气是寒,"北方曰月,其时曰冬,其气曰寒,寒生水与血"。(《四时》)这样就把金、木、水、火、土五行与春、夏、秋、冬四时有机组合起来,使"人与天调,然后天地之美生"(《五行》),但《管子》并没有表达"五行相胜"思想。需要特别指出的是,《管子》将阴阳五行思想与四时政令统合起来,认为国君应"务时而寄政",阴阳的消长变化是天地的根本道理,四时的运行演进是阴阳的根本规律,所以无论是刑政,还是德政都要适应四时的变化,"阴阳者,天地之大理也;四时者,阴阳之大经也;刑德者,四时之合也。刑德合于时,则生福,

---

① 李贤中.墨家"尚贤"思想探析[J].周易研究,2014(1).
② 墨翟.墨子[M].高秀昌,注译.郑州:中州古籍出版社,2014:62.

诡则生祸"(《四时》)。这就要求君治国要严格按照四时运行变化施政,确保四时与五行相配,以利"成民之事"。如果施政不合时令,将会导致天地阴阳二气失调,那么灾难就会来临,"春秋冬夏,阴阳之推移也。时之短长,阴阳之利用也;日夜之易,阴阳之化也"(《乘马》),所以国家政令必须要遵循四时运行、阴阳变化的自然规律。《管子》还对春、夏、秋、冬应做什么,都给予详细说明。夏季政令适宜,则能助生阳气,"以动阳气";冬季政令适宜,则符合阴气之需,"以符阴气"。"星者掌发,发为风","日掌赏,赏为暑","辰掌收,收为阴","月掌罚,罚为寒","日掌阳,月掌阴,星掌和。阳为德,阴为刑,和为事",这里充满了阴阳家的思想色彩。

《管子》认为,五行孕育五德,必须与四时相配。一年有360天,五行各以其德掌管72天,所以它要求政事必须与五行相合。只有二者相合,才能人寿年丰,五谷丰登,国泰民安。否则,祸患频仍,民不聊生,甚至险象环生。"成功之道,嬴缩为宝。毋亡天极,究数而止。事若未成,毋改其形,毋失其始,静民观时,待令而起。故曰,修阴阳之从,而道天地之常。嬴嬴缩缩,因而为当;死死生生,因天地之形。天地之形,圣人成之。小取者小利,大取者大利,尽行之者有天下。"(《势》)这里《管子》强调要遵循阴阳运行的轨道、履行天地的常规、根据天地的征象行事。成功之道贵在能伸能屈,二者要并用且掌握适当,这样才能谋取小事有小利,谋取大事有大利,全面谋取者则据有天下。因此,国家政令是否与四季时令变化相符合,不仅对农业发展具有决定性意义,而且对国家治理甚至存亡都具有重要影响。政令符合四时运行周期,五谷桑麻就能按时令播撒,粮食生产就有了基本保障,民众赖以生存的衣食就有了实质性的寄托,这显然于民有益。与之相反,政令违背四时,就会民不聊生,哀鸿遍野,国破家亡。虽然《四时》强调了客观自然的重要性,具有一定的合理性,但是却有夸大阴阳作用之嫌,完全忽视了人能够征服自然、改造自然的能力,似乎有点过分穿凿附会阴阳,论证未免略显牵强。春季号令施行,就会"柔风甘雨乃至,百姓乃寿,百虫乃蕃",而"春行冬政则雕,行秋政则霜,行夏政则欲";夏季号令施行,就会"九暑乃至,时雨乃降,五谷百果乃登",而"夏行春政则风,行秋政则水,行冬政则落";秋季号令施行,就会"所恶其察,所欲必得,我信则克",而"秋行春政则荣,行夏政则水,行冬政则耗";冬季施行号令,就会"大寒乃至,甲兵乃强,五谷乃熟,国家乃昌,四方乃备",而"冬行春政则泄,行夏政则雷,行秋政则旱"。《管子》指出,"不知四时,乃失国之基。不知五谷之故,国家乃路"(《四时》)。它特别强调春季之事是"号令修除神位,谨祷弊梗,宗正阳",这与农事生产似乎关联不大,然而《管子》却将其放在了政令之中,明显具有唯心主义倾向。它还进一步指出,"春三月以甲乙之日发五政","五政苟时,春雨乃来";"夏三月以丙丁之日发五政","五政苟时,夏雨乃至也";"秋三月以庚辛之日发五政","五政苟时,五谷皆入";"冬三月以壬癸之日发五政","五政苟时,冬事不过,所求必得,所恶必伏"。由于"日食,则失德之国恶之;月食,则失刑之国恶之;彗星见,则失和之国恶之;风与日争明,则失生之国恶之",所以君"日食则修德,月食则修刑,彗星见则修和,风与日争明则修生"。诚然,号令对于农事的安排、社会发展具有一定的促进作用,然而,这里明显具有夸大号令作用的意味。

管子研究专家丁原明指出,《管子》是"反映战国时代的黄帝学、道家思想、法家思想以及其他各家思想在齐国合流的著作"①。这也是《管子》民本治国思想整体特征——以儒家思想为主兼容两家思想——的一个间接依据。"通之以道,畜之以惠,亲之以仁,养之以义,报之以德,结之以信,接之以礼,和之以乐,期之以事,攻之以言,发之以力,威之以诚"(《幼官图》)和"智以招请,廉以摽人"(《侈靡》),则是其直接依据。总之,《管子》民本治国思想杂糅各家学说,内容极为宏富庞杂,它治国思想的导向为:凡是有利于民本治国的思想,它都积极汲取;凡是能够推动民本思想落地的举措,它都充分运用。这也是《管子》能够成为人类思想史、治国实践史上一朵耀眼奇葩的原因。更为重要的是,它是先秦诸子思想的泉源,是永远把珍贵礼物传承后世的思想之船从某种意义上说,不了解它,"就不能自诩读懂了三千年来的中国历史,就不能自诩真正读懂了孔孟老庄。因为,在管学博大精深的思想体系中已经融入了儒、道、墨、法等各家学派的思想精华,在孔孟老庄的著作中,也多有关于管仲的记载和描述"②。尽管本书已倾力挖掘《管子》民本治国思想,但是恐怕尚不能达到《管子》研究专家期待的那样深度、宽度与高度,然而,"虽不能至,心向往之"。

---

① 丁原明.《管子》的基本思想特点[M]//淄博社会科学联合会,赵宗正,王德敏.管子研究:第一辑.济南:山东人民出版社,1987:94.
② 张小木.管子解说:上[M].北京:华夏出版社,2009:2.

4.3 以法为主的礼法并用思想

在漫长的人类社会发展历程中,人们逐渐认识到,"不以规矩,不能成方圆"。在这种意识催生下,《管子》提出了"以法治国"(《明法》)思想,但是它的"法治思想颇多和谐的用意和举措,应当引起当今人们的重视"①。因为它并没有完全偏执于"法",而是认为"礼"也能在治国中起到积极作用,于是它的"以法为主的礼法并用思想"(见图4-2)应运而生。

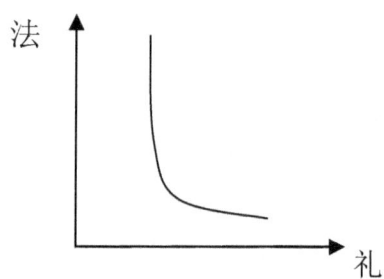

图4-2 "以法为主,礼法并用"示意图

4.3.1 以法治国

法是人类社会发展到一定历史阶段的特定产物,更是君在治国过程中推行政策、维护秩序、实现统治的至尊法宝。《管子》"以法治国"思想非常丰富,本小节试图从立法、执法、守法与法律监督四个维度对其进行整合阐释。

1.立法是以法治国的前提

立法是《管子》"以法治国"思想的重要组成部分。它要求立法要切实体现法的特征、突出法的功能、利于法的执行,这样立法才真正具有实际意义。

(1)立法要体现法的特征

法是衡量人们行为是非曲直的最高标准,"万物百事非在法之中者不能动也"(《任法》),所以立法要充分体现法的四大基本特征。

第一,法的至上性。《管子》认为,"法者,天下之至道也"(《任法》),"法

---

① 杨国宜.《管子》和谐治国理念的现代诠释[J].合肥学院学报(社会科学版),2014(3).

者,将立朝廷者也"(《权修》),这说明法一旦制定,就务必具有神圣不可侵犯的至上性。从这里也可以看出,《管子》将法上升为国家的统一意志,试图将一切社会关系都置于法的调整范围之内,从而使法对社会具有普遍的约束力,要求人人都必须遵守,凸显了法作为国家权威的象征,因为它具有驱使民出力、使用民才能、决定民生死的强大影响力,"法者,将用民力者也""将用民能者也""将用民之死命者也"(《权修》)。由于法是普天下之民都应遵循的行为准则,是国家顺利发展的根本保障,所以法一经颁布,任何人都不允许再作任何非议,"法制不议"(《法禁》)。即使是国君也不能为君之所欲而改变,"不为爱民亏其法,法爱于民"(《法法》),这些充分体现了法的至上性。

第二,法的统一性。《管子》认为,"法度者,主之所以制天下而禁奸邪也,所以牧领海内而奉宗庙也"(《明法解》)。这说明立法必须严肃统一,且包括两个内涵:一是立法权必须统一,且为君所独享,"法政独出于主,则天下服听"(《明法解》),这样才能"天子出令于天下,诸侯受令于天子,大夫受令于君",从而树立君的权威,"朝有定度衡仪,以尊主位,衣服緷绖,尽有法度,则君体法而立矣"(《君臣上》),"布法出宪,而贤人列士尽功能于上矣"(《君臣下》),所以法务必要出一孔,而不可出多门,"正月之朔,百吏在朝,君乃出令,布宪于国","首宪既布,然后可以布宪"(《立政》)。因此,君绝不能"审立其法,以为下制",否则,"国家之危必自此始矣";二是法的内涵必须统一,"君一置其仪,则百官守其法"(《法禁》),"法立令行,则民之用者众矣"(《法法》)。如果法的内涵多元,"君之置其仪也不一",就会滋生执法者肆意解释而滥用法律的现象,"下之倍法而立私理者必多矣"(《法禁》),从而影响法的权威性,民本治国思想更是难以落地,"国法法不一,则有国者不祥",这进一步说明法的统一性之重要。

第三,法的合规性。"夫法之制民也,犹陶之于埴,冶之于金也"(《禁藏》),法是衡量人们行为的客观标准,是治国普遍适用的社会规范,"夫为国之本""法令为维纲"(《禁藏》),所以它对人们行为的模式和准则具有规范性。《管子》认为,自然界有其固有的运行规律,"天覆万物,制寒暑,行日月,次星辰,天之常也。治之以理,终而复始"(《形势解》),所以立法也要遵循而不能违背这一客观实际。"主牧万民,治天下,莅百官,主之常也。治之以法,终而复始"(《形势解》),这就要求立法应效仿天地四时的运转规律而不能擅自偏离,"版法者,法天地之位,象四时之行,以治天下"(《版法解》),否则,即使立法也难以得到有效的执行与落实。只有效法天常、顺应地则,才是真正本于自然、较为合理的立法,因为"天不变其常,地不变其则,春秋冬夏不更其节,古今一也"(《形势》),这样才能有利于执法者执法、守法者守法。

第四,法的强制性。强制性是法能够维护现存社会制度的重要特性,"凡人主莫不欲其民之用也。使民用者,必法立令行也。故治国使众莫如法,禁淫止暴莫如刑","法者,天下之仪也,所以决疑明是非也"(《禁藏》)。这就将法上升到人的行为规范与日常准则的高度,所以法应具有去祸禁私、除奸止暴的作用,"法度者,主之所以制天下而禁奸邪也","百官之事,案之以法,则奸不生","群臣并进,策之以数,则私无所立"。无论是谁违背了它,都应受到法的制裁。正因为如此,贫者不敢夺取富者财富,强者不敢肆意暴弱,"贫者非不欲夺富者财也,然而不敢者,法不使也;强者非不能暴弱也,然而不敢者,畏法诛也"(《明法解》),"夫法者,上之所以一民使下也"(《任法》),足见法的作用之大。对于"暴慢之人","诛之以刑,则祸不起"(《明法解》)。所以从某种意义上说法具有安民作用。

(2)立法要突出法的功能

法是国家的规程、万事的制度,只有使其具有"兴功惧暴""定分止争""去私兴邦""匡主振民"的功能,才能具有强大的影响力和震慑力。

《管子》认为,"夫法者所以兴功惧暴也,律者所以定分止争也"。这里的"兴功"主要是指向那些建功立业之民,他们能够为富国强兵目标的达成作出积极贡献;"惧暴"主要是针对那些不法之民,使他们不敢反抗和进行犯罪活动;"定分"主要是在人们之间划定名分,使君臣、父子、夫妇、男女之间各处其位,各司其职,互不相越;"止争"主要指平定战乱、消除暴乱及纷争,以达到社会安宁和谐。① 从某种意义上说,法可以使民知道哪些事能做,哪些事不能做,从而对他们的行为予以明确规范,"法不烦而吏不劳","令者,所以令人知事也。法律政令者,吏民规矩绳墨也"(《七臣七主》)。这在一定程度上体现了法具有安民、成民的作用。"法立令行,则民之用者众矣;法不立,令不行,则民之用者寡矣。"(《法法》)

---

① 蔡国相,刘玉霞.《管子》法治思想论析[J].沈阳师范学院学报(社会科学版),1999(1).

《管子》认为,法具有去私、兴邦的功能,"为人君者,倍道弃法,而好行私,谓之乱"(《君臣下》),这就要求君必须要去除私欲,信守法律,而"宪令著明,则蛮夷之人不敢犯"(《八观》),因为法制度量是君御敌治国的工具和利器,"法制度量,王者典器也"(《侈靡》)。"法虚立而害疏远,令一布而不听者存,贱爵禄而毋功者富,然则众必轻令,而上位危。"因此,法的这种功能不仅关系到君位的安危,而且也关系到国家的兴衰存亡,"置法出令,临众用民,计其威严宽惠,行于其民与不行于其民可知也"(《八观》)。《管子》指出,君有申、惠、侵、芒、劳、振、亡等七种类型(《七臣七主》),只有"申主"奉公守法,其他六种都需要依法办事而不逢迎的忠臣不遗余力地匡正其过失和不辞辛劳地赈济困难之民,"能据法而不阿,上以匡主之过,下以振民之病者,忠臣之所行也"(《君臣下》)。因为非"申主"的过失都在于不奉法,这是他们产生各种过失的根本原因。从这种意义上说,法具有"匡主""振民"作用。

其实,法还具有"劝民向善""造福于民"的功能。《管子》认为,法颁布后,君要以身作则来引导民,要审定规章制度加以防范,设置官吏予以指导,"上身服以先之,审度量以闲之,乡置师以说道之",然后再辅之以法令约束、奖赏鼓励、刑罚威慑,这样民就会愿意做好事,而不为非作歹,"则暴乱之行无由至矣"(《权修》)。从这个维度审视,法具有劝民向善的作用。《管子》还用辩证的眼光看待违法犯罪的"赦"与"无赦"问题。"惠者,多赦者也",对于"赦者"来说,犹如"奔马之委辔",在短期内确实获得了小利,但是纵容了他们的恶行;从长远来看,他们终将身受大害,"凡赦者,小利而大害者也","久而不胜其祸",这样国家治理就会呈现"先易而后难"的窘境,"惠者,民之仇雠也",而"法者,民之父母也"(《法法》)。对于"毋赦者"来说,好比"痤疽之矿石也",在短期内他们会身受剧痛折磨,但是恶行得到了矫正;长期来看,他们终将会获得大利,"毋赦者,小害而大利者也,故久而不胜其福",这样国家治理就会呈现出"先难而后易"的佳境。正如父母爱护自己孩子一样,法也是君爱民的一种手段,它可以使民从中获得最大收益,也即以法造福于民。

总之,法是维系君民关系的关键,就像飞龙不可须臾离开云雾一样,君一旦失去法的威势,就只能与匹夫为伍,"群臣之不敢欺主者,非爱主也,以畏主之威势也。百姓之争用,非以爱主也,以畏主之法令也"(《明法解》),更不用说推行民本治国思想了。

(3) 立法要利于法的执行

立法工作做得如何,直接关系到法能否得到贯彻与执行。法要立而不废、实而不虚,这样才有利于其在国境内推行。

只有立法遵循客观规律,才能有利于法的执行。管子认为,万事万物都有其自身固有的规律,"物虽甚多,皆均有焉,而未尝变也,谓之'则'"(《七法》),只有懂得并尊重客观规律,才能切实按照它办事,"人与天调,然后天地之美生"(《五行》),才能真正算是"明于则"。而"不明于则","欲措仪画制,犹立朝夕于运均之上,摇竿而欲定其末"。这说明如果背离客观规律立法,而期望法律得到执行,那么就好比把测时标竿插在陶轮上,转动标竿而妄想稳定它的末端一样,那是不可能的!因此,"措仪画制,不知则不可"(《七法》),"用则者安,不用则者危"(《形势解》)。这说明遵循客观规律,立法就会得到很好的执行,而违背客观规律,立法就会枉费心机,正所谓"得天之道,其事若自然;失天之道,虽立不安"(《形势》)。虽然国君有立法权,但是他必须循"道"而行,而不可随意立法,"宪律制度必法道"(《法法》)。这就要求立法必须与自然法则相适应,"根天地之气,寒暑之和,水土之性,人民鸟兽草木之生,物虽甚多,皆均有焉,而未尝变也,谓之'则'"(《七法》)。因为天地间任何事物的发展,都是依照法则进行的,"不明于则而欲出号令"是不行的。因此,治国必须按照规律立法。

只有立法充分合乎国情,才能有利于法的执行。《管子》认为,"古之欲正世调天下者,必先观国政,料国事,察民俗,本治乱之所生,知得失之所在,然后从事",所以立法应从本国实际情况出发,切忌脱离国情而随心所欲,这样才能"法可立而治可行"(《正世》),从而"万民和,国家安"。因为法作为社会上层建筑,虽然决定于经济基础,但是它对经济发展也具有反作用,所以立法一定要与社会经济发展水平相适应。正如"倛尧之时","其狱一踦腓一踦屦而当死",惩罚如此之轻,主要是基于当时社会发展情状,"山不童而用赡,泽不獘而养足","不出百里而求足"。然而,"周公断指满稽,断首满稽,断足满稽,而死民不服",主要原因在于经济发展滞后,满足不了当时人们需求,致使物质匮乏、人民极度贫困,"地重人载,毁敝而养不足"(《侈靡》)。"倛尧之法"与"西周之法"如此之不同,充分说明立法必须与经济发展水平相适应,"不为不可成,不求不可得,不处不可久,不行不可复"(《牧民》)。此外,由于一国境内各地水土、风俗习惯千差万别，所以人的秉性气质也不一样，"一方水土养一方人"，正如齐、楚、越、秦、晋、燕、宋之民，分别是粗暴好勇、轻捷果断、无知嫉妒、贪婪好事、巧伪好财、坚贞易死、淳朴公正。因此，这些国家在立法时必须充分考虑相应民的脾性因素。唯有如此，立法才能匡正子民，执法才能得到他们的拥护与支持，"圣人之化世也，其解在水。故水一则人心正，水清则民心易，一则欲不污。民心易则行无邪。是以圣人之治于世也，不人告也，不户说也，其枢在水"（《水地》）。如果立法不顾甚至脱离国情，就会因"水土不服"而无法行通。

只有立法切实顺乎民意，才能有利于法的执行。由于法是规范、匡正民的行为准则，且需要他们去遵守，所以立法必须要考虑民心向背，从民情的好恶出发，顺乎民意，这样才能"法立而民乐之"，"法令之合于民心，如符节之相得也"（《形势》），这也是法令能起作用的原因，正所谓"令于人之所能为，则令行；使于人之所能为，则事成"（《形势解》），反之，则"令废""事败"。因此，不要违背民心，更不能引起民的愤怒，否则，直接造成"骤令不行，民心乃外。外之有徒，祸乃始牙。众之所忿，寡不能图"（《版法》）的后果。《管子》反复告诫统治者，立法必须要"顺于理，合于民情"。唯有如此，所立之法才能得到民的拥护和有效执行，"故上令于生利人则令行，禁于杀害人则禁止"（《形势解》），从而达到立法治国安民的目的。在《管子》看来，较为理想的立法是，法令能够推行而不苛刻，刑罚精简而不妄赦罪人，"法行而不苛，刑廉而不赦"，对于那些屈辱困窘之民，所立之法也能对其予以保护，"菀浊困滞者"，"法度不亡"。长此以往，民乐国兴，社会和谐，"往行不来，而民游世矣"（《中匡》）。

由于法是民应遵守的行为准绳，是根据形势需要而设的，所以也应随着时代的变化而变化，"随时而变，因俗而动"（《正世》），这样才能保证法具有永不过时的生命力。因为过时落后之法不能规范新生事物的正常发展，不仅国境之民不满意，而且还会滋生不和谐因素，"法者，不可恒也。存亡治乱之所从出"。法是一个完整而不能肆意中断的链条，这个链条把君民连接起来，无论是在立法、执法环节，还是在守法环节出现了纰漏，法的效力都难以得到真正有效发挥。法只有与时俱进，才能环环相扣，君民情感型关系才能紧密维系，法的效力才能彰显，安乐天下的大治之国才能出现。由于法是匡正天下的最高原则，所以绝不能朝令夕改，而是"如四时之不贰，如星辰之不变，如宵如昼，如阴如阳,如日月之明"(《正》),因为"法者,天下大仪也""天下之至道也,圣君之实用也",君不能随意更改它,而应保持法的相对稳定性,否则随意更改就会失去法的约束作用。"法屡更必弊,法弊则奸生。民数扰必困,民困则乱生",这说明保持法的持久性也有利于安民,"置法而不变,使民安其法者也"(《任法》)。唯有以法治国,社会才能安定,强国富民目标才能实现,所以《管子》将法列为"国之重器",并明确指出"凡牧民者,欲民之可御也。欲民之可御,则法不可不审。"(《权修》)

2.执法是以法治国的保障

虽然科学立法非常重要,但是依法执法更为重要。作为划时代巨著的《管子》更是谙熟于此,于是提出了一些至今仍有积极意义和借鉴价值的执法思想。

只有选贤执法,才能有法必依。法是由人来执行的。倘若没有贤人来促使其落地,国家即使颁布再好的法律,那么也只能是"盆景",所以选择能够"法断名决"而"无诽誉"(《七臣七主》)的贤能之士执法,就成为立法之后的关键问题。因为他们是"谨于法令以治,不阿党;竭能尽力而不尚得,犯难离患而不辞死;受禄不过其功,服位不侈其能,不以毋实虚受者"(《重令》),这说明贤人能够做到有法必依,依法办事。为了保证法的执行,《管子》还培训执法者,"正月之朔,百吏在朝,君乃出令,布宪于国。五乡之师,五属大夫,皆受宪于太史;大朝之日,五乡之师,五属大夫,皆身习宪于君前"(《立政》),从而使其"行度必明,无失经常"(《问》)。这样不仅可以使执法者知法、懂法,而且还可以培养他们的法律意识,全面提升其执法能力。由于"奸吏伤官法",所以《管子》非常重视纯洁执法队伍,以防"法伤"。因为"法伤,则货上流",而"货上流,则官徒毁"。如果长期不清除这类执法的害群之马,那么就会出现"官爵不审"而"奸吏胜"的无奈情境,最终导致"刑法不审"而"盗贼胜"的乱世局面。因此,君必须定期、不定期地清除这类肆意枉法的"奸吏",更不能允许他们利用手中权力拖延甚至阻碍法的贯彻与执行,与此同时,也要及时发现并重用那些"贤人",因为他们"不为爱人枉其法"(《七法》),能够切实做到有法必依。《管子》认为,"君据法而出令"(《君臣上》),法令颁布后,就要坚定不移地执行,绝不能等同儿戏,否则就会带来严重后果,"令而不行,则下凌上"。因此,《管子》强调,不依法办事就没有常规,不严格执法就无法施行政令。这进一步说明选贤执法的重要性。

只有秉公执法,才能执法必严。《管子》认为,执法者有三类:一类是"不私赏""不私罚""一断于法"之人,另一类是凭个人好恶擅自"私赏""私罚""一断于心"之人,还有一类是依他人之好恶而"私赏""私罚""一断于人"之人。第一类执法者是秉公执法之人,"不为一人枉其法"(《白心》),"任法而不任智",因为他们不以自己的喜、怒、好、恶为转移,更不会以他人的爱、恶、欲、求为导向,能够"如天地之坚,如列星之固,如日月之明,如四时之信"(《任法》)执法,切实对那些不法分子做到执法必严、违法必究,"夫爱人不私赏也,恶人不私罚也","以度量断",不会考虑个人的恩怨情仇,"不重爱人,不重恶人",而"以法制行之,如天地之无私也";第二类执法者会"为爱人枉其法",而第三类执法者则会"舍公法而听私说",因为他们都有"私"在心、在身,"夫私者,壅蔽失位之道也","舍法而任智","舍公而好私"(《任法》),所以不可能秉公执法,"私道行,则法度侵"(《七臣七主》),更不可能执法必严,所以治国必须及时将其清除出执法队伍。否则,就会产生执法不公的严重后果。"凡法事者,操持不可以不正。操持不正,则听治不公"(《版法解》),因为一切都离开了公法而去听信私说。若如是,"群臣百姓皆设私立方以教于国,群党比周以立其私,请谒任举以乱公法",而当此之时,如果国家仍"无度量以禁之",那么就会"私说日益""公法日损",最终"国之不治"(《任法》)的惨状就会出现。

《管子》认为,执法关系民众生命的安危,"吏者,民之所悬命也"(《明法解》),这就要求执法者务必要秉公执法,公正执法,"罪杀不赦",但是一定要"杀僇必信",这样才能"民畏而惧",达到"罚罪有过以惩之,杀僇犯禁以振之"(《版法》)的目的。因此,执法者切勿在法外费尽心机,也不要在法内大行恩惠,"不淫意于法之外,不为惠于法之内也",确保严格"依法执法",任何行动都不违法,以达到禁止过错、排出私欲之目的,"动无非法者,所以禁过而外私也"(《明法》)。《管子》还认为,如果秉公执法坚定且毫不动摇,怪癖邪恶之人就会感到恐惧,一旦铲除他们的恶行,政令既出,民就会欣然从命,"植固不动,倚邪乃恐。倚革邪化,令往民移"《版法》。此外,秉公执法的关键在于执法者的心志是否端正,这就要求其不因亲近而徇私,不因疏远而枉法,"不私近亲,不孽疏远"。唯有如此,才不会有财利被遗失、冤案得不到申诉的情况发生,"无遗利,无隐治"。倘若能做到这一点,从民本治国思维出发,君欲做之事,就会"事无不举"。虽然"国无法则众不知所为",但是有法律而不公正,就会出现管理失灵、国家混乱滋生情状,"有法不正,有度不直则治辟"。为了保证执法者在狱讼断案中秉公执法,《管子》还要求其白天审案,且宣明纲纪,公布仪法、制度,以理断案,消除个人喜怒,"若倍法弃令而行怒喜,祸乱乃生,上位乃殆"(《版法解》)。

为了保证执法必严,《管子》要求法一旦颁布,就必须不折不扣地执行。所以它主张,在法公布后,无论是私自删减法令者,还是私自增添法令者,无论是不执行法令者,还是扣压法令者,抑或是不服从法令者,都必须依法处死,而且不得赦免,"亏令者死,益令者死,不行令者死,留令者死,不从令者死。五者死而无赦,唯令是视"。否则,就会滋生出"令出而留者无罪"则"教民不敬"、"令出而不行者毋罪,行之者有罪"则"教民不听"、"益损者毋罪"则"教民邪途"(《重令》)的乱世之景象。之所以会出现这种情况,主要原因在于虽然有法,但是形同虚设;法虽已公布,但是不听者安然无恙。长此以往,"令则行,禁则止"(《立政》)就会成为一种奢望!严格执法可以将民"引而使之,民不敢转其力;推而战之,民不敢爱其死",而"不敢转其力,然后有功;不敢爱其死,然后无敌"。这样"进无敌,退有功,是以三军之众皆得保其首领,父母妻子完安于内"。所以君虽然不能与民一起谋划初始的创业,但是可以与其一道分享成功的喜悦,"故民未尝可与虑始,而可与乐成功"(《法法》)。《管子》认为,严格执法,还可以起到护民、爱民作用,严法之下反而无人遭诛戮,主要原因在于民都畏惧有罪必被诛,故而不敢犯法;否则,该诛杀的不诛杀,违法之民便多,遭诛戮之民自然变多。因此,有法而民不犯法,法就形同虚设,这是以法治国的最高境界。正是因为民都守法而不犯法,直接的结果就是法律起到了保护民的作用。

法虽然是治国驭民的重要手段,但是《管子》仍主张慎用法度,强调礼仪、等级、秩序的重要性。所以君在治国过程中必须要慎重用法,切不可滥施赏罚,因为法将"用民之死命者",所以"刑罚不可不慎",而"刑罚不慎,则有辟就;有辟就,则杀不辜而赦有罪;杀不辜而赦有罪,则国不免于贼臣矣"(《权修》)。这说明慎重用法的必要性。

3.守法是以法治国的体现

《管子》认为,法对社会规范与道德准则具有约定俗成的作用,它既能使一切事情简而易行且能使违逆言行凸现出来而得到有效制裁，"刑杀毋赦，则民不偷于为善""废上之法制者，必负以耻"（《法禁》），又能使人人自觉奉行国家崇尚奉行的道德规范而呈现盛国之象，"万众一心"而不是"万人万心"。毋庸置疑，在法的准绳匡正下，成败已不再是判定一个人的标准。因为凡是遵循法度之人做事，即使遭遇了失败，也不应受惩罚；而凡是违背法度之人做事，即使取得了成功，也要按罪论处。这样就能营造出一个人人守法的良性社会氛围，"上以公正论，以法制断，故任天下而不重也"，这样君才能"垂拱而天下治"（《任法》）。

在守法方面，《管子》要求君以身作则、率先垂范，"御民之辔，在上之所贵；道民之门，在上之所先"，"是以有道之君，行法修制，先民服也"（《法法》）。因为"上之所好，民必甚焉"，上行下效，所以无论是立法者还是执法者，都须"知民之必以上为心也"。因此，《管子》强调，"置法以自治，立仪以自正"，尽管这种思想明智正确，但是令人遗憾的是，它并没有得到后世之君的普遍认同与全面仿效。"禁胜于身，则令行于民矣"（《法法》），也就是立法者、执法者都能用法约束自身，法就能顺利地推行于民，所以《管子》反对君"为人上者释法而行私"（《君臣上》）。

《管子》还认为，在法规制度面前，不论权力大小、地位高低、关系亲疏甚至财富多少，都要一视同仁地予以对待。法律面前人人平等，"君臣上下贵贱皆从法"，这样才能"民不散而上合"，天下"此谓为大治"（《任法》）。尽管这一思想在当时乃至后世的法律实践中并不一定能真正实施，但是它的执法平等性对"刑不上大夫"的旧体制产生了强大冲击波，无疑对那些顽固奴隶主贵族给予了致命一击。但是它反对商人执政、妇女参政，虽然能在一定程度上防止权钱交易等腐败行为发生，但是带有明显的历史局限性。

4.加强监督是以法治国的保证

《管子》认为，"事督乎法"（《心术上》），也就是事事都要用法来督察。为了保证法的贯彻与执行，必须建立有效的监督机制，从而使法的推行制度化、规范化、常态化。"不法法则事毋常，法不法则令不行"，而"令而不行则令不法也，法而不行则修令者不审也"（《法法》），所以不用法律手段强制推行法，任何事情都会没有常规。这说明要想使法得到切实贯彻与全面执行，就必须加强对执法者的监督。为了使法得以顺利推行，《管子》要求建立执法监督机构,从运行机制上以确保法的贯彻执行,"上有五官以牧其民,则众不敢逾轨而行矣;下有五横以揆其官,则有司不敢离法而使矣"(《君臣上》),也就是在上面设"大行""大司田""大司马""大司理""大谏"(《小匡》)等五官执法治国理民,在下面设"吏啬夫"(《君臣上》)等五衡之官负责执法督察,从而使各级执法者不敢违"法"行使职权,这样就从运行机制与制度规范上有效保证了"法"的顺利推行。

《管子》还认为,在民知法懂法后,"百姓知主之从事于法也",可以对各级官吏的执法活动起到监督作用。如果各级官吏的执法活动与法相合,那么民"予以从之","故吏之所使者,有法则民从之";如果各级官吏的执法活动与法相违背,那么民可以利用法律予以抵制,"无法则止","民以法与吏相距",这样就可以使"下以法与上从事"(《明法解》)。这说明《管子》提倡并鼓励民运用法律监督、抵制各级官吏的非法行为,使其不敢滥施法律。从这种意义上说,法律监督是春秋战国时期齐国法治思想的一大特色。

综上所述,国家立法必须符合自然法则、价值取向与人性法则,合乎民众心愿,因应民情事理;执法要严,法律面前一视同仁,人人平等。虽然"有生法,有守法,有法于法。夫生法者,君也;守法者,臣也;法于法者,民也"(《任法》),"君—臣—民"与"立法—执法—守法"相对应,这是一个完整而不能中断的社会链条,但是法已经制定,即使是立法者与执法者也应守法,而不仅仅是民守法,这样就把制定法律、执行法律、遵守法律有机统一起来,也把君、臣与民之间的关系有效连接起来。无论"立法—执法—守法"哪个环节出现漏洞,法都不可能真正发挥效力或作用。只有三者环环相扣,无缝隙地紧密维系,法的效力才能真正显现,国家才能安定祥和,社会才能实现大治。总之,《管子》立法明确、执法严明、守法平等的思想以及基于此推出的各种法令深入民心,对后世颇具借鉴意义。然而,由于《管子》的"以法治国"思想毕竟是基于君主专制的政体提出来的,虽然它认识到国君的立法权与法令制定应遵循一些原则,但是它的"法治"思想仍是君主专制的政治产物。在我国古代漫长的人治社会中,《管子》"以法治国"思想的提出,在春秋战国时期无异于一个晴天霹雳,它开启了人类社会治理思想的新纪元。虽然《管子》是法治的先驱,是先秦法治思想的最初萌芽,但是由于这种思想是建立在国君统治条件下,因而始终没有摆脱君主专制的窠臼。尽管后世仍未彻底摆脱"人治"思想的束缚,但是"法治"观念已深入人心,渐趋成为国家治理的主流或方向。由于在中国传统法治文化的土壤中灌注有统治者——"人"的工具性的"以法治国"思想,所以它不可能产生出古希腊亚里士多德的"法治",而只能是具有中国特色的"法治"。然而,它却奠定了此后法家对"以法治国"认识的原初根基。虽然"法治"在与"人治"的博弈中历经磨难,但是它仍是社会或国家治理的终极方向。这是人类社会发展不可逆转的一个趋势。

4.3.2 以礼匡正

任何一个国家的存在都有物质层面与精神层面的支撑。前者涉及衣食住行、发展进步的有形实体,后者则是文明演进、社会和谐的无形载体。"礼"是维护社会关系的伦理标准与行为规范,是儒家为国家设定的根本法则。由于它是中国历史上重要的驭民之术,所以历代国君都将它视为治国安邦之器,以达到用繁琐礼仪来束缚民众思想、禁锢人们行为的目的,从而为君治国平天下服务。从"先王恶其乱也,故制礼义以分之"①,到"君子小人,物有服章,贵有常尊,贱有等威,礼不逆矣"②,再到"道德仁义,非礼不成;教训正俗,非礼不备;分争辨讼,非礼不决;君臣上下,父子兄弟,非礼不定""祷祠祭祀,供给鬼神,非礼不诚不庄"③,无不说明了这一点。《管子》认为,只有民衣食足,他们才会崇尚礼德,他们才能自觉遵守国家的道德行为规范,才能形成良好的社会风气,"仓廪实则知礼节,衣食足则知荣辱"(《牧民》)。"夫人必知礼,然后恭敬;恭敬然后尊让;尊让然后少长贵贱不相逾越,故乱不生而患不作"(《五辅》)。基于此,《管子》从国家、社会、外交三个层面出发设计其"以礼匡正"的治国思想。

在国家层面,《管子》将礼、义、廉、耻"四维"定位为治国理政安民的精神支柱,"何谓四维? 一曰礼,二曰义,三曰廉,四曰耻","守国之度,在饰四维",从而将其上升到国家危急存亡的战略高度,"国有四维,一维绝则倾,二维绝则危,三维绝则覆,四维绝则灭",而"倾可正也,危可安也,覆可起也,灭不可复错也"(《牧民》)。这里明确指出一、二、三维断绝,尚可纠正、安定、复兴,而四

---

① 王威威.荀子译注[M].上海:上海三联书店,2014:61.
② 左丘明.左传[M].张宗友,注译.郑州:中州古籍出版社,2010:178.
③ 滕一圣.礼记译注:精编本[M].北京:商务印书馆,2015:3.

维全部断绝,则无可逆转,所以它以"倾—危—覆—灭"与"正—安—起—不可复错"相对应,予以预警,认为它们是巩固国家政权的根本。如果一个社会没有起码的"四维"支撑与制约,国家大厦的根基就不会安如磐石,坍塌只是时间问题。所以君在其治国过程中,一定要发挥"四维"的纽带作用,将其作为治民精神文明建设层面不可缺少的重要元素。因为凡治国之君,都"欲民之有礼也"(《权修》)。而"礼"则可以使民的行为、居处遵守礼节,时时处处以礼相待,"举发以礼,时礼必得",人们就会彼此和睦不生嫉恨,贵贱融洽不相争斗,事端祸患无从发生,"和好不基,贵贱无司,事变日至"(《幼官图》)。正是因为如此,《管子》要求端正君臣上下礼义、整顿家庭之间礼义、整饬男女分别、区别亲疏远近不同,使"君德臣忠,父慈子孝,兄爱弟敬,礼义章明",这样就会"近者亲之,远者归之"(《版法解》)。

在社会层面,《管子》认为,婚礼不严肃,民就不注重廉耻,"故昏礼不谨,则民不修廉"(《八观》),女有夫家,男有妻室,不能相互不尊重,这是一种礼,"女有家,男有室,无相渎也,谓之有礼"(《大匡》)。它还指出要以人为本、以自身为本、以治世之道为本来治理人、自身乃至家族,"家者,人之本也;人者,身之本也;身者,治之本也"(《权修》)。《管子》强调,良好社会风气的形成依靠君的以身作则,虽然"淫声諂耳,淫观諂目",但是"伤民",而"民伤而身不危"则是很难做到的,所以要"毋听淫辞,毋作淫巧"。《管子》还提出了"礼有八经","上下有义,贵贱有分,长幼有等,贫富有度""下不倍上,臣不杀君,贱不逾贵,少不陵长,远不间亲,新不间旧,小不加大,淫不破义"(《五辅》)。如果违背"八经",就会出现"上下无义则乱,贵贱无分则争,长幼无等则倍,贫富无度则失"的现象,进而导致"上下乱,贵贱争,长幼倍,贫富失,而国不乱者,未之尝闻也"的情况出现,这就要求做父母的以教育实现慈惠、做子女的以严肃实现孝悌、做兄长的以教诲实现宽厚、做弟弟的以恭敬实现和顺、做丈夫的以专一实现敦厚、做人妻的以贞节进行劝勉,"罢士无伍,罢女无家。士三出妻,逐于境外。女三嫁,入于舂谷"(《小匡》),这样才能社会安定祥和。

在外交层面,《管子》也以礼义廉耻作为判断是非的标准。在《小问》篇讲述了楚国攻打莒国、后者派使者向齐国求援的故事。管仲不让桓公救援,并阐明了其依据。在他与莒国使者谈话过程中,有意侮辱其君三次,他却面不改色,"三辱其君,颜色不变",说明这位使者不懂礼、更不知义;而"臣使官无满其礼三强,其使者争之以死",也就是故意克扣使者三串礼钱,他却拼死相争,说明这位使者不修廉、更不知耻!根据有其使者必有其君的推断,莒国之君亦必是不懂"礼、义、廉、耻"之人,莒国也必是缺乏"四维"支撑之国,所以不必救援,"莒君,小人也。君勿救"。根据"国有四维""四维绝则灭"(《牧民》)思想,莒国实际上在楚国攻打之前就已"亡国",为此援救意义不大。即使暂时援救了它,也是必亡之国,因此,救援没有必要。还有一个故事就是山戎进攻燕国,燕君求救,齐国与鲁国相约援救,结果鲁国背信弃义,而齐国艰难取胜之后,却不计前嫌,将从山戎那里缴获的稀有宝物奉送到鲁国,进献于周公之庙,鲁庄公羞愧难当。后来两国相约讨伐莒国,鲁国全民参战,不遗余力,将功补过。这就是在外交上施之以礼的巨大收获。所以孔子对鲁哀公说,应"礼义以为干橹"①。此外,当周天子让桓公无需下堂拜受之时,桓公担心使天子蒙受耻辱,唯恐颠倒礼法,"恐颠蹶于下,以为天子羞"(《小匡》),所以他仍坚持堂下拜受,维持"行天子之礼",不让周天子蒙受耻辱。

虽然管子要求以礼治国,但是却对桓公的三个缺点听之任之,从"寡人不幸而好田,晦夜而至禽侧,田莫不见禽而后反。诸侯使者无所致,百官有司无所复",到"寡人不幸而好酒,日夜相继,诸侯使者无所致,百官有司无所复",再到"寡人有污行,不幸而好色,而姑姊有不嫁者",管子却说:"恶则恶矣,然非其急者也。"足见其以礼治国带有一定的偏见。

4.3.3 礼法并用

《管子》认为,"法"与"礼"在治国中都具有非常重要的作用。由于"治国无法,则民朋党而下比,饰巧以成其私",所以"法"在君治国理政中具有不可替代的作用,而一旦"法制有常",就会"民不散而上合,竭情以纳其忠"(《君臣上》)。然而,"法"是从外部施加的,是强制性的他律,有其力所不及之处,所以治国仅靠"法"还不能保证国家的长治久安,更不可能使人心悦诚服。而"礼"通过积极的教化,既能感化民的心灵,"摽然若秋云之远,动人心之悲;蔼然若夏之静云,乃及人之体;鵬然若謞之静,动人意以怨;荡荡若流水,使人思之。人所生(性)往",又能形成能动性的自律,"贤者不肖者化焉",从而可以

---

① 戴圣.礼记[M].李慧玲,吕友仁,注译.郑州:中州古籍出版社,2010:360.

弥补"法"的不足,"使其贤,不肖恶得不化?"(《侈靡》)然而,"礼"需要长期持续地浇灌与引导,不可能一蹴而就。只有通过长期细致的"连续型"治理,从小处小事做起,才能实现对民"春风化雨、浸润渗透"的正向教育,才能防范和涤除那些伤风害俗、有碍法治的负面行为,"欲民之正,则微邪不可不禁也。微邪者,大邪之所生也;微邪不禁,而求大邪之无伤国,不可得也"(《权修》)。"微邪"是"礼治"不足、"接于淫非之地"的结果,而"大邪"则是"微邪"日积月累的产物,所以君治国必须彻底清除微邪滋生的温床,对于那些"淫非之地",必须要严加取缔,确保"闭其门,塞其途,畺其迹"(《八观》),不能使其死灰复燃,从而净化社会人文环境,有效推动道德层面的精神文明建设,为"依法治国"方略的实施提供积极支持。

尽管《版法》《法禁》《重令》《法法》《正》《任法》《明法》《正世》《禁藏》《版法解》《明法解》中关于"法"的描绘非常精彩,主张非常中肯。但是只有坚持依法治国,才能"禁奸邪""禁淫止暴""治国使众"。只有君民都树立起对"法"的敬畏与信仰,才能自觉守法并在法律的指导下行事。唯有如此,才能营造安定和谐的局面,君民之间才会和衷共济,关系才会牢固不破;民众之间才会和睦相处,彼此之间才会互帮互助。从某种意义上说,"法治"可以保证"礼治"的开展,而"礼治"则可以促进"法治"的实施,这也是《管子》"礼法并用"的重要原因。"法"虽然是治国的最重要法宝,但是《管子》从来也没有否定过"礼"的作用,甚至在某些情况下将其列为头等需要维护的大事,积极发挥"礼"的作用,只不过它在提升"法"的功能的同时,无意之中降低了"礼"的地位。《管子》虽然主张"以法治国",但"法"不是万能的,更不可能解决一切问题,所以它也不排斥"礼"在治国中的作用。因为"礼治"既可以促进法的实施,又可以弥补法的缺陷与不足,"齐之以刑,民免而无耻",而"齐之以礼,民有耻且格"①。所以,对于一个国家来说,"法治"与"礼治"不只是一种学说,而是不可或缺;不只是相辅相成,而是可以用来治国化民。从前文论述中,我们可以清晰地发现,管子在治国过程中注重"以法治国"而不否定"道德教化",倡导"礼义廉耻"而不传承"人治学说"。因此,"以法为主、礼法并用"成了《管子》民本治国思想的又一重要特征。但是,由于阶级、历史与时代局限

---

① 罗炳良,靳诺.论语解说[M].北京:华夏出版社,2007:18.

性,这一思想在春秋战国时期的齐国实现有一定难度。尽管如此,作为"以法治国"先驱的《管子》民本治国思想,已演绎成为中国传统文化的重要组成部分。

综上所述,《管子》"礼法并用"的治国思想,彰显了礼的魅力,使其"无善不显";凸显了法的威力,使其"无恶不惩"。用礼的教化防止犯罪,用法的强制惩罚犯罪。因此,对于治国之君来说,礼与法均不可或缺,既要发挥礼的教化作用,使民遵守礼的规范,循规蹈矩,安分守己,又要发挥法的震慑作用,使民慑于法的威严,怯弱畏惧,趋利避害。因此,通过礼的教化、法的执行,可以切实增强民的法律意识,使其知晓法律面前人人平等,谁都没有超越"法"的权限、触犯"法"的权力。这些不仅是推进君民关系和谐的现实路径,而且也是实现国家长治久安的重要保障。虽然《管子》的"以法治国"思想在治理齐国过程中发挥了积极作用,但是它"无论如何都与真正的法治精神相去甚远"①。尽管如此,《管子》"以法治国、礼法并用"的经典理论与成功实践,对后世乃至今天社会主义法治国家建设,仍具有积极的借鉴意义与参考价值。

---

① 黄文娟.先秦法家法治思想的衍变:以《管子》、《商君书》和《韩非子》为中心[J].管子学刊,2008(3).

第 5 章
基于情感、善恶与人性假设认定的爱民与益民

《管子》是我国古代治国理政的经典之作。为实现"富国强兵,称霸诸侯"的既定战略目标,它积极演进了"察问民情""九惠之教""赈济救助"的爱民之道,有效推出了"德有六兴""兴利除害""均地分力"的益民之略,这些"滋爱百姓"(《中匡》)之举,使君赢得了民的高度信赖与拥护,"远国之民望如父母,近国之民从如流水"(《小匡》)。

5.1 爱民之道

君与民是治国理政的主体与客体。君的唯一性、民的众多性决定了君唯有"善与民为一体"(《君臣上》),才能做到万众一心,众志成城,而要达到这种"融",就需要君有爱民思想与理念。倘若没有宽厚务实的爱民思想与理念,是难以达到那种境界的。虽然《管子》中有诸多爱民思想与实践,但是本节根据研究需要,首先简述其爱民思想的定位,随后从情感、善恶与人性假设认定视角出发,阐释其积极的爱民实践,以整合出其绵延千古的"爱民之道"。

5.1.1 爱民思想定位

民是君治国安天下的主要对象,也是社会管理的重要方面。一个国家治民情况如何,对社会的发展与稳定具有重要影响。在一个有统治者与被统治者的国度里,从君民情感型关系出发,民离不开君,君也离不开民。《管子》之所以推出爱民的民本治国思想,就是要推行善政,试图建构一种民对君的依

存,"行此数年,而民归之如流水"(《霸形》)。因此,在揭示《管子》爱民思想定位之前,有必要首先分析民对君的依存关系,这实际上是基于Y理论的人性假设认定。

1. 爱民源于一种依存关系

民作为有思维、有情感的高级动物,无论是积极之民、正常之民,还是消极之民,他们都是有人性的。而人性存在特定的规律,是沿着它"顺流直下"还是"逆流而上",是治国理政者不能不面对的问题。为了充分释放民中潜藏的正能量,君会从发掘民的人性价值维度出发施以爱民之道,不仅顺应了人性与民意,而且也符合君爱民、民爱君的善性道德准则,这会促使民在增进其对君依存度的基础上自我发展、管理与控制,从而达到君治国所追求的目标。

"以民为本,止于至善",是治国理政之君正向理解民的生命价值的人文情怀,也是中华文明得以传承的至尊血脉。君以民乐于接受的方式奉献君的爱民情怀,基于对人性的假设认定,将民视为积极进取而不是消极懒惰的,所以他推出保家卫国、维护公共秩序、兴建公共工程、预防自然灾害、救助鳏寡孤独、赈济灾民等公共善政。其实,施爱不在大,而在于能否从小事做起并一以贯之;民怨不在小,而在于能否推行爱民之道并将其切实消除在萌芽状态。这就需要智慧之君始终保持爱民之心,施以民渴望的积极仁政,"所谓仁政有两种:一种是为人民的当前利益,另一种是为人民的长远利益","前一种是小仁政,后一种是大仁政。两者必须兼顾",且"重点应当放在大仁政上"。唯有如此,才能全面提升民对君的依存度。

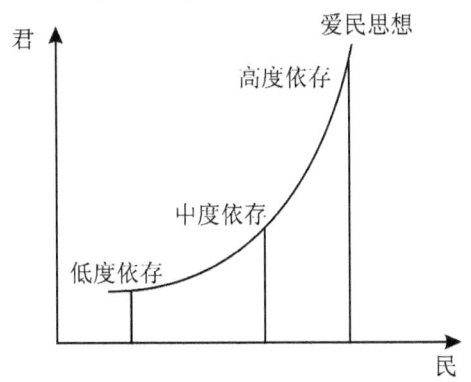

图5-1 受君爱民思想影响的民对君的依存度示意图

为了更清晰地呈现君爱民产生的民对君的依存效果,本书引入了图5-1来说明。从示意图中我们可以清晰地看出,民对君的依存度与君的爱民思想呈正相关。君爱民思想愈浓厚,民对君的依存度越大;反之,君爱民思想愈匮乏,民对君的依存度越小。所以,清朝乾隆、嘉庆两位皇帝曾分别写出"养身惟寡欲,治世务爱民""治世大要,首先爱民"之言,足见爱民在治国理政之君心目中的地位。其实,君民之间存在一种无知之幕,"一旦消除无知之幕,各方就会发现他们有各种情感和爱的纽带,想去推进他人的利益,乐见他人实现其目的"①。从一定意义上说,这也是人性的积极释放,更是君民善性的表达,"善民者,国必兴;恶民者,国必亡"。君爱民付诸行动,就会赢得民的真情回馈,即他们爱君、爱国、爱这个时代与社会。因此,君爱民的民本思想,实质上是从人性向善的维度出发,基于人性假设认定,"爱会孕育爱",从而"把属于民的交给民",并为民提供更多更好的条件。在民遇逆境窘迫时,君为其解急济困;在民处于顺境发展时,君让其更多地发挥主观能动性,为社会创造尽可能大的价值。在君这一爱民过程中,君、民情感契合度越来越密切,内在依存度越来越紧密,且越来越具有实质性意义。久而久之,君就在有形无形、有声无声中赢得了民心,从而进一步增强了民对君的依存度。因此,君以爱民的民本思想治国,就能"取明名广誉,厚功大业,显于天下,不忘于后世",否则就会"失国家,危社稷,覆宗庙,灭于天下"(《五辅》),所以"争天下者,必先争人"(《霸言》),而君欲争人,就必须不断地采取有效的爱民措施,持续稳健地提升民对君的依存度,"得天下心无他,爱与公而已矣。爱则民心顺,公则民心服"②。

正是因为爱民源于一种依存关系,所以先秦时期爱民思想非常丰富。姜太公认为,"治国之道,爱民而已"③,明确提出了爱民之道;《管子》也指出,"民爱之则亲""莅民如父母,则民亲爱之"(《形势解》),主张君要将爱民思想付诸实践,施于国内民众,"爱四封之内,然后可以恶境外之不善者"(《中匡》),"明王之爱天下,故天下可附;暴王之恶天下,故天下可离"(《心术下》),"凡众者,爱之则亲""爱施俱行,则说君臣,说朋友,说兄弟,说父子;爱施所设,四固不能守"(《版法解》),这样"上为一,下为二"(《乘马》),也就是

---

① 罗尔斯.正义论[M].何怀宏,何包钢,廖申白,译.北京:中国社会科学出版社,2009:99.
② 许衡.鲁斋全书[M].台湾:广文书局,1969:163.
③ 向宗鲁.说苑校证[M].北京:中华书局,1987:151.

君为民做一件有益之事,民就会做两件事作为回报,"投之以桃,报之以李";孔子要求"泛爱众,而亲仁","仁者"需要"爱人","节用而爱人"①;墨子主张"兼相爱,交相利",认为"夫爱人者,人必从而爱之"②;慎子指出,"圣人之有天下也,爱之也,非敢取之也"③;孟子希冀"颁白者不负戴于道路""七十者衣帛食肉,黎民不饥不寒"④;荀子强调,"五疾,上收而养之,材而事之,官施而衣食之,兼覆无遗""君人者欲安则莫若平政爱民矣""不爱而用之,不如爱之而后用之之功也""爱而后用之,不如爱而不用者之功也""爱而不用也者,取天下矣",同时还明确指出,"有社稷者而不能爱民,不能利民,而求民之亲爱己,不可得也。民不亲不爱,而求其为己用,为己死,不可得也"⑤。由此可见,爱民作为民本治国善性思想的一部分,在中国思想史上占有重要地位,特别是后世治国理政之君都或多或少地对其有所运用。在先秦时期之所以会有如此多的爱民表述,正是因为君民之间存在着一种依存关系,从人性假设认定维度考量,其中必定维系着无形的情感型关系。

2.先秦爱民之道定位的异同

民是社会存在的基本载体,是君之为君的重要依赖。由于他们对社会发展、国家稳定起着重要的决定性作用,所以治国理政者都有爱民思想,只不过具体的定位有所差异。先王商汤采用收贮蔬菜、粮食使民"饥者食之,寒者衣之,不资者振之"(《轻重甲》)的赈济方式呈现其爱民思想,但是这种方式只能解决民温饱问题,而不能解决发展问题;只能解决现实问题,而不能解决将来问题。而在这方面姜太公与管仲则给出了明确的爱民思想定位,但二者同中有异。

"文王问太公曰:'愿闻为国之务,欲使主尊人安,为之奈何?'太公曰:'爱民而已。'文王曰:'爱民奈何?'太公曰:'利而勿害,成而勿败,生而勿杀,与而勿夺,乐而勿苦,喜而勿怒……故善为国者,驭民如父母之爱子,如兄之爱弟,见其饥寒则为之忧,见其劳苦则为之悲,赏罚如加于身,赋敛如取于己。此爱

---

① 杨伯峻.论语译注[M].北京:中华书局,2006:4.
② 吴毓江.墨子校注[M].孙启治,点校.北京:中华书局,1993:160.
③ 许富宏.慎子集校集注[M].北京:中华书局,2013:3.
④ 杨伯峻.孟子译注[M].北京:中华书局,1960:5.
⑤ 荀况.荀子[M].安继民,注译.郑州:中州古籍出版社,2013:211.

民之道也'。"①(《六韬·文韬》)

"桓公又问曰:'寡人欲修政以干时于天下,其可乎?'管子对曰:'可。'公曰:'安始而可?'管子对曰:'始于爱民。'公曰:'爱民之道奈何?'管子对曰:'公修公族,家修家族,使相连以事,相及以禄,则民相亲矣。放旧罪,修旧宗,立无后,则民殖矣。省刑罚,薄赋敛,则民富矣。乡建贤士,使教于国,则民有礼矣。出令不改,则民正矣。此爱民之道也。'"(《管子·小匡》)

通过两者爱民之道比较,我们可以发现,爱民、益民、富民、利民、成民是两者民本思想共有的善性基因。姜太公寥寥数语,便道出了其"生而勿杀""乐而勿苦,喜而勿怒""驭民如父母之爱子,如兄之爱弟,见其饥寒则为之忧,见其劳苦则为之悲"的爱民思想,"利而勿害"的益民思想,"成而勿败"的成民思想,"与而勿夺"的利民、富民思想,"赏罚如加于身,赋敛如取于己"的"己欲施人"思想;《管子》的"爱民之道"则包含有"民殖""民相亲"的爱民、益民思想,"民富"的利民、富民思想以及"民有礼""民正"的安民、成民思想。正所谓"欲动民众者,当动民众之心,'而不徒在显见之迹'②",而如何动民之心,关键在于爱民。从人性假设认定视角出发,君只有爱民才能感染、打动、影响民,才能在君民之间建立起真正的情感型关系。由此可见,无论是姜太公还是管仲都认为君民之间有情感型关系在维系,否则他们不可能从道德向善角度提出如此经典具体的"爱民之道"。姜太公把君爱民称之为"国之大务",君唯有爱民,才能赢得民的拥护、支持与爱戴。二者治国的民本思想落实到对待民的态度上首先就是爱民。因为在他们的思维里,无论民居于国家的哪一维度,君都应有爱民思想,"兼爱无遗,是谓君心"(《版法》)。由于"爱的一个主要成分即希望像另一个人的合理自爱所要求的那样去推进那个人的利益"③,所以爱本身具有一定的穿透力,更能唤起民的情感共鸣,"没有爱,这个世界上的人类命运将会是悲惨可怜与冷酷无情的"。而情感是君民双方共同的善,这种共同的东西把二者结合到一起,君付出的爱民情感越多,他得到的相应回报就越多,"就像在商业共同体中投资多就得到得多一样"。假如在君民之间没有共

---

① 徐培根.太公六韬今注今译[M].台北:台湾商务印书馆,1977:52.
② 中共中央文献研究室,中共湖南省委《毛泽东早期文稿》编辑组.毛泽东早期文稿[M].长沙:湖南人民出版社,2008:73.
③ 罗尔斯.正义论[M].何怀宏,何包钢,廖申白,译.北京:中国社会科学出版社,2009:148.

同的情感维系,那么他们就不会有和谐互动的关系,"这就像工匠同工具、灵魂同肉体的关系"①。正是因为君有情感型的爱民思想,基于人性假设认定,才会衍生出民爱君的情形,使民产生极强的向往与依恋,进而使君赢得民发自内心的拥戴,"譬如北辰,居其所而众星共之"②。

尽管太公与管仲的"爱民之道"有诸多相同之处,但是它们还是有一定的差异,突出表现在两者包含的爱民思想形式与范围不同。太公的爱民、益民、富民、利民、成民思想笼统,而管仲的则非常具体,直接表现为"修族""连事""相禄""放旧罪""修旧宗""立无后""省刑罚""薄赋敛""乡建贤士"。太公未言及安民,这与西周初期的社会整体环境有关,当时安民并不是最重要的;然而,管仲的爱民之道则蕴含了"出令不改""使教于国"的安民因子,因为春秋时期战乱不断,安民已成为爱民的一种客观要求,更是一种善举。虽然《枢言》把"利民"从"爱之、利之、益之、安之"的"爱民"中分离出来,单独予以考虑,但是在阐释爱民之道时,《管子》并没有忽略"利民",足见"利民"在其思想中的分量。由是观之,《管子》在传承太公"爱民"思想基础上又有了进一步发展,并由此形成了"爱民、益民、富民、利民、安民、成民"的民本治国思想,这也是其爱民思想的统合定位。《管子》之所以将安民思想体现在爱民之道中,是因为它认识到安民是民爱君的重要前提。没有安民,谈何爱民?在民安之后,君爱民才会有民爱君,终极衍生为君民互爱,基于情感型的人性向善和人性假设认定,就不会出现"为民者犯上作乱、为君者滥施暴政"的对立局面,从而社会安定,民安土重迁。君有了这些民本思想,就能彻底撼动民心,在富国强兵中充分发挥民的主观能动性,在争创霸业中全面赢得民的支持。所以《管子》要求,君应"私爱之于民,若弟之与兄,子之与父也"(《轻重甲》),这说明《管子》的爱民思想已从爱民意识上升为爱民自觉,从爱民理论衍变为爱民实践,从抽象的安民延伸为具体的爱民。

5.1.2　察问民情

调研问询是统治者了解国家治理情况的重要手段。通过察问民情,君可

---

① 亚里士多德.尼各马可伦理学[M].廖申白,译注.北京:商务印书馆,2003:250.
② 杨伯峻.论语译注[M].北京:中华书局,2006:11.

以真正了解民的疾苦,然后从人性维度出发有针对性地施以爱民之道、益民之略、安民之举、成民之法、富民之方、利民之策,从而推出向善治理的积极政策,建立起更为牢固的君民情感型关系。正因为如此,《管子》强调国君的调研要从宏观大处着眼,而政策的落实则要从微观小处入手,"事先大功,政自小始"(《问》)。两千多年前的古代中国能有这样的理念是难能可贵的。《问》篇非常经典地描绘了国君诸多调查事项,不仅具有相当深远的历史意义,而且具有极其重大的现实意义。本书根据研究需要撷取其中的爱民"十问"进行探析。

1.善政治国是察问民情的重要目的

爱民是《管子》推行善政的前提,它对大齐霸业目标的达成起到了无与伦比的助推作用,对后世治国理政也具有不可估量的影响,而察问民情则是国君向善执政的一种方式。向善作为一种品质,潜藏有情感因子,一旦统治者拥有了民本之心、推行了民本之政,就会产生这种品质与因子的"叠加效应",这要求"一个统治者,当他是统治者的时候,他不能只顾自己的利益而不顾属下老百姓的利益,他的一言一行都为了老百姓的利益"①。

一是问询以孝行闻名于乡里的子弟及家庭情况。"子弟以孝闻于乡里者几何人? 余子父母存,不养而出离者几何人?"桓公在这里"问孝",实际上是基于一种人性向善的假设认定,认为"孝"可以衍生出和谐的君民情感型关系。其实,"孝"作为一种社会伦理与行为规范,不仅对于一个民族的风俗习惯、思想意识乃至心理结构会产生广泛而深远的影响,"孝子不非其亲","非其亲者知谓不孝"②,而且对于一个社会的和谐、国家的安定、家庭的幸福也能起到积极作用,"孝是天之经,地之义,民之行也"。当然,桓公问"孝"的目的不止于此,在培养民"孝"的同时,将其与"忠君"思想统合起来,"夫孝,始于事亲,中于事君,终于立身"③,而"移孝事君""移孝忠君"无疑具有一定的封建因素,是统治阶级奴役被统治阶级的工具,"事死如事生,事亡如事存,孝之至也"④。因此,对于《管子》要求的"孝",我们必须用实事求是的评析方法,剔除其不合时宜的糟粕,汲取其情感向善的精华,从而为我国的精神文明建设

---

① 柏拉图.理想国[M].郭斌和,张竹明,译.北京:商务印书馆,1986:25.
② 王先慎.韩非子集解[M].北京:中华书局,1998:467-468.
③ 阮元.十三经注疏[M].北京:中华书局,1980:2545-2549.
④ 方尔加.《大学》《中庸》意释致用[M].北京:中国人民大学出版社,2008:180.

服务。

二是问询乡中子弟力田耕作、可以为人表率情况。"乡子弟力田为人率者几何人?"这是旨在了解"优质民"情况,然后发挥这类民的榜样作用,激发他们的积极人性,这实际上是基于一种人性假设认定,也说明桓公把君对民的情感之爱延伸为如何更好地挖掘民的潜力,"一切情感,尤其是应当引起如此异常的努力的情感,都必须在他们正处于自己的高潮而还未退潮的那一刻,发生它们的作用,否则它们就什么作用也没有"①。由于努力耕作之民都是积极之民,所以君通过了解这类民的情状,然后制定出一系列惠民政策,以更好地发掘其内在潜能,使劳作者更为勤勉,"夜寝蚤起,父子兄弟,不忘其功"(《乘马》),正是君的善政激发了民勤劳回馈的情感。可以说,几乎没有人不为某种情感所驱动,关键是寻找到这个点。只要君对民施以正向积极引导,他们就能做出利君、利民、利天下的事来。之所以如此说,是因为君的善政牵引了民的德行,而"德行的恰当本质就是产生愉悦",这种愉悦显然能够传递社会发展的希望之光。

三是调查女工、士人和农人的生产生活情况。"处女操工事者几何人? 冗国所开口而食者几何人? 问一民有几年之食也?"这是旨在了解"士、农、工"三民的基本情况,以便适时调整政策——"重本伤末",凸显了君善政爱民的情怀。这样既保障了民的生活,又保证了农业、手工业的发展,人性中所追求的那些东西都能因此而得到满足,"生产力以旧社会所没有的速度迅速发展,因而生产不断扩大,因而使人民不断增长的需要能够逐步得到满足"②,这样就能减少民的痛苦、增加他们的愉悦,而"痛苦和愉悦是恶行和德行的主要原因"③。在痛苦消失、快乐产生后,他们就会更为勤勉劳作,发挥人性假设认定的积极一面,从而为"富国强兵,称霸诸侯"提供更多更好的人力、物力、财力支持,这就需要君采取有效的措施,为民祛除痛苦、增进快乐。无可否认,君对某些NP的情感付出,有时也不一定能够发挥积极作用,偶尔还会起到相反作用,使其更为消极懒散。

四是调查人们认为哪些东西有害于乡里的情况。"人之所害于乡里者何

---

① 康德.实践理性批判[M].邓晓芒,译.北京:人民出版社,2003:213.
② 毛泽东著作选读:下[M].北京:人民出版社,1986:767.
③ 休谟.人性论[M].石碧球,译.北京:中国社会科学出版社,2009:208.

物也?"这样可以有针对性地为民兴利除害,从而有利于民安心生产、生活,为"定民之居""成民之事"扫除障碍,这显然有助于构建社会的和谐局面。君之所以询问"乡害"情况,源于他的爱民情感,而情感"大多数是由观念产生"。君对民的情感产生于"以民为本"的观念,而"观念所引起的每一种情感,不管这种情感是快乐还是悲伤的,它都获得了新的力量和活力"。观念与情感互动,便产生了善恶,从而衍生出不同的人性假设认定。人性不可能没有任何弱点,一旦这种弱点被钻营之徒所掌控,那么这个人就会为其所控。而这种弱点一旦为明君所激发,就会延伸为正向的积极行为,"乡害"就会减少甚至消除,从而为国家的发展、社会的进步发挥尽可能大的作用。从一定程度上讲,无论在何种情况下,观念都对情感产生作用。而对于刺激我们的情感而言,观念几乎是绝对不可缺少的,所以正向积极的观念对于情感也能起到有效的促进作用,"如果不是这样,这个情感就不会随着这些部分的增加而增加"。可见,君为民除害的情感源于其观念,基于无形的人性假设认定,而这种情感和认定又体现于国君理政治民观念之中。

五是调查未做官之士的道德以及治理百姓情况。"处士修行足以教人,可使帅众莅百姓者几何人?"这为国君治国施行"仁政"与"德治"提供了重要参考。道德是士人心灵的一种反映,而"心灵中的每一种情感,物质的每一种构造,不管有多大的不同和变化,都预存于同样的实体中,并且保存有他们自己各自的特点,而并不将这些特点传送给它们所寓存的那个主体中"。这说明君的观念能够影响民的情感,进而波及他们的善恶观念,从而使其产生是非判断的正义感,"正义是社会的支撑,而非正义就迅速地导致社会的崩溃,除非它得到遏制"①。如果正义是一种对人的心灵有着一种自然而原始影响的德行的话,那么情感就是人与人之间联结的纽带,所以《管子》强调"毋以私好恶害公正"(《桓公问》)。其实,此问还表明桓公希冀能够发挥这类士人推动国家教化的作用。因为教化可以使民的"欲望有的遭到毁灭,有的遭到驱逐,年轻人心灵上的敬畏和虔诚感又得到发扬,内心的秩序又恢复过来",这实际上也是基于人性假设认定。通过"处士"的向善教育,除净民心中恶的元素,从而为

---

① 休谟.人性论[M].石碧球,译.北京:中国社会科学出版社,2009:10-208.

善的成分进入准备条件,这样就在弟子身上"培养出了最善部分来"①。

《管子》上述之"问",对于那些被慰藉之民来说是幸福的,至少也"是幸福的最小部分",更体现了"情感的现实性"②,也从侧面说明有什么样的观念,就会有什么样的情感;有什么样的情感,就会有什么样的观念与之对应。也就是观念决定情感,情感反映观念。由于君是治国理政的根本,说话做事都是万物的关键,"君人者,国之元,发言动作,万物之枢机",所以要勤于调研而谨言慎行,因为"枢机之发,荣辱之端也,失之毫厘,驷不及追"③。

2.情感维系是察问民情的基本前提

情感是君民之间最重要的维系。君在推行民本治国的善政后,他就会享受着"自己特有的快乐,享受着最善的和各自范围内最真的快乐"④。因为他在治国理政中,"不论对己还是对人,永远把人作为目的而不是作为手段"。所以君通过察问民情,可以为他的善政之举"寻找一个合理的基础"⑤。基于人性假设认定,一旦君民之间建立了牢固的情感型关系,当彼此"遭遇到痛苦时,他们就会认为自己处于痛苦之中"⑥。这也是桓公有如下"五问"的原因。

一是调查死于国事者的子孙们有无尚未得到田宅的以及遗孀们应领口粮的供给情况。"问死事之孤,其未有田宅者有乎?""问死事之寡,其饩廪何如?"这"两问"涉及国君爱民情感的传递与延续。由于君对死于国事者的情感转移并传递给他的子孙或遗孀,使他们得到相应的照顾,既可以使逝者无后顾之忧地安息,又可以激励更多士人为实现霸业目标作战而不遗余力。基于人性假设认定,这样就使情感的传递成为一种无形动力,从一个人传递到另一个人或更多的人,"当它被传递时,它就给予情感一种双重的趋势"⑦,即君爱民与民爱君,尽管他们并没有认识到产生原始情感的那种原因。从某种程度上说,如果一种情感是使人快乐的,那么它就会传递给为这种情感所激励的人一种昂扬的、崇高的感觉。然而,"如果这种情感对那些仅仅作为诸欲望之一

---

① 柏拉图.理想国[M].郭斌和,张竹明,译.北京:商务印书馆,2019:387.
② 康德.实践理性批判[M].邓晓芒,译.北京:人民出版社,2003:207.
③ 董仲舒.春秋繁露[M].张世亮,钟肇鹏,周桂钿,注.北京:中华书局,2012:193.
④ 同①380.
⑤ 麦金太尔.追寻美德:道德理论研究[M].宋继杰,译.南京:译林出版社,2008:62.
⑥ 同①377.
⑦ 休谟.人性论[M].石碧球,译.北京:中国社会科学出版社,2009:271.

种的其他目的妥协或与其他目的达于平衡的话,这种情感就无法实现"①。诚然,直接情感会演绎出善恶两种情形,从而使人性的假设认定变得更为复杂,但是,桓公的这种问政旨在扬善。其实,任何直接的情感都伴随着与之联系的间接情感,如果这些间接情感受到积极影响,那么它就会通过特有的方式作用于那个直接情感,此"问"正是这种情形的验证与呈现。

二是调查鳏夫、寡妇、孤穷、病人的情况。"问独夫、寡妇、孤寡、疾病者几何人也?"此问进一步突出了君的爱民情怀,也是君仁慈之心的一种表现,"仁慈是由所爱的那个人的愉悦而发生的一种原始的愉悦",更是国君充满情感的心灵反映,"当心灵带有一种情感而去追求某种目的时,尽管那种情感最初并不是来自于那个目的,而只是来自于那种行动和追求,但是由于情感的自然过程"②持续在发挥作用,所以君的善政能够得到充分落实。通过此"问",桓公能够知晓这些民的基本情况,从而做出更为务实的决策,使"九惠之教"政策更有针对性地落实。基于人性假设认定审视,此"问"潜藏有"己欲施人"理念,鳏求妇,寡求夫,孤疾之人求呵护,这是人性情感的直接体现。否则,绝不会有如此爱民之问,因为"非其所欲,勿施于人,仁也"(《小问》)。假如君民之间没有那种情感型关系的维系,绝不会有如此恤民的调查。因为"诚而后洵为天下之大本也",民"有家而不欲其家之毁",君"有国而不欲其国之亡,有天下而不欲天下之失,黎民其黎民而恐或乱之,子孙其子孙而恐莫保之,情也"③。假如没有向善执政的道德支撑,也绝不会有如此之问,更不会有诸多务实爱民之道、益民之略。然而,君有了如此温情的问候,就会"见善如不及,见不善如探汤"④,这进一步彰显了《管子》民本治国思想。

三是调查邑内穷人依靠借债度日以及贫士向大夫借债的情况。"问邑之贫人债而食者几何家?""贫士之受责于大夫者几何人?""问人之贷粟米有别券者几何家?"这些问询的目的不只是在于君了解民间借贷情况为其善政赈济救助提供更有针对性的依据,还在于透过士民的借债情况而了解他们的"士气",因为它决定了社会生产的发展,进而会影响家庭生活与社会稳定。由于

---

① 罗尔斯.正义论[M].何怀宏,何包钢,廖申白,译.北京:中国社会科学出版社,2009:574.
② 休谟.人性论[M].石碧球,译.北京:中国社会科学出版社,2009:315.
③ 王夫之.尚书引义[M].北京:中华书局,1976:73-132.
④ 杨伯峻.论语译注[M].北京:中华书局,2006:200.

统治者无法直接感受到民的乐与苦，所以他就只能通过察问民情来了解判断他们的生产生活情况，综合考虑采取国家赈济还是社会救助，切实解决民的具体问题。例如，后文的表彰放贷者式、"枝兰鼓"计谋式策略彻底解决了民的债务问题，切实增进了君对民的情感。从某种意义上说，这类"问"说明了"天下皆吾赤子，而疾毕弃，康乃心矣"，也说明君之所忧，忧人也，民"若有情焉"，君不可不"得其情"①，"以情得情，则民之情得矣"。国君通过调查，"察民所恶，以自为戒"（《桓公问》），而"诛暴禁非，存亡继绝，而赦无罪，则仁广而义大矣"（《小问》），这样才能出现"民安之，君亦安之"的治国希冀情状，也才能达到统治者期望的长期拥有天下而不会失去天下的目标。

其实，上述十问看似调查了解的是小事，实则恒公是从争创霸业的战略高度问政于民的，"小以吾不识，则天下不足识也"，"凡牧民者，必知其疾"，这样才能对民厚施德惠，而不是用刑罚恐吓、强力禁制，"忧之以德，勿惧以罪，勿止以力"（《小问》）。这就要求统治者积极深入民间了解民的层次性需求，"糟糠不饱者不务粱肉，短褐不完者不待文绣"②，这样才能有针对性地布施善政，才能真正赢得民的拥护与支持。基于人性假设认定分析，如果君不了解民众欲求，那么要想对其发号施令，无异于背着靶子射箭而希图命中一样，"犹倍招而必拘之"（《七法》）。

5.1.3　九惠之教

"九惠之教"（《入国》）是《管子》爱民思想的最直接体现，它既体现了国君的爱民情感，又呈现了他施政的向善人性，特别是"入国四旬，五行九惠之教。一曰老老，二曰慈幼，三曰恤孤，四曰养疾，五曰合独，六曰问疾，七曰通穷，八曰振困，九曰接绝"，充分体现了国君爱民的全覆盖。为了保证"九惠"的落实，《管子》中对老、幼、孤、疾、独、穷、困、绝等进行了制度层面设计，并相应设置了"九掌"官吏，由他们负责将国君的爱民举措落到实处。

1.国家将敬养老人列为既定义务

老人是社会的财富，不仅因为他们为国家的发展繁衍养育了后继之人，而

---

① 王夫之.尚书引义[M].北京:中华书局,1976:72-133.
② 张觉,等.韩非子译注[M].上海:上海古籍出版社,2007:689.

且因为他们曾经为社会的进步作出了或多或少、或大或小的贡献,所以《管子》将其列为"九惠之教"之首,并将敬养老人列为国家既定义务。

《管子》规定,70岁以上老人给予特殊的恩惠、福利(见表5-1),"年七十已上,一子无征,三月有馈肉;八十已上,二子无征,月有馈肉;九十已上,尽家无征,日有酒肉",这种对老人的敬养、赡养明细,在我国古代应该是史无前例的。通过国家馈赠酒肉,不仅可以保证老人生活营养,而且还可以保持他们身体健康,"健康是更大的善事"①。尤其是"掌老"还劝勉那些老人的子弟,要"精膳食,问所欲,求所嗜",更是体现了国家无微不至的关怀。这种善政"足以泽世垂后",因为它可以使老人"饮食起居如常,不烦深虑"②。孟子曾指出,伯夷、姜太公都隐居在北海之滨,听说周文王兴盛起来了,他们都去归附,一个重要的原因就是周文王善于奉养老人,不让老人挨冻受饿,"盍归乎来,吾闻西伯善养老者""文王之民无冻馁之老者"③。《管子》这段敬养老人之谈与儒家孟子的思想有异曲同工之妙。尽管表述内容、形式不同,但是其实质是相同的,都是为了让老人能够"老有所养",这实际上是对老人延年益寿的鼓励,凸显了《管子》中君试图构建融洽的情感型君民关系以治国。

表5-1 敬养老人的施惠福利情况表

年龄段	施惠	时间	福利
70岁以上	免除一子征役	季	有官家馈肉
80岁以上	免除二子征役	月	有官家馈肉
90岁以上	全家免除征役	日	有官家酒肉供应

虽然这种施惠福利只能照顾70岁以上的老人,60岁至70岁的老人没有涉及,但是在生产力极不发达、社会财富极度匮乏的情况下,能让年长者定期有肉食补充营养,已是最大的恩惠。尤其是还免除了"子"的徭役,基于人性假设认定,既可以使老人无须挂念"子"身在外,从而安享晚年,生活愉快,又可以使"子"孝敬父母,确保老人得到相应服侍,这无疑是一种富有情感的善政。虽然"孝"在时间上有始有终,但是在空间上却没有止境,因为它是联结个人、家庭与国家的纽带。毋庸置疑,如果徭役过多或过于频繁,将会贻误农

---

① 穆勒.功利主义[M].徐大建,译.上海:上海人民出版社,2007:10.
② 程颢,程颐.二程集[M].王孝鱼,点校.北京:中华书局,1981:603.
③ 杨伯峻.孟子译注[M].北京:中华书局,1960:287.

业,"起一人之徭则百亩不惧",而这些老人的儿子一旦应役,那么他们将无力承担繁重的农事劳动,更无法经营家产。长此以往,"无不破家荡产"。届时老人的生活虽"极可怜悯",但因儿子在服徭役而无法得到照顾。这种局面一旦出现,民就会"复转徙流亡,无复顾恋乡井之意",这显然不符合"定民之居""成民之事"的治国设计。这也是《管子》推出"九惠之教"的一个重要原因。基于"生当顺事之,死当安宁之"①理念,"死,上共棺椁"特别值得称道。因为70岁以上老人死后,由国君供给棺椁,这实际上是一种"老有所终"的务实情感表达,也是一种人性向善的表现。

由此可见,"九惠之教"使老人的晚年生活得到了生命的快意,"一个有理性的存在者对于不断伴随着他的整个存在的那种生命快意的意识,就是幸福",而管仲在善政治国实践中将这种意识转变为现实了。这也从侧面说明当时齐国老人生活有基本保障,而生活无忧就会增加他们的快乐,"这些快乐比别种的快乐"更易支配他们的意识,"不会被耗损,反而增强着还要更多地享受它们的情感,并在它们使人心旷神怡之际同时陶冶这种情感"。虽然"九惠之教"在理论上无法称之为"幸福的学说"②,但是在实践上却给民带来了真正的幸福快意。从人性假设认定维度观察,如果君能"像人们所认为的那样对人有所关照",那么他"似乎会喜爱那些最好与它们自身(即努斯)最相似的人们"③,也就是国家中的 WP 与 EP。

2.国家将养恤孤幼儿作为明确职责

孤幼儿是国家未来发展不可或缺的组成部分。由于他们正在茁壮成长期,"好像早晨初升的太阳",是国家未来发展的希望所在和重要支撑,更是国家适时补充兵员的重要来源,所以《管子》将国家养恤孤幼儿视为一种职责。

在抚育幼儿方面。凡是士民有三个以上幼弱子女且家庭无力供养成为拖累的,国家都给予其相应的福利政策(见表5-2),"士民有子,子有幼弱不胜养为累者,有三幼者无妇征,四幼者尽家无征,五幼又予之葆,受二人之食,能事而后止",这里明确表达了国家对有三个幼儿的家庭,免征妇女应缴纳的布帛,这无疑可以减轻他们的家庭负担,还可以使母子相亲相守,"使骨肉之意常相

---

① 朱义禄.《朱子语类》选评[M].上海:上海古籍出版社,2006:33.
② 康德.实践理性批判[M].关文运,译.桂林:广西师范大学出版社,2002:125.
③ 亚里士多德.尼各马可伦理学[M].廖申白,译注.北京:商务印书馆,2003:311.

通",而不是"骨肉日疏""情不相接尔",这样既有利于幼儿的生活保育,又有利于他们的健康成长。基于人性假设认定,这无疑有助于君民情感型关系的培养。尤其是国家还对年幼子女达到五个的家庭配置保姆,甚至还发两个人口粮,直至这些幼儿能够自理。虽然这种待遇不是非常丰厚,但是它能使这类家庭享受到国家的施惠。这种善政是"仁"的体现,"博施而能济众,固仁也"①,也是一种可以感知的情感表达。在当时社会生产力极为落后的古代中国,能够施行这种爱民之道,不仅难能可贵,而且颇值得褒扬。从另一个角度审视,它也体现了《管子》中"知予为取"的治国之道。在民需要帮助之际,国家从经济上及时给予其显性有形、隐性无形的宽惠与支助,此为君之"予";在民得到国家恩泽之后,他们将会对君"义者常多"且"罕及于利"②地付出,这为大齐实现"富国强兵,称霸诸侯"的宏伟目标奠定了"人和"基础,此为君之"取"。因此,抚育幼儿可在君民之间保持良性互动的情感型关系,基于人性假设认定观察,这种互动"在外在系统中是频繁的,那么彼此喜欢的情感会在他们之间生长起来,并且这些情感反过来会导致进一步的"回馈且"远远超出外在系统"③。

表5-2 照养幼儿的施惠福利情况表

贫困家庭需养育幼弱子女数量	施惠或福利
3个	免除向妇女征布帛
4个	全家免征
5个	官配保姆、发两个人口粮至幼儿能自理

在抚恤孤儿方面。《管子》规定,凡是士民百姓死后,孤儿不能自理生存的,就要委托给乡亲、友人、故旧抚养,"士人死,子孤幼,无父母所养,不能自生者,属之其乡党、知识、故人"。基于人性假设认定审视,这种善政可以激发士人在对敌作战中奋勇厮杀而不会踌躇不前,会赴汤蹈火而不顾生命安危。君对士人的有情换来士人对自己的无情,"有情而化为无情者,如望夫化为石是也"。这说明君的爱民之心并非"彼一时之事尔,日常则不可"④。根据家庭收

---

① 程颢,程颐.二程集[M].王孝鱼,点校.北京:中华书局,1981:7-120.
② 张载.张载集[M].章锡琛,点校.北京:中华书局,1978:42.
③ 麦金太尔.追寻美德:道德理论研究[M].宋继杰,译.南京:译林出版社,2011:111.
④ 同①199-551.

养孤儿数量情况,还采取差异化的免征兵役(见表5-3),"养一孤者一子无征,养二孤者二子无征,养三孤者尽家无征",这更可鼓励家庭收养孤儿,使孤儿有所依托,"民吾同胞,物吾与也"①,从而使"人各亲其亲",而又"不独亲其亲"②;从而使民"爱必兼爱",而又"成不独成"③。这样既可以争取民心,又可以赢得民心,从而使民心团结向君,"一心可以兴邦","民心固结而不可解者也,其它皆不可如是之固也"④。其实,《管子》中这种促使民收养孤儿的善政之举,也是君仁爱之心的情感表达,"仁人者,正其道不谋其利,修其理不急其功"⑤。为使救助孤儿事宜得到落实,国家还专门设立了掌管恤孤事务的官吏,由他们负责并经常巡行查问,一方面了解孤儿的饮食冷暖与身体状况,另一方面及时施惠发放福利,确保孤儿健康成长,"掌孤数行问之,必知其食饮饥寒身之腊胜而哀怜之",这种行为可以为那些战死疆场的士人后代带来国家级的保障。从人性假设认定角度出发,它既可以使逝者安然长眠,又可以激励未来更多士人奋不顾身地战斗,从而为齐国霸业的创建奠定更为坚实的基础。因为这种善政能"给利益相关者带来实惠、好处、快乐和利益或幸福",同时也可"防止利益有关者遭受损害、痛苦、祸患或不幸"。也就是说,"如果利益有关者是一般的共同体,那就是共同体的幸福,如果是一个具体的个人,那就是这个人的幸福"⑥。

表5-3 抚恤孤儿的施惠福利情况表

收养孤儿数量	施惠
1个	家庭免征一子兵役
2个	家庭免征两子兵役
3个	全家免征徭役

其实,国家对幼儿的抚育、孤儿的救助是一种善、一种智。而善是一种道德德性,更是一种明智,"明智似乎离不开道德德性","道德德性也似乎离不开明智","因为道德德性是明智的始点,明智则使得道德德性正确","由于它

---

① 张载.张载集[M].章锡琛,点校.北京:中华书局,1978:62.
② 程颢,程颐.二程集[M].王孝鱼,点校.北京:中华书局,1981:134.
③ 同①21.
④ 同②128-134.
⑤ 董仲舒.春秋繁露[M].张世亮,钟肇鹏,周桂钿,译注.北京:中华书局,2012:338.
⑥ 边沁.道德与立法原理[M].时殷弘,译.北京:商务印书馆,2000:58.

们都涉及感情,它们必定都与混合的本性相关。而混合本性的德性完全是属人的"。"有中等程度的善就可以做高尚[高贵]的事"①,而没有情感的附着,就不可能有善意。从某种意义上说,善意是君民情感型关系的始点。基于人性假设认定分析,没有善意就不可能在君民之间构建和谐、融洽、互动的情感型关系,而"慈幼""恤孤"就凸显了君治国理政中彰显的善意,这无疑有助于君民良好情感型关系的构建。而基于情感维系的君民关系则是持久的、稳定的,因为"仁往而义来,德泽广大,衍溢于四海,阴阳和调,万物靡不得其理矣"②。这说明君对民仁爱讲求情感道义,就会恩泽广大而流遍四海,君民之间的融洽就像阴阳一样和谐,若如是,那么天下大治、人民幸福就没有不合乎道理的。虽然仁是由己决定的,任何一个人只要愿意都能做到,但是做一时之"仁"易,做一世之"仁"难,所以"仁"是"一个宏大而切近的生活准则"③。因此,对那些孤独幼儿的向善救助,是君绝对、具体、必然、特殊、理性的义务,而不是相对、抽象、偶然、普遍、感性的义务,是实善而非伪善。

3.国家将合独接绝视为一种责任

在战事频仍的春秋战国时代,鳏寡之民已成为国家不得不关注的群体。从人性维度出发,如果不解决好这些民的生活问题,那么就会滋生日益严重的社会问题,而解决好了这部分人的生活问题,不仅可以使其安定生活,而且还可以发挥其积极作用,使其繁育后代,为国家称霸战争提供源源不断的兵源。正是基于这种原因,《管子》将合独、接绝视为国家的一种责任。

在合独方面,它积极鼓励鳏寡之人相配合婚,"取鳏寡而合和之",这种善性合独之举对鳏寡之民来说犹如"枯杨生稊",可以激发他们的劳动积极性,使其成为国家发展的重要建设者、社会进步的参与推动者。同时,"老夫而得女妻,则能成生育之功",从而为国家的人口增长作出贡献,"故能复生稊,而无过极之失,无所不利也"④,这就使国家军士有了相对稳定的来源。《管子》还规定鳏寡之民婚配者,不仅给予田宅安家以保障生活,而且三年之后再对他们征役,"予田宅而家室之,三年然后事之"。这不仅体现了君对其与民之间

---

① 亚里士多德.尼各马可伦理学[M].廖申白,译注.北京:商务印书馆,2003:308-311.
② 董仲舒.春秋繁露[M].张世亮,钟肇鹏,周桂钿,译注.北京:中华书局,2012:163.
③ 张岱年.中国哲学大纲[M].北京:中国社会科学出版社,1982:256.
④ 程颢,程颐.二程集[M].王孝鱼,点校.北京:中华书局,1981:840-841.

情感型关系的重视,而且也体现了他重视君民之间这种关系的培养,更为重要的是还凸显了君治国的民本思想,"养民者,以爱其力为本,民力足者生养遂,然后教化可行,风俗可美"①。基于人性假设认定分析,通过对鳏寡之民的善政"合独",就可以使"士无邪行,女无淫事"(《权修》);通过三年免征徭役,就可以将民固化在土地上耕耘,"民不移","民不撼",从而更有利于国君的统治,同时国家未来还可征得更多的赋税与徭役。

在接绝方面,《管子》强调,对那些死于国事或战争之民,让其生前好友或故旧领受国家发放的费用,由其负责对逝者的祭祀,"士民死上事,死战事,使其知识、故人受资于上而祠之",从而使得"死亡赋予了生命以意义",这一善政举措可以极大地激励士人,使其在战场上奋勇杀敌而无所畏惧,血染疆场也在所不惜。君之所以要这样做,是因为"莫乐之,则莫哀之;莫生之,则莫死之"(《形势》),这说明《管子》中要求君治国爱民、布施善政已抓住了人性的弱点。"故德泽加于天下,惠施厚于万物,父子得以安,群生得以育。故万民欢尽其力而乐为上用,入则务本疾作以实仓廪,出则尽节死敌以安社稷,虽劳苦卑辱而不敢告也。"(《形势解》)因此,接绝之举具有一定的爱民、益民、安民思想,具有隐形的保障社会稳定作用,也使一部分民愿意成为"军士",从而为国家强兵提供持续的兵源。

4.国家将"养疾""问疾"作为专项工作

由于任何一个国家、任何一个时代都会有残疾之民,任何人都可能会有疾病情况随时发生,所以《管子》从君民情感型关系维度出发,将"养疾""问疾"列为"九惠之教"的两个专项工作,这实际上是一种积极的治国善政,但是它潜藏有隐形的人性假设认定,尽管当时或许未曾意识到这一点。然而,这种治民之善举,却为当时齐国"富国强兵,称霸诸侯"赢得了更多民心。

在养疾方面,《管子》要求,无论是城邑还是国都均设置"掌养疾"的官吏,对于那些耳聋、眼盲、音哑、腿瘸、半身不遂、双手无力屈伸、生活不能自理之民,由国家在"疾馆"供养,直至其身死为止。"凡国、都皆有掌养疾,聋、盲、喑哑、跛躄、偏枯、握递,不耐自生者,上收而养之疾官,而衣食之,殊身而后止。"这种善政不仅体现了君民之间情感型关系的存在,而且充分呈现了《管子》中

---

① 程颢,程颐.二程集[M].王孝鱼,点校.北京:中华书局,1981:1211.

君治国理政的"爱人以德"①思想和春秋战国时期潜存于社会的道德意识,实际上它还蕴含有国君布施恩泽给众人的价值理念,潜藏有对健康之民有积极影响的人性假设认定。《管子》这种施恩泽的务实举措,在当时社会人口不是很多的时代,对境外之民具有强大的吸引力。因为亲善境内的国民,无形之中就能招来远处异国之民,而君民欲望趋于一致,国家的仁义恩惠就能通行天下,"亲近来远,同民所欲,则仁恩达矣"②。这种治国理念与实践即使在今天一些发达国家也未达到如此程度。

在问疾方面,由于国君事务非常繁忙,不可能事事皆躬身过问。为了构建和谐融洽的君民情感型关系,《管子》推出了向善治国之策,在城市、国都设置"掌病"官吏,由其代表君专职巡行国内慰问病人,"凡国、都皆有掌病","掌病行于国中,以问病为事"。这种方式之所以行得通,是因为情感"能通过一种细微的关系而呈现自身",实现"从一种情感到另一种情感的转移"。对于民本治国之君来说,这种转移对情感而言是绝对必需的,"因为在这种关系中的每一种变化都会导致情感的相应变化"③。正是这种原因,《管子》对这类官吏提出了具体而又翔实的工作要求:对于那些有病的士民,"掌病"可以以君的旨意进行慰问,"士人有病者,掌病以上令问之";对于那些病情严重的士民,他们则要上报国家,君亲自去慰问,"疾甚者,以告上,身问之";对于那些70岁以上不同年龄段的老人和一般病人,明确规定不同的慰问时间间隔(见表5-4),"九十以上,日一问;八十以上,二日一问;七十以上,三日一问;众庶五日一问"。官吏慰问老人的差异化时间间隔符合一定的道德规则,而"如果道德规则是合理的,那么他们必然对所有理性的存在者都是一样的,恰如算术规则那样"④,"人情欣畅之极也,可以得人情焉"⑤,体现了君爱民之深切,"深切如此,钦服!钦服!"也迎合了君成就霸业亟待得民心的需要,"民心所从,多所亲爱者也",而基于人性假设认定,"爱之则见其是,恶之则见其非"。倘若没有如此爱民善举,那么民心就难以凝聚。一旦"民心离散",那么他们将会"不

---

① 张载.张载集[M].章锡琛,点校.北京:中华书局,1978:42.
② 董仲舒.春秋繁露[M].张世亮,钟肇鹏,周桂钿,译注.北京:中华书局,2012:162-163.
③ 休谟.人性论[M].石碧球,译.北京:中国社会科学出版社,2009:204-215.
④ 麦金太尔.追寻美德:道德理论研究[M].宋继杰,译.南京:译林出版社,2011:56.
⑤ 王夫之.四书训义:二[M].长沙:岳麓书社,2011:90.

从其上"①。虽然这种"人国之问"没有给那些老人提供具体的经济支撑、医疗保障,但是它可以使老人受到尊重、得到关怀,更不会遭受遗弃与虐待,在当时社会物质整体匮乏的情况下,能够给年迈老人如此细微关照,实乃令人钦佩,即使今天的发达国家也难以望其项背。

表5-4 慰问老人及病人时间间隔简表

年龄段	间隔时间
90岁以上	1天1次
80岁以上	2天1次
70岁以上	3天1次
一般病人	5天1次

5.国家将"通穷""振困"当作重要任务

穷困是一种社会现象,而如何消除民的"穷"与"困"则是君治国理政的一个共性难题。只不过,基于不同的人性假设认定,不同时代不同统治者对这两个问题的认识不同,采取的措施也会千差万别。

在通穷方面,为了打造君民命运共同体,《管子》要求在城市、国都设置"通穷"的官吏。如果有贫穷夫妇没有居处以及贫穷宾客没有粮食,那么其所在的乡里需要及时报告,为了积极鼓励这种上报行为,还由国家给予相应的赏赐;而其所在的乡里隐瞒不报的,则给予一定的惩罚,"凡国、都皆有通穷,若有穷夫妇无居处,穷宾客绝粮食,居其乡党,以闻者有赏,不以闻者有罚",这里实际上潜藏有无形的人性假设认定。通过这种赏罚举措,可以使《管子》"祛穷之法"的善政有效落地;通过这种关心贫民的住处,并予以相应的解决办法的,是"将君的爱浇灌在民的心里",而"爱总是伴随一种使所爱者幸福的欲望"②,从而使民产生幸福感;通过关照没有粮食吃的贫穷宾客,使其眷恋留在齐国的生活,甚至在这类民的影响下,会吸引更多的境外之民到齐国来,这对称霸企求人多,无疑是一种非常有效的办法。其实,《管子》的"通穷"思想是希冀在君民之间建立一种牢固的情感型关系,而任何情感"不论似乎与人性离得多远,它们总是会通过这样或那样的途径回到人性"。③ 诚然,《管子》使贫穷夫

---

① 程颢,程颐.二程集[M].王孝鱼,点校.北京:中华书局,1981:599-785.
② 休谟.人性论[M].石碧球,译.北京:中国社会科学出版社,2009:257.
③ 休谟.人性论[M].关文运,译.北京:商务印书馆,1980:1.

妇有居处、贫穷宾客有粮吃，无疑会增加他们的幸福感，拉近君民之间的情感距离。但若君民离开了这种情感型关系，那么君的"通穷"善政何以实现？因此，君民之间持续维系的情感型关系，在君善政由理念付诸实施中发挥着不可忽视甚至不可估量的牵引作用，它将消弭君民之间的无形距离。从某种意义上说，情感型关系渗透于君的善政之中，因为情感型关系对君治国善政的推行具有有形或无形的影响。

在振困方面，每当年景不好时，外出务工之民便会增多，而他们时常会身患疾病，在当时医疗事业不发达的情况下，这些民经常会有死亡之事发生，"岁凶，庸人訾厉，多死丧"。为了帮助灾荒之民渡过生活困难时期，为了构建和谐的君民情感型关系，《管子》要求统治者施行善政，开仓放粮以赈济百姓，使得饥者有食，"散仓粟以食之"。基于人性假设认定，这样就能在君民之间编织一个情感之网，而一切积极情感对于人性来说总是或多或少地有些正向影响，从而使那些饥民之家人性趋善，"则民耻于不善，而又有以至于善也"①，进而有利于治国理政安民。这也说明《管子》民本治国思想中的情感元素与西方的宗教情感是完全不同的，因为后者从一开始就是建立在虚无基础之上的，具有出世与入世的双重色彩，体现为"直接的或自然的伦理精神"②。而《管子》中构建的君民之间情感型关系，则有能使民切实体会得到、感受得到的物质予以支撑，是有迹可循的，而不是虚无缥缈的。此外，为保障国家军事实力，《管子》要求宽缓刑罚、赦免有罪之民，"弛刑罚，赦有罪"，这一方面可使民感受到君的恩泽，基于人性假设认定，"民虽众，毕竟只是一个心，甚易感也"③；另一方面也可使国家兵源充足，无疑是齐国实现"九合诸侯"的实力保证。

综上所述，《管子》中爱民的"九惠之教"以养民、育民、恤民的形式呈现，以"老老""慈幼""恤孤""养疾""合独""问疾""通穷""振困""接绝"的理念表达，以社会福利的形式来推行，体现了内容的合理性、形式的多样性，从而将目的理性与价值理性全面统合起来，把实质性的善与形式的善有机结合起来，既讲究伦理又重视道德，这样民受君向善情感的驱动，就会更加支持、拥戴他。

---

① 张立文.朱熹评传[M].长春：长春出版社，2008：66.
② 黑格尔.精神现象学：下[M].贺麟，王玖兴，译.北京：商务印书馆，1979：8.
③ 同①53.

因此,"九惠之教"绝不是管仲治国"纯粹的权宜之计"①,而是从民本思想出发的"爱民之道",是让民安乐幸福的"快乐清单"。"我们说快乐是幸福生活的开始和目的。因为我们认为幸福生活是我们天生的最高的善,我们的一切取舍都从快乐出发;我们的最终目的乃是得到快乐,而以感触为标准来判断一切的善。"②毋庸置疑,如果一个国家让鳏、寡、孤、独、废疾者甚至老幼之人,长期处于凄惨的生活境地,"则简直是不可思议的"③,所以无论国家资源在多大程度上受到约束,作为治国理政之君都应考虑民的生存问题,这是"最基本的善"。"九惠之教"虽然受益者是少数之民,但是它与"适合于最少受惠者的最大利益"④原则是相通的。一言以蔽之,管仲通过上述务实举措,可以使民老有所尊、幼有所养、孤有所助、病有所医、鳏寡有合、穷困有济、绝有所接。通过相关官吏的工作开展,可以使君的爱民之心无时不有,爱民之情无所不在,恩惠泽被民众无所不及,这样就会使"民归之如流水"(《霸形》),自然能达到"以天下之目视、以天下之耳闻、以天下之心虑"的理想目标。这也为齐桓公后来能成为"春秋五霸"之一赢得了"人和"支持。

5.1.4 赈济救助

自古以来,统治者都重视对被统治者布施善政——赈济救助。昔日夏禹、商汤在位时分别有五年水灾、七年旱灾,人民没有饭吃以至卖儿鬻女。为了帮助那些贫困之民,"禹以历山之金铸币""汤以庄山之金铸币"(《山权数》)来赎救。尽管管仲借鉴了禹、汤的赈济救助办法,但是又远远超出了他们的举措。因为他从"己欲施人"理念出发,对贫民施以多元化的赈济、救助善举,在君民之间培养了一种道德向善的情感型关系,形成了有效赈济贫困民众、及时进行社会救助的特色思想,亦呈现出后世人性假设认定的因子。

1.国家赈济

国家赈济是《管子》中对贫困之民布施善政的重要形式。除了前文《入国》篇"九惠之教"中国家施予的赈济救助之外,君还在贫民处于困境之时施

---

① 罗尔斯.政治自由主义[M].万俊人,译.南京:译林出版社,2011:147.
② 陈锦华,等.功利与功利观[M].北京:人民出版社,2014:85.
③ 同①31.
④ 罗尔斯.正义论[M].何怀宏,何包钢,廖申白,译.北京:中国社会科学出版社,2009:6.

于其他方面的赈济,不只是出于积极的人性向善和无形的人性假设认定,更"不是出于高尚[高贵],出于逻各斯,而是出于感情"①,所以在国家赈济时,君民之间情感型关系被体现得淋漓尽致。

《管子》认为,赈济贫困之民是治国理政的一项重要工作,"路有行乞者,则相之罪也",所以它明确要求国家应赈济"孤子""老鳏""老寡",使他们能够依靠官府生活。无论他们能做事或不能做事,都应按其自报的条件进行供养而不可遗弃,"食如言而勿遗",并要求相关官吏严格执行、尽职尽责,"多者为功,寡者为罪"(《轻重乙》),不得有任何遗弃行为,确保鳏寡困难老人基本生活得到保障。为保证这种善政得到实施,《管子》要求国家拿出40倍的粮食来赈济、收养或照顾,使孤儿寡妇、贫病之人、穷而无子的孤老不至于被迫卖身为奴或死于沟壑,"靡得相鬻而养之,勿使赴于沟浍之中",这直接带来了称霸征战时"士争前战为颜行,不偷而为用,舆死扶伤,死者过半"(《轻重甲》)的结果,这就是国君爱民呈现的最佳效果。由此可以看出,国家赈济已成为《管子》民本治国的一个重要情感观念,而"每一种活泼的观念都是令人愉快的,尤其是一种情感的观念"②,所以一次及时的国家赈济,使贫民从中获得的善远远超过君对他们视而不见所造成的恶。其实,赈济不是在善恶之间进行选择,而是基于人性假设认定"依据善恶进行选择的选择"③。从某种意义上说,只有依据善恶法则,从人性向善维度出发,国家才能实施这些务实的赈济。

除了国家直接赈济外,《管子》还要求国家在民生产生活困难时给予及时救助。一是对于那些遭遇严重自然灾害的贫民,在他们生产生活最困难的时候,"飘风暴雨为民害,涸旱为民患,年谷不熟,岁饥,籴贷贵,民疾疫",国家应施以援助之手。从人性人假设认定维度审视,结合治国善政要求,国家及时救助他们,可以使其在将来更好地发挥勤耕作用,"牧民者发仓廪、山林、薮泽以共其财,后之以事,先之以恕,以振其罢"(《小问》),这不只是一种善政,更是一种情感表达,在这里潜藏有这样一种思想,即君把对民的关爱情感施加于民,就可以与民的情感产生共鸣,从而"更能引起那种心情的明显改变"④,更

---

① 亚里士多德.尼各马可伦理学[M].廖申白,译注.北京:商务印书馆,2003:85.
② 休谟.人性论[M].石碧球,译.北京:中国社会科学出版社,2009:247.
③ 麦金太尔.追寻美德:道德理论研究[M].宋继杰,译.南京:译林出版社,2011:51.
④ 同②242.

能产生激励作用,更能将人性的潜能发挥出来;二是对于那些无本经营农业的贫民,《管子》要求,国家要贷与土地、钱币,这样就会没有懒惰和失掉农时的百姓,"民之无本者贷之圃强。故百事皆举,无留力失时之民"(《揆度》),国家也预借钱给那些无本养蚕之民,供他们买口粮和养蚕的工具,"阳春,蚕桑且至,请以给其口食筐曲之强"。这种救助实际上是从人性假设认定出发,将民的本性视为喜欢而不是厌恶劳作,如果给予适当机会与条件,他们会发挥其才能,积极进行社会生产,这样既满足他们自己的生活,又为社会创造财富,还可使国家对丝的征收减少一半,"若此,则絓丝之籍去分而敛矣"(《轻重甲》)。诚然,这也是两类贫民期待的国家善政,更是构建和谐融洽的君民情感型关系的最佳时机;三是对于那些耕种下等山地的农户,《管子》认为,在粮价上涨之前,国家应贷款接济其不足,使其不至于损失过度,"山田以君寄币,振其不赡,未淫失也"《山国轨》。这种救助实际上是一种正义之举,既有救助那些耕种下等山地的农民的潜存意识,又有治国益民、安民的人性成分,还体现了君在治国理政过程中对民存有的那份朴素情感。诚然,君也"在为穷人做好事中,寻求自己的快乐"①,从一定程度上说,这种国家救助能够增进民的福祉、减少他们的痛苦。而增进福祉、减少痛苦则是君施以国家救助的"唯一终极价值或'善'",所以君对贫民的救助就在于促进这种"善"——"最小少数人的最大幸福",毕竟能获得国家贷款接济的贫民是少数。因此,对于君来说,如他对民施予的救助"没有增进或不会增进幸福的总量,那么就是浪费",不具有任何实质性意义。

总之,管仲通过国家赈济与救助的方式,既解决了贫民衣食的燃眉之急,又培养了他们自救能力;既解决了他们的现实困难问题,又破解了他们的未来发展难题,还在君民之间建立了一种互动的情感型关系。为了使君爱民之道落到实处,管仲还在每州设置一主管官吏,由他们负责在每个里内存储粮食,"使州有一掌,里有积五宾",然后通过他们对那些纳不起税的贫困之民给予长期借贷,对那些无力埋葬死者的贫困之民给予安葬费用,"民无以与正籍者予之长假,死而不葬者予之长度"(《轻重甲》),从而使饥得食、寒得衣、死得葬、穷得济,这样天下之民就会纷纷归附齐国,从而为强兵提供更多更为优质

---

① 康德.实践理性批判[M].邓晓芒,译.北京:人民出版社,2003:47.

的兵源。管仲在这里汲取了先王商汤赈济救民的思想,并作了一定发挥。他不仅像商汤一样储备粮蔬,关注"饥、寒、不资"三类民,而且还重视逝者,旨在进行情感型关系的构建,同时也蕴涵有人性假设认定思想因子,注重培养民的自救能力,从而使其爱民的善政更为具体、情感表达更为真切。

2.社会救助

社会救助是动员各种力量赈济贫民的一种手段,它充分体现了功利治国与情感道义的有机统一。《轻重丁》以万民福祉为导向,通过表彰式、重礼式、计谋式、调控式为国去危存安、为民兴利除害,达到治国理政目的。

表彰放贷者式。基于峥丘战役使许多百姓借债负息满足国家急需而后生产无法恢复情况,《管子》认为,国君应对当时那些放债人家予以表彰,并将其大门粉刷成白色、里门加高,同时派八名使者送去玉璧聘问。放债者无不感激涕零,俯首叩问得此厚礼原由,"寡人有峥丘之战,吾闻子假贷吾贫萌,使有以给寡人之急,度寡人之求,使吾萌春有以倳耜,夏有以决芸,而给上事,子之力也"(《轻重丁》),现在战事结束了,所以君让使者带着各种玉璧来送给你们作为微薄的零用,你们也等于百姓父母了。放贷者闻听此言,旋即毁掉了债券、借债文书,献出他们的积蓄与财物以赈济贫病之民,"称贷之家皆折其券而削其书,发其积藏,出其财物,以赈贫病"。这就是《管子》中运用表彰之法发动社会力量进行从善救助的成功举措,这与亚里士多德"对在钱财上受损的人就要给他们以荣誉"的思想不谋而合。基于人性假设认定,任何一个尽力回报所受恩惠之人,都应被看作是道义之人,"欠债者应当还债",而这类贫民无论如何都无法还清君给他们的恩惠——"情感之债"。因为君促进债权人"免除负债者的债务",所以民作为受惠者"永远是个负债者"①。但是,这样却使君民之间的关系更为融洽,从而产生一种和谐共振,"与此同时,激起另一种情感"②,民心甘情愿、持续不断地回馈国君而毫无怨言。

重"礼"引导大夫式。有许多大夫隐藏他们的财物,不愿意拿出来给贫民使用;粮食即使腐烂了,也不愿意散给贫民食用。于是国君召见城阳大夫,从人性情感出发,谴责其姬妾都穿着精致的丝绸,鹅鸭之类的动物都有吃不完的

---

① 亚里士多德.尼各马可伦理学[M].廖申白,译注.北京:商务印书馆,2003:257.
② 休谟.人性论[M].石碧球,译.北京:中国社会科学出版社,2009:211.

饲料,甚至"齐钟鼓之声,吹笙簧",而同姓却进不了他的家门,伯叔父母、远近兄弟也都饥不得食,寒不得衣;从人性向善角度,直斥城阳大夫未能尽忠,并要求他不要再来面君,"子欲尽忠于寡人,能乎? 故子毋复见寡人"。如果大夫们不改变这种情况,国君将会采取一系列严厉措施,从免掉爵位到封禁门户直至不许外出。这样一来,功臣之家都纷纷拿出积蓄、财物,去救济远近兄弟,收养那些贫、病、孤、独、老等不能自给之民,使他们生计有着落,"功臣之家兄弟相戚,骨肉相亲,国无饥民",这就是桓公推仁立义、动用社会力量进行积极救助的结果,也是国君立足于平等待人、"推己及人"之上的"己欲立而立人,己欲达而达人"①的情感型道义互助,所以情感道义不是独立于人的行为或感情之外,"不是一个形而上学的价值或规范",而是以民为中心充满一定情感的向善行为,是国君爱民思想的直接体现。从某种意义上说,蕴含情感的道义是内化于人且随着人的活动而展开的秩序或准则,它的内在性强化了国君以民为本的治国理念,这样他就能因弘扬富有情感的道义而使民享受实惠与恩泽,从而赢得他们的拥护、爱戴与支持,"人能弘道,道亦能弘人",而不是"人能弘道,非道能弘人"②。这说明正向积极的道义可以为统治者所干预和引导,"没有人会自愿地抛弃个人的财物。但是,为了拯救自己和同伴,头脑健全的人就会这样做"③。朱熹认为,"并非人人皆可以为尧舜,但是必须贯彻圣人之道"④,"积善之家,必有余庆;积不善之家,必有余殃"便充分说明了这一点。"仁以行之"⑤"仁义为先,而不以功利为急"⑥凸显了君民之间情感型关系的无形维系。当一项施政措施增进贫民"幸福的倾向大于它减小这一幸福的倾向时"⑦,就会实现君民之间的情感耦合,从而产生其乐融融的局面。因此,这种社会救助,不仅是一种人性之善,而且是一种美德,而"某些美德只能为那些家产万贯者和身居高位者所有,有些美德是穷人所不可企及的,即使他是自由

---

① 中国孔子基金会,等.中国梦与儒家文化[M].济南:齐鲁书社,2014:141.
② 田浩.功利主义儒家:陈亮对朱熹的挑战[M].姜长苏,译.南京:江苏人民出版社,2012:133-134.
③ 亚里士多德.尼各马可伦理学[M].廖申白,译注.北京:商务印书馆,2003:59.
④ 同②139.
⑤ 张载.张载集[M].章锡琛,点校.北京:中华书局,1978:79-82.
⑥ 朱熹.朱熹集[M].郭齐,尹波,点校.成都:四川教育出版社,1996:3935.
⑦ 边沁.道德与立法原理[M].时殷弘,译.北京:商务印书馆,2000:59.

人也不例外。而这些美德在亚里士多德眼里乃是人类生活美德的核心美德"①。管仲还要求国君下令让富豪之家以现金与实物的方式贷给农民，收取低息或无息，在民遭灾严重之年，还劝其不要索还本金。桓公这种社会救助之举，虽然蕴含有富豪之家"某种参与其间的愉快和不愉快的情感"，因为他把"别人的钱和财物用在这方面，对他来说就像用他自己的一样"，但是达到了治国理政应然的道义目的，使贫困之民有了最低生活保障。从这种意义上说，《管子》中的社会救助"就是绝对的、在一切方面都善的"②施政行为。

"枝兰鼓"计谋式。贫富不均是社会存在的客观事实，在商贾资本占优势、高利贷资本极为猖獗时期，国家根本不可能完全消除这"两类资本"。基于人性假设认定维度审视，国家只能像疏通洪水一样，因势利导，采取有效措施，适时遏制商贾或高利贷者的兼并扩张势头，并以"四维"的教化力量导引，从而渐趋解决贫富不均的问题。据《轻重丁》篇记载，齐桓公欲向富商蓄贾、高利贷者兜售价值万钱的"枝兰鼓"花纹美锦，从情感型关系出发，替贫民偿还本息，消除他们的债务负担，帮助其维持生产。为了使这种社会救助更有针对性，管仲请求桓公派出了宁戚、鲍叔、宾须无、隰朋四人分别到东、西、南、北四方，调查了解民众生产、生活与放贷、借贷情况。在全面掌握境内借贷情况后，桓公召见并设宴招待高利贷者，但是要求前来朝拜贺献的都须献上织有"枝兰鼓"花纹的美锦，而此前其价格已上涨十倍，国君在"栈台"所藏同类织锦价格也随之飙升。桓公在宴席上首先表扬了这些高利贷者，是他们将钱、粮借给贫民，才使国家纳税任务得以完成。紧接着说自己藏有市场紧俏稀缺之物，欲用它来为贫民偿还本息。高利贷者颇为感动，都俯首下拜并把债券捐献于堂下，国家拿出栈台不到三千纯的织锦，便替四方贫民清偿了他们的债务本息。这一有针对性的救助善举，直接激发了民众生产的积极性，"四方之萌闻之，父教其子，兄教其弟曰：'夫垦田发务，上之所急，可以无庶乎？君之忧我至于此！'"这说明君民的情感型关系是互动的，"凡众者，爱之则亲"（《版法解》），"待以忠爱，而民可使亲"（《五辅》）。因为感恩是中华民族的传统美德，更是人类良知的真实表达，从"乌鸦反哺，羔羊跪乳"到"滴水之恩，当涌泉

---

① 麦金太尔.追寻美德：道德理论研究[M].宋继杰，译.南京：译林出版社，2011：231.
② 康德.实践理性批判[M].邓晓芒，译.北京：人民出版社，2003：8-47.

相报",从姜尚感念文王知遇之恩到韩信报答漂母"一饭千金",无不折射出人性的道德良心。从一定程度上说,君对民施以仁,民对君报以义,前者以人性为基点,是君个体的道德爱民;后者以善性为支点,是民报答君的群体归属。一旦民对君有了知恩之心,他们的心中就会多一些阳光,少一点阴霾,从而使社会充满正能量;一旦民对君有了谢恩之意,他们的境界就会多一些高尚,少一点低劣,从而使社会整体积极向上。因此,君有涵养仁义的精神道统,"质(挚)于爱民","泛爱群生",民才会有归属基因的延伸,这也是"仁民爱物"思想的衍生。

地区税收调控式。据《轻重丁》描述,齐国西部发生水灾,民众遭遇饥荒,粮价极度上扬,达到 100 钱/釜(20 钱/鎘);而东部风调雨顺,五谷喜获丰收,粮价非常低廉,只有 10 钱/釜(2 钱/鎘)。针对这种情况,国家推出了积极的善政——利用东部极低粮价来补助西部高企粮价,"令籍人三十泉,得以五谷菽粟决其籍",也就是要求用粮食折合缴税 30 钱/人。由于两地粮食价差悬殊,西部民众按 3 斗/人缴纳粮食就可以完税,而东部民众则需按 3 釜/人缴纳,才能有效完税。国家通过这种形式筹集了大量粮食,不仅使"西之民饥者得食,寒者得衣",解决了贫民的燃眉之急衣食问题,而且施行"无本者予之陈,无种者予之新"政策,使东西两地得以相互补助,远近各方得到调节。这说明国君具有一定的恻隐之心,"不忍饿一国之民,使之相食"①,具有一定的正义性,而"正义是社会制度的首要德性"。同时也说明当时齐国的社会治理良好,因为"一个社会当它不仅旨在推进它的成员的利益,而且也有效地受着一种公共的正义观调节时,它就是一个良序的社会"。从某种意义上说,《管子》中这种互补式的社会救助也是其"在反思的平衡中'深思熟虑的判断'"的结果,是一种积极的善政。"一个施善行为提高另一个人的善,而一个慈善活动是出于另一个人应当获得这种善这样一种欲望而做出的"②,东西部互补式的社会救助就类似这样一种施善行为。当然,这样的君民情感型关系也更为真实,国君"认百姓是自家百姓",而不是"视民如禽兽,丰年犹多饥死者"③。诚然,社会救助既有恒定性又有变通性,"变用于变,常用于常,各止其科,非相仿

---

① 董仲舒.春秋繁露[M].张世亮,钟肇鹏,周桂钿,译注.北京:中华书局,2012:54-316.
② 罗尔斯.正义论[M].何怀宏,何包钢,廖申白,译.北京:中国社会科学出版社,2009:3-346.
③ 张立文.朱熹评传[M].长春:长春出版社,2008:66.

也","一曲之变,独修之意也"①,才能更好地发挥善政的传导性、情感的延续性,使君民的善性皆能在时间上延展、空间上存续,从而产生一种长期的互动愉悦。

尽管《管子》的赈济救助思想不可能使天下所有无助之人和贫困之人都得到全部解决,但是它体现了君民之间情感型关系的存在,能使一部分民受益,已是难能可贵,也与治国理政的实践规则相吻合。而"实践的规则任何时候都是理性的产物,因为它把行动规定为达到作为目的的效果的手段",只不过"这种规则对于一个不完全以理性作为意志的唯一规定根据的存在者来说是一种命令"②,因为对于那些富商大贾、高利贷者来说,在人性假设认定视阈下分析,桓公的社会救助违背他们的意愿,具有一定的不公平性,但是他能爱护贫民像爱护自己孩子一样时,"如保赤子",就非常值得尊敬。其实,《管子》的赈济救助旨在达到"最小少数人的最小痛苦"目标,符合"最贫困人最小痛苦原理",因为它确实能够减少一部分民的痛苦,增进他们的幸福。在春秋战国时期,能有如此"两最"思想,并创造出一部分民的"幸福",不能不让人钦佩,所以它开创了国家赈济与社会救助的先河,具有划时代意义。尽管如此,《管子》的爱民思想因受时代所限,仍具有一定的历史局限性。因为它的终极目的是用民,"计上之所以爱民者,为用之爱之也"(《法法》),这也说明了它的国家赈济与社会救助不仅仅是为了构建君民情感型关系,而且还具有一定的功利性。这种爱民有时会没有意义,因为它会不惜毁坏法度、削减命令,达到君治国理政的目的。当然,它也强调不能过分役使民力,"用力苦则劳"(《版法》),这样事情就不会做得完善,"事不工而数复之"(《版法解》)。赈济救助是《管子》民本治国不可或缺的一部分,是当时齐国赢得民心的重要原因之一。

5.2 益民之略

益民是君民本治国的重要内容之一。其实,行益民之事在中国古代早已出现,只不过他们益民的方式因人性的时代需求不同而有所差异。从神农氏

---

① 董仲舒.春秋繁露[M].张世亮,钟肇鹏,周桂钿,译注.北京:中华书局,2012:54.
② 康德.实践理性批判[M].邓晓芒,译.北京:人民出版社,2003:2-23.

时期"以粮食益民"到燧人氏时期"以熟食益民",从黄帝时代"以驱兽益民"到舜禹时代"以治水益民",充分体现了不同时期的善治益民形式。随着人类历史演绎到《管子》时期,它推出了"德有六兴""兴利除害""均地分力"等举措,足见其益民思想之丰富,也蕴涵了君治国为民的情感元素。

5.2.1 德有六兴

"德有六兴"(《五辅》)是《管子》推出治国善政的重要方略,从救民之危急到解民之穷困,从给民输送财货到向民提供便利,从改善民众生活到实施宽大政治,无不体现国君充满情感、人性向善的治国益民之略。

第一,国家有救民危急的责任,"匡其急"。这是统治者人性的本能,也是其善政的体现。基于人性假设认定维度,从构建君民情感型关系出发,国家应在敬养老人、慈恤幼孤、救济鳏寡、关心疾病、吊慰祸丧方面做出努力,必要时进行救急,确保老弱不因危急情况发生而被遗弃,"养老弱而勿通"(《幼官图》),切实将君对民的疾病关心、祸丧吊慰付诸行动,全面增进君民的情感型关系。这种德政彰显了君治国理政"己欲施人"的理念,也是《管子》主张对内施行仁义的体现。其实,它主张对外也推行这条德政,认为国家应采取措施保全亡国,安定其危局,让绝世得以继承,从而赢得天下拥戴、诸侯亲附、百姓赞誉,"存亡定危,继绝世,此天下之所载也,诸侯之所与也,百姓之所利也"(《霸言》)。在宋国成功讨伐杞国与狄人攻取邢、卫后,齐国收留并封赐了三个亡国之君,杞、邢两国都得到了一座城池、百乘兵车和千名甲士,卫国得到了一座城池、五百兵车、五千名甲士。这充分表现了桓公治国人性向善的博爱情怀。虽然在这个过程中齐国失去了一些有形财富,但是它也得到了诸多无形东西,为其霸业目标的达成奠定了仁义之基。

第二,国家有解民穷困的责任,"振其穷"。这是君治国益民情感的直接表达。《管子》认为,贫民冬天缺衣御寒,国家应提供衣服;贫民缺水缺粮,国家应提供饮食;贫民家业破败,国家应给予资助。这条德政实际上潜存有对民的人性假设认定,因为它认为君满足了民的现实需要,在他们渡过生活难关之后,个体的主观能动性就会发挥出来,从而为国家的发展、社会的进步作出贡献。正因为如此,君才非常关心民的衣、食与贫困情况,所以管仲在回答桓公关于管理国家如何统计的询问时说,要掌握"某乡田若干,食者若干""田若干,人若干,人众田不度食若干""田若干,余食若干"(《山国轨》)等,这些饱含深情的对答,凸显了君治国为民的善政倾向。它明确提出了预防穷困的具体举措:一是"人患饥",如果君轻征税赋,"上薄敛焉",民就不会滋生穷困,"则人不患饥矣";二是主张日用节俭,"节饮食,撙衣服,则财用足"(《五辅》),这样就会减少穷困之民;三是君举事有时间限定,"举事以时,则人不伤劳"(《霸形》),这样就不会增加民的穷困。

第三,国家有为民输送财货的责任,"输之以财"。这不仅是治国益民的方式,也是善政利民的形式。《管子》认为,要引导民众开发潜在财源、疏通积滞物产、修通境内道路,以便于商业发展,这实际上是在无形应用人性假设认定思想;而教化民众注意迎来送往,以促进商业繁盛,则是将民众作为"社会人"看待。由于山林、沼泽、草地是出产柴薪和牛羊等祭祀用物的地方,所以要允许民众到那里去开发,去追捕渔猎,这是一种有效引导民众开发潜在财源之举,也是君对百姓情感大爱的务实体现,"山林、菹泽、草莱者,薪蒸之所出,牺牲之所起也。故使民求之,使民藉之,因此给之。私爱之于民",这条德政会促进君民之间结成像弟之于兄、子之于父的那种情感型关系,"然后可以通财交殷也"(《轻重甲》),这样,"草封泽盐者之归之也,譬若市人"(《戒》)。所以《管子》要求,山林水泽要按时开放封禁,不征赋税,"泽梁时纵"(《霸形》),"山林梁泽,以时禁发,而不正也"(《戒》)。《管子》这种益民思想不仅在齐国实施而且推广到境外,桓公四会诸侯时明确提出,"修道路,偕度量,一称数;毋征敷泽,以时禁发之"(《幼官图》)。时至今日,"修道路"这条德政仍在继续发挥作用。

第四,国家有为民提供便利的责任,"遗之以利"。这是从德治维度出发实施的一种善政。《管子》认为,国家要引导民疏浚积水,修通沟渠,挖通回流浅滩,清除泥沙淤滞,打通河道堵塞,注意渡口桥梁。这条德政虽历经千年洗礼,但是至今仍在世界各地推演。通过疏浚积水,可以消除农业生产内涝的潜在威胁;通过修通沟渠,可以缓解干旱季节的旱情;通过清淤通堵,可以便利农业的灌溉;通过保证渡口桥梁完好,可以方便民众出行。这条德政措施,看似主要为农民提供方便,实则是在为所有的"国之石民"服务,他们都在有形无形地受益。因为没有内涝与干旱,农业又得到及时灌溉,再加上风调雨顺,就会五谷丰登,这样士、农、工、商"四民"的生活用粮就有保障,从而生活水平就会得到切实提高,这是君治国理政为民、益民的务实之善,也折射出君爱民的那份质朴情感,更将民众勤而不懒的那种人性假设认定发挥到极致。因为它既有利于社会再生产过程的循环演进,又有利于社会和谐关系的构建,还有利于"富国强兵,称霸诸侯"战略目标的实施。因此,《管子》的"遗之以利"看似解决民的时下难题,实则在为民、为国谋划长远利益。

第五,国家有改善民生活的责任,"厚其生"。这是一条治国的积极善政。《管子》认为,国家要督促民开辟田野,鼓励他们精耕细作,激励他们科学种植,适时建造住宅、修缮房屋,对士民进行劝勉,这说明国君对士、农等民的重视和他对农业生产的关注;君春天外出巡察,应调查农事上经营困难之民,给他们提供亟需的帮助,"春出,原农事之不本者,谓之游",这既发挥了民性勤劳的假设认定,又体现了统治者的人性之光;君秋天外出巡视,应询问民之生活不足情况,有针对性地予以补助,"秋出,补人之不足者,谓之夕",这无疑有助于改善民的生活,从而增大民对君的依存度,加深君民情感型关系。这样,虽然"人患劳",但是"上使之以时,则人不患劳也"(《戒》)。其实,在春秋战国时期,《管子》就已看到,基础设施建设是国家富裕的一种重要手段,桓公将其付诸实践,从而使齐国走向了富裕之路,"实圹虚,垦田畴,修墙屋,则国家富"(《五辅》),他还把这种德政措施推行到境外,桓公在三会诸侯时提出,"毋乏耕织之器"(《幼官》),以保证民种田、织布的社会生产正常运行,进一步凸显了其仁政治民的善性。

第六,国家有实施宽大政治的责任,"宽其政"。《管子》认为,国家要向民薄征租税、轻收捐赋,宽恕他们的诸多小过,对犯罪之民也要宽减刑罚甚至赦免罪犯,这实际上是从人性向善维度出发的德政举措。对于那些积极之民、正常之民来说,这条德政将会增进君民的情感型关系。所以它积极主张减轻民众赋税负担而不苛索,从"使税者百一钟""关讥而不征,市书而不赋"(《霸形》),到"关几而不正,市正而不布"(《戒》),再到"薄赋敛,缓使令"(《正世》),这里仅让民缴纳1%的税,足见其爱民之心、益民之意!特别是"轻其税敛,则人不忧饥"(《霸形》),则潜藏有让利于民、助民致富思想,蕴含有君对民的情感因子。宽大德政思想实际上是基于人能够抑恶扬善的人性假设认定,"薄税敛,毋苟(苛)于民"(《五辅》),"老弱勿刑,参宥而后弊"((《戒》)),"孤幼不刑""缓其刑政"(《霸形》),"轻刑政,宽百姓"(《正》),这些对后世乃至今天仍颇有影响。

综上所述,《管子》的六条德政"若网在纲,有条而不紊"①。基于人性假设认定角度分析,如果全面得到落实,就会出现君有所行动则民无不从命、君平时无事则君民之间也没有分歧的情状,"动而无不从,静而无不同"(《幼官图》),有利于构建和谐融洽的君民情感型关系。因为它既为民的生产创造了有利条件,又改善了他们的生活环境,还提高了他们的生活质量,"六者既布,则民之所欲,无不得矣"(《五辅》),从而使君达到被"康德称之为德性的最高桂冠"②。尽管"德有六兴"有一定的政治目的,而"不一定是出于全部的道德目的"③,但是它的善政确实给民带来了诸多益处。从某种意义上说,具有给"最大多数人带来最大幸福"的潜意识。

5.2.2 兴利除害

兴利是向善益民的,但除害则更为益民。因为不兴利,民不一定遭遇危害;而不除害,则民会遭受更为惨重的损失。《管子》认为,"得道而导之,得贤而使之,将有所大期于兴利除害"(《法法》)。在人性假设认定视阈下,基于君民情感型关系考虑,在为民除害过程中,任用贤才能够为善而不为恶,这样才能"德泽加于天下,惠施厚于万物","父子得以安,群生得以育",衍生的直接结果是"万民欢尽其力而乐为上用""入则务本疾作以实仓廪,出则尽节死敌以安社稷,虽劳苦卑辱而不敢告也"。因此,治国理政之君"必为天下致利除害"(《形势解》),"所以为仁也"④,他也会因此而泽被后世。

1.务实兴利

务实兴利是当时基于人性假设认定推出的善政创举,也是一项增进君民情感的有效策略,并以设立宾馆驿站、建立国标确保诚信、采取措施保护环境、未雨绸缪兴修水利等形式呈现。

(1)设立宾客驿站　助力商业发展

为了加快市场流通,推动商业发展的全面升级,管仲推出了一系列善政举

---

① 古敏.中国古代经典集萃:尚书[M].北京:北京燕山出版社,2001:47.
② 麦金太尔.追寻美德:道德理论研究[M].宋继杰,译.南京:译林出版社,2011:71.
③ 桑德尔.自由主义与正义的局限[M].万俊人,等译.南京:译林出版社,2001:233.
④ 董仲舒.春秋繁露[M].张世亮,钟肇鹏,周桂钿,译注.北京:中华书局,2012:190.

措,"请以令为诸侯之商贾立客舍",这是人性向善的原初体现,也是基于人性假设的认定,为往来客商提供住宿方便,"一乘者有食,三乘者有刍菽,五乘者有伍养"(《轻重乙》),他们就会辛勤劳作。这里的"有食""有刍菽""有伍养"说明,只要满足不同层次商贾的需要,他们的积极性就会被调动起来,助推齐国商业的发展。同时,还能切实增进商贾与国君的情感型关系,引发他们对君的赞誉,吸引更多的民来经商,"不引而来,不推而往"(《任法》)。当然,那些富商大贾到齐国后,他们的诸多方面要求会比较高。在这种情况下,驿站人员配备将会应其需求提供一些超值附加服务,而这些工作相应需要一些人员来完成,无疑会衍生一些就业岗位;另外,由于这些客商是携带车辆马匹的,为了保证车辆及时维修,自然需要配备一些专业人员,从而增加就业岗位;由于商贾马匹较多,也需要一些专门的饲养人员,为马匹供应饮水、草料甚至清理洗刷马匹,这些都会增加一些工作岗位。《管子》在当时已看到提供优质服务的增值效应,颇值得褒扬。从目前掌握的资料看,它是我国历史上最早认识到并推出增值服务的典籍。试想对拥有五辆车二十匹马的商贾,除前述服务外,还免费提供额外附加服务——配五个服务人员,这种模式在当时使创造就业机会的岗位达到了最大值。基于人性假设认定判断,那些因这种善政而获得工作岗位之民,可以有效改善家庭生活,也会无形增加他们爱君的情感。因为没有国君推动商业发展的善政,他们就可能处于无业或失业状态。管仲能够在短短时间内使齐国从弱国衍变为强国、由小国发展为大国,充分说明他在发展商业方面的思路是正确的,在招商方面是成功的,这一点对于当今世界那些尚处于贫困状态,仍在进行招商的地区具有积极的借鉴意义。时至今日,这一思路已为中国移动、中国联通、中国电信等多家企业借鉴应用。它充分说明《管子》的附加增值服务思想,不仅具有深远的历史意义,而且具有重大的现实意义。

(2)建立国家标准 确保诚信经营

汉代大学者王符在《潜夫论》中指出,要想在黑暗中取物,最好借助于光亮;要想在世界上干出一番事业,只有讲求诚信,"索物于暗室者,莫良于火;索道于当世者,莫良于诚",这说明诚信对于民做事、君治国同等重要。只有君民都讲求诚信,才能培养他们之间的情感型关系,才能有利于以德治国方略的实施、和谐社会的构建。"至诚之道,可以前知。国家将兴,必有祯祥;国家将亡,必有妖孽""祸福将至,善,必先知之;不善,必先知之"①,这说明诚信对于治国理政之重要。

为了确保国家发展中的诚信有据可依,《管子》认为应推出统一度量衡、规范一些标准的善政,从而使衡石称计、斗斛量度、丈尺标准得到统一,武器规格、书写文字、车辙宽窄保持一致,"衡石一称,斗斛一量,丈尺一綧制,戈兵一度,书同名,车同轨"(《君臣上》),并认为这才是最正确的规范,"此至正也"。其实,《管子》中这些措施在这里就基于了"国家制定统一的标准、规范,民就会遵守"的人性假设,尽管在春秋战国时期人们没有意识到这种假设。通过统一标准、保证商誉,使境内外客商均受益,"入者悦,出者誉,光名满天下"(《中匡》),这就是善政发挥作用的直接体现。在国家统一标准颁布后,人们如果背离了它,擅自行事就难以成功,"为事不以诚,则事败;自谋不以诚,则是欺其心而自弃其忠;与人不以诚,则是丧其德而增人之怨"。因此,对那些"非诚之贾""非诚之工""非诚之农""非信之士",应由国家法令予以取缔,使他们无法继续从事各自的职业。《管子》中统治者之所以能够成功推行这个善政理念,实际上是基于人性假设认定来看待当时"国之石民"的。其实,诚信是人们交往联系的纽带、社会情感维系的基础,从某种程度上说,这种强制性规定有助于营造良好的社会环境,有利于士农工商四类民众潜能的发挥。

(3)采取有效措施　积极保护环境

自然环境是人类赖以生存和发展的基础,一旦遭到严重破坏,短期内难以有效恢复,长期则会给人们的生产生活带来巨大影响。尽管当时齐国拥有和谐优美的生态环境,但是管仲并没有忘记保护生态环境的意义,"天财之所出,以时禁发"(《立政》),这说明他已认识到人与自然相互依赖、彼此制约和共同作用,所以《管子》中提出了"取之有时、用之有度"的开发与保护并重的善治思想,从保护山林草木,"山林虽广,草木虽美,禁发必有时",到保护矿产资源,"国虽充盈,金玉虽多,宫室必有度",再到保护水产资源,"江海虽广,池泽虽博,鱼鳖虽多,网罟必有正"(《八观》),虽然民从中受益大小不同,但是这些措施确实能够有效增进其福祉,正所谓"益民之小者,善之小也;益民之大者,善之大也"。为了加强自然生态环境保护,《管子》还提出了一系列有效举措,

---

① 朱熹.四书章句集注[M].北京:中华书局,2011:34.

以确保其落到实处。

一是加强森林资源保护。恩格斯指出,"对自然界的一切真实的认识,都是对永恒的东西、对无限的东西的认识,因而本质上是绝对的"①。因此,加强森林资源保护就是基于这样一种绝对的、真实的认识。由此也可以看出《管子》在两千多年前能有加强森林资源保护的意识与措施,不能不让人钦佩之极。它明确要求,人们对待树木应注重延伸其根基而不乱砍滥伐,加固其蒂蔓而不割刈,深犁其根土而不使其枯萎,培育其树身而剪除枝蔓,加强其日照而不遮蔽其光线,保持其茂盛而不加以损害,"潭根之毋伐,固蒂之毋刈,深黎之毋涸,丕峨之毋助,章明之毋灭,生荣之毋失"(《侈靡》),这实际上是从性善论理念出发,将环境保护与可持续发展统一起来,使民有源源不断的林木可供采伐;《管子》还要求人们积极开展植树造林,鼓励在房前屋后、路边地头、山坡洼地以及一些闲置地植树造林,在堤坝河岸、水库四周营造防护林,种草植棘,以防止水土流失,"凡田野万家之众,可食之地,方五十里,生荣之毋失"(《侈靡》),这实际上是从 Y 理论出发,基于民勤而不懒的认定,对其进行积极引导,既可以美化保护居住环境,又可以为民带来诸多红利;管仲还对造林有功者施以奖励,进而激发民的造林积极性,"民之能树艺者,置之黄金一斤,直食八石"(《山权数》),这是从"社会人"假设出发,对民进行奖励,以满足其社会性需要,进而营造一种积极向上的士气。在这种社会氛围中,也能增进那些受奖励之民对君的情感依存度。总之,这些务实有效的举措,既保护了大齐境内林木资源,又增加了木材市场供应量。因此,在评价一种国家政策是善政还是恶政时,应把它"放到整个社会历史发展的总链条中去考察,看这种行为是否有利于社会的进步,是否有利于大多数人的幸福,是否有利于社会物质文明和精神文明的发展"②。

二是加强动植物资源保护。为了确保人类长期利益不受损害,《管子》要求人们在春季不能滥捕滥杀野生动物,也不能随意采摘花草、肆意砍伐树苗,进而保护天地万物的正常生长,"毋杀畜生,毋拊卵,毋伐木,毋夭英,毋拊竿,所以息百长也"(《禁藏》),这实际上是一种益国益民的善政,因为它不仅有效

---

① 马克思恩格斯选集:第 4 卷[M].北京:人民出版社,1995:341.
② 罗国杰.伦理学[M].北京:人民出版社,1989:408-409.

保护了动植物的繁衍,又充分维护了生态的平衡。由于它正确引导了人性,因而得到了民的支持,所以才有了"风雨时,五谷实,草木美多,六畜蕃息"(《禁藏》)的情境出现,"凡草木之道,各种谷造,或高或下,各有草土"(《地员》)。从长期观点来看,民因六畜繁育不断,而使生活持续得到改善,无疑会增强民对君的归属感,从而增进他们的情感型关系。因此,这种善政不仅于民有益,而且也有助于社会的可持续发展。《管子》中这种加强野生动植物资源保护的思想,与今天那些不顾全局、长远利益而滥用资源、破坏生态的行为相比,无疑更具有时代价值和现实意义。由于"鸟兽草木之生物虽甚多,皆有均焉"(《七法》),所以它并没有为所欲为地、无端片面地把野生动植物资源看成是取之不尽、用之不竭、无限索取的资源,更没有"采取竭泽而渔的生产与消费方式"①,而是努力构建人与自然所应有的和谐与统一。因此,基于人性假设认定观察,人类唯有将真理原则与价值原则统一起来,才能保证社会实践的终极成功。所以我们要从《管子》保护人与自然和谐的思想中汲取营养,切实加强当代社会生态环境与野生动植物资源保护,为人类的未来发展留下美好空间。

三是通过"四时禁令"保持人与自然的和谐。物质世界是一个相互联系、相互作用的有机整体。正是因为它们彼此的相互作用,才导致了事物的运动与发展;正是因为它们的相互联系,才要求事物在发展中保护、在保护中发展,否则就会陷入"为山九仞,功亏一篑"②的窘境。《管子》根据年度季节气候与自然地理环境变换,对一年四季分别下了"四道禁令","春无杀伐,无割大陵,倮大衍,伐大木,斩大山,行大火,诛大臣,收谷赋"(《七臣七主》),这八个"不得"充分反映了君治国的善政举措,为万物的生发创造基本条件、民众的生活提供重要保障;"夏无遏水达名川,塞大谷,动土功,射鸟兽",这无疑有助于自然灾害的减少,天地万物的生长,是君向善治国的直接体现;"秋无赦过、释罪、缓刑",这将使犯罪分子得到应有的惩罚,从而使 NP 性恶的一面得到震慑与遏制,因为他们不论与人性离得有多远,"总是会通过这样或那样的途径"③回归人性,进而有利于良性社会秩序的构建;"冬无赋爵赏禄,伤伐五谷",这样可使民能够更好地休养生息,从而使人的发展与大自然的演进步调和谐一致,

---

① 吴倬.马克思主义哲学导论[M].北京:当代中国出版社,2002:258.
② 薛冶.日讲书经解义[M].北京:华龄出版社,2014:125.
③ 休谟.人性论[M].关文运,译.北京:商务印书馆,1980:1.

进而使人类繁衍永续、生态平衡持续。其实,《管子》四道禁令是君"己欲施人"理念的直接呈现,也是君民构建情感型关系的间接体现,更是道德向善的一种客观要求。然而,现实社会中会因人为因素导致生态系统遭到严重破坏,不得不采取一些保护性的补救,但是仍难以恢复"原初状态"①。

综上所述,我们可以清晰地发现,《管子》在春秋战国时期就已经意识到,"自然并不是人类无限意义上的时空存在,也不仅仅是供人类利用的纯粹的物的世界"②,更不只是人类实践活动的舞台,而是与人类息息相关的自然环境,是人类生于斯长于斯、持续存在的家园,任何违背自然演绎规律的危害,都必将会使人类自身受到某种伤害。因此,人类要正确处理好眼前利益与长远利益、局部利益与全局利益的关系,这也是《管子》注意环境保护益民的全新意义所在。然而,时至今日,仍有乱砍滥伐森林资源、破坏生态环境的现象存在,这些人将人类文明道德、国家法律法规置于视野之外,完全忽视了人之为人应有的良善。恩格斯曾强调,"我们每走一步都要记住:我们统治自然界,决不像征服者统治异族人那样,决不是像站在自然界之外的人似的,——相反地,我们连同我们的肉、血和头脑都是属于自然界和存在于自然之中的;我们对自然界的全部统治力量,就在于我们比其他一切生物强,能够认识和正确运用自然规律"③。所以《管子》加强自然生态环境保护的思想,是给那些把人与自然之间的矛盾、对立与冲突全方位地推向极端之人的警醒,让他们从制造环境污染、导致资源枯竭、加剧生态失衡、滋生雾霾天气、破坏臭氧层的轨道上走出来,促进社会生产的可持续发展,建设人类宜居的自然美好家园,为子孙后代的生存、发展与繁衍创造积极条件。

(4)兴修水利工程　倾力未雨绸缪

水是人类赖以生存的重要元素,是五谷桑麻等农作物生长以及动植物繁衍不可或缺的必需物质,"夫民之所生,衣与食也。食之所生,土与水也"(《禁藏》),所以《管子》明确提出了造福于民的水利思想和必要的落实措施。

一是设置水官,专门负责水利工作。水是农业生产的命脉、农事进行的保障,这就需要引导水的善性作用,防止其恶性伤民,"为天下兴利也,其犹春气

---

① 罗尔斯.正义论[M].何怀宏,何包钢,廖申白,译.北京:中国社会科学出版社,2009:103.
② 吴倬.马克思主义哲学导论[M].北京:当代中国出版社,2002:356.
③ 马克思恩格斯选集:第4卷[M].北京:人民出版社,1995:383-384.

之生草也,各因其生小大,而量其多少"①。为了达到这种目标,管仲委派懂得兴修水利时间、修筑与加固堤坝等知识的"习水者"负责这项工作。这实际上是基于人性假设认定,认为这些水利专家或专业人士勤政而非懒政,能够激励个体或群体积极性,把水利工作做好。由于这些"水官"都是熟悉治水的人,所以他们肩负有"教侧臣"的任务,也就是向左右非专业人士传授水利知识,使其知晓堤坝要"大其下,小其上,随水而行",知晓水流动中遇到阻碍时产生的一系列水文现象以及破坏性水力现象,从而利用这些知识为民造福。为便于管理,管仲设置大夫、大夫佐各一人,由他们统率校长、官佐和徒隶,"大夫、大夫佐各一人,率部校长、官佐各财足",随之再挑选左右部下各一人作为水工头领,"乃取水左右各一人,使为都匠水工",然后派他们巡视水道、城郭、堤坝、河川、官府、官署和州中,凡是应当修缮的地方,就拨给士卒、徒隶,"当缮治者,给卒财足",确保及时修缮。这实际上也是从人性假设认定出发的,认为各级"水官"能够遵照指令安排,努力工作,尽职尽责,顺利完成治水任务。在落实兴修水利工程的善政时,管仲强调,水官要综合运用规划、选线、测量、施工等多项知识,遵循客观规律,利用水的特性,修建渡槽、蓄水库以及灌溉渠等水利设施。尽管保证渠水畅流无阻的设计方案始于两千多年前,但是它对后世特别是山区居民修渠引水仍然有参鉴价值。更为重要的是,依据这种方案设计可以减少人、财、物投入,"大雨,堤防可衣者衣之;冲水,可据者据之。终岁以勿败为固"(《度地》)。这样可以有效延长工程寿命,民也可以从中受益,例如水利工事坚固,就会少征徭役,民享有更多休闲时间,这或许是最初"时间奖励"益民的朦胧意识。从某种意义上说,"水利之兴"是济民、济时之大利。

二是防备水患,提出四季迥异要求。春季事少之时,积极修筑河堤,经常进行查验,需要修补时就组织修补;夏季大雨来临,派人分段保护堤坝,需要加高时就及时加高,需要堵塞时就果断堵塞;秋收结束以后,精心选择甲士,开展全面普查,做到事前防范;冬藏闲暇时节,备齐治水工具,甲士轮流采薪,堆放在水旁,以备不测,"故常以毋事具器,有事用之,水常可制",这样经过四季严防治理,就可以将水旱灾害事先规避或预防。《管子》指出,春冬两季修补堤防时,应在河内取土加高堤坝,秋夏两季修补堤防时,应在河外取土加高堤坝,

---

① 董仲舒.春秋繁露[M].张世亮,钟肇鹏,周桂钿,译注.北京:中华书局,2012:210.

这样浊水来临也就不会毁坏了,"春冬取土于中,秋夏取土于外,浊水入之不能为败"。它还要求,在堤坝上种植荆棘灌木以加固堤防,间种柏树、杨树等高大树木以防止洪水冲决,"树以荆棘,以固其地;杂之以柏杨,以备决水"(《度地》)。这些坚固的水利工事为农事的生产与收获奠定了坚实基础,为农民的生活提供了重要保障,凸显了君治国理政的从善趋向,这样就会增强民对君的归属依附性,从而进一步衍生出君民的情感型互动关系,进而赢得更多民心。它之所以主张推出兴修水利工程的善政,是因为它基于潜在的人性假设认定,"创造这一切、拥有这一切并为这一切而斗争的,不是'历史',而正是人,现实的、活生生的人"①。

总之,推进兴修水利工程,是一个关系到实现宏伟蓝图与做好现实工作的重大问题。水利工程兴修得越好,社会物质财富创造得就越多,民的生活就越能得到改善与保障,而物质条件越充分,国家就能为民的生存与发展提供更好的环境和更大的现实性。从这种意义上说,兴修水利是治国善政的重要表现,也是理政安民的益民之举,更是君民情感型关系构建的重要支撑。由于兴修水利能够促进农业生产,所以"后稷为政,皆兴水利有功"②。

2. 多策除害

灾害是任何时代与社会都难以避免的。严重的自然灾害不仅会破坏农事生产,而且也会影响民众生活,有时还会给他们的生命财产造成不可估量的损失,甚至危及社会稳定、国君统治。由于春秋战国时期各类自然灾害频发,多达189次③,所以统治者务必要有效消除它,才能充分赢得民心、维护社会稳定、构建和谐的君民情感型关系,"兴天下之同利,除天下之同害,而天下归之也"④。

其实,自然灾害与农事生产呈负相关。在正常情况下,没有自然灾害,农民精耕细作,农事就会丰收;有了自然灾害,农民如何忙碌,农事也会歉收。诚然,要消灭灾害,有兴利的思想就完全够了;而要消灭现实的灾害,就必须有现实的除害行动。所以管仲在兴利的同时非常重视消除灾害。他将水灾、旱灾、

---

① 马克思恩格斯全集:第2卷[M].北京:人民出版社,1957:118.
② 程颢,程颐.二程集[M].王孝鱼,点校.北京:中华书局,1981:18.
③ 王星光.春秋战国时期国家间的灾害救助[J].史学月刊,2010(12).
④ 王先谦.荀子集解[M].沈啸寰,王星贤,整理.北京:中华书局,2012:115-316.

瘟疫、虫灾、风霜雪雾灾列为影响农事生产的"五害","水,一害也;旱,一害也;风雾雹霜,一害也;厉,一害也;虫,一害也",并采取有针对性的措施予以消除,"善为国者,必先除其五害,人乃终身无患害而孝慈焉",这样一来,就会呈现"五害已除,人乃可治"的治国胜境。因此,为民除害不仅是国君道德向善的体现,更是《管子》民本治国思想的呈现,"知备此五者,人君天地矣"(《度地》)。尽管水是万物、诸生的生命之源,"水者,地之血气,如筋脉之通流者也""万物之本原也,诸生之宗室也"(《水地》),但是它在给人们带来福音的同时,也会给人们带来灾难,"五害之属,伤杀之类,祸福同矣",只不过"五害之属,水为最大"(《度地》)。因为"遇水旱,则众散而不收"(《八观》),所以管仲将其作为除五害的重中之重。针对水灾,他一方面要求人们积极防备,"笼、臿、板、筑,各什六,土车什一,雨輂什二。食器两具,人有之,铜藏里中,以给丧器",这样平素准备充分,就可以有效规避灾害发生,"素有备而豫具者"。这里实际上潜存有人性假设认定因子,即人们会按照这种要求去做;另一方面它也制定了切实有效的防灾、减灾措施,从设置水官到选精甲士,从构筑堤坝到四季定期巡查修缮护堤,确保在暴雨来临之时大堤完好无损,"备之常时,祸何从来"(《度地》),终极降服水患,这显然有助于君民情感型关系的构建。然而,管仲治水除害的重大意义,绝不仅仅在于解决了威胁当时民众生存的水患,更重要的是有利于"四民分业""四民分居"的社会治理模式的形成,为和谐社会的构建奠定基础,是一项务实的治国善政。昔日大禹治水取得成功,人们"敬禹之德,令民皆则禹"①,管仲成功治水,也同样为君赢得如此殊荣。

既然自然灾害的"魔头"已被治理,那么其他四害也就随之被有效避免或治理。针对旱灾,《管子》认为,通过施行善政,修建沟渠河道,使其全线通畅,"沟渎遂于隘",这样就可以有效减少甚至消除旱灾。在"通沟渎,修障防,安水藏"之后,民就会"岁虽凶旱,有所秎获"(《立政》),而不会闹饥荒;针对风雾雹霜,为减小异常恶劣天气影响,《管子》要求君要谨慎组织预防,民也要注重日常实时规避,从而使灾害程度降至最小,"大寒、大暑、大风、大雨,其至不时者,此谓四刑。或遇以死,或遇以生,君子避之,是亦伤人"(《度地》);针对厉(指病)灾,管仲主张利用事物的特点进行有效防治。对于饮食诱发的疾

---

① 司马迁.史记[M].北京:中华书局,1959:81.

病,他要求君派出官吏偕同三老、里有司、伍长等到各里训话,"令之家起火为温,其田及宫中皆盖井,毋令毒下及食器,将饮伤人"(《度地》),以免民因生食或不净饮水而生发疾病、引起恐慌。对于地震、风暴引发的疫病,他要求国家要积极防范,避免瘟疫发生,"地重,投之哉兆,国有恫。风重,投之哉兆"(《轻重丁》);针对虫灾,管仲主张利用"天生一物,必需食,而自身亦为它物之食料"的食物链特点,达到以物制物保持生态平衡的目的,这样就可以防治蝗虫灾害,减少"下虫伤禾稼"(《度地》)情况发生。同时在冬季烧荒也可祛除害虫之卵,"修火宪,敬山泽林薮积草"(《立政》),从而彻底清除虫害的滋生源。基于人性假设认定视阈观察,这些善政无疑将有利于君民情感型关系的构建。诚然,这"五个针对"说明:虽然自然灾害给人类带来了无限痛苦,但是它也促使人类更加自觉地去认识和把握自然规律,从而不断增强抵御自然灾害的能力,进而推动人类社会的发展与进步。因此,人类只要锲而不舍地探索、认识和把握自然规律,始终坚持按自然规律办事,持续增进人与自然和谐互动的能力,就一定能够让人类更好地适应自然、让自然更好地造福人类。虽然《管子》距今已相当遥远,但是它治理自然灾害的措施至今仍有不可忽视的价值。因为一本善于从自然灾害中总结事物规律的典籍,必定是一个令人难以忘怀且可以绵延使用的法宝;一个善于从自然灾害中汲取经验教训的国度,必定是一个日益坚强和不可战胜的国度。

《管子》中除了注重消除上述自然灾害外,还重视清除官商勾结衍生的人为之害。由于当时采取的是"务本伤末"政策,所以随着商品市场的急剧繁荣,产品供需两旺势头的全面高企,商贾官吏为了谋取最大的利益,彼此之间很有可能会相互勾结,变相掠夺百姓。因此,它要求国家采取果断手段,全面遏制官商非法勾结,消除他们试图通过不正当手段从事经济活动获取暴利的可能,及时遏止官吏与商贾同流合污,避免他们之间出现不道德的"权钱交易",正所谓"商贾在朝,则货财上流",而"货财上流……而求百姓之安难、兵士之死节,不可得也"(《权修》),这就是因贪污腐败而滋生的不可忽视的人为之害。所以《管子》要求务必消除此类人为之害。可见,兴利除害不仅可以避免人道主义灾难,而且可以赢得民意拥护、民心支持,是有效的益民之略。虽然《管子》距今已有两千多年历史,但是它所阐发的兴利除害思想、防灾减灾举措以及积极预防的应对态度,仍值得后世借鉴和付诸实践。因为它利用了

"五害"的特点,掌握了它们的命脉所在,"为民兴利除害,正民之德,而民师之"(《君臣》),所以"人主之所以使天下尽力而亲上者,必为天下取利除害也"(《势》)。这说明君只有施善政、兴利除害,才能收到民"尽力亲上"的效果,才能真正与民建立起情感型关系。

总之,兴利除害是《管子》民本治国思想的重要体现,是铸就千秋功业的伟大实践,而"实践,作为人的存在方式,也是人把握世界的基本方式"[①]。从历史唯物主义角度考察,《管子》之所以积极兴利除害,是因为它把民当作人看待而不是当作物看待。基于人性假设认定理论,通过兴利除害,它能把民的积极性、主动性全面调动起来,将社会生产力中最活跃、最革命的因素——人,即民的潜能释放出来,创造更多更好的物质财富,从而为"富国强兵,称霸诸侯"奠定更为坚实的物质基础;从人性的善恶论出发,如果国家没有兴利除害,就会变相助长民的恶性与惰性,而如果采取各种措施,积极兴利除害,"飘风暴雨不为人害,涸旱不为民患"(《小问》),那么就能张扬民的善性,遏制其恶性,激励民的勤勉,减少其惰性,那么民的善性就会被激发出来,这样治国理政绘就的蓝图就能够有效实现,从而有利于君民情感型关系的构建。

5.2.3 均地分力

历史演进到春秋时期的齐国,"井田制"疆界遭到深度破坏,土地占有与登记情况严重不符,直接导致田税征收不公,影响国家府库收入。在这种宏观背景下,管仲从民本治国维度出发,提出了"地者,政之本也"思想,并推出了实际上是基于人性假设认定的"均地分力"善政,"均地分力,使民知时也,民乃知时日之蚤晏,日月之不足,饥寒之至于身也"(《乘马》)。

为了达到有效"均地"目的,管仲首先需要掌握国境内土地基本情况。经过调查了解,齐国"地之东西二万八千里,南北二万六千里。其出水者八千里,受水者八千里,出铜之山四百六十七山,出铁之山三千六百九山",这些既是人们种植粮食的地方,又是兵器、钱币的原料来源,"此之所以分壤树谷也,戈矛之所发,刀币之所起也"(《地数》)。然而,其中优质土地不多,这也是管仲推出"务本饬末"而不是"重本抑末"积极发展工商业的原因。虽然国土面积不

---

① 吴倬.马克思主义哲学导论[M].北京:当代中国出版社,2002:41.

大,优质地不多,但是善于利用的国君财用就会有余,而不善于利用的国君财用就会不足,"能者有余,拙者不足"(《地数》)。既然如此,那么如何做到这一点呢?这就需要对现有土地进行全面整顿,而整顿土地就需要对其实际可耕数字进行长、短、大、小的核正,"不可不正也,正地者,其实必正,长亦正,短亦正;小亦正,大亦正;长短大小尽正"。一旦土地核正不准确,官府就无法治理;而官府无法治理,农事就办不好;农事办不好,物资就不会丰富,"正不正,则官不理;官不理,则事不治;事不治,则货不多"(《乘马》)。于是《管子》对土地长短、面积大小进行了测量,掌握了土地肥瘠情况,然后施之以"均地"。这里的"均地",是指土地能够产出的数量,而不是指土地数量。因为土地质量不同,收获粮食数量也有差异,所以《管子》主张"地均以实数"(《乘马》),否则将不能公平地分配土地,这就是当时朴素的认识论。其实,"均地"也是基于"它能够调动民的社会生产积极性、有助于构建和谐的君民情感型关系"的人性假设认定。当然,它也说明当时的社会生产实践已对人们的思维方式产生了积极作用,"人的思维的最本质和最切近的基础,正是人所引起的自然界的变化,而不仅仅是自然界本身;人在怎样的程度上学会改变自然界,人的智力就在怎样的程度上发展起来"[①]。于是《管子》推出了以下两种"均地"的善政举措:

一是根据土壤肥瘠程度。基于人性假设认定,如果把平原、山丘等可耕地公平分配,那么百姓就会相当满意,不会困惑不解,"陵陆、丘井、田畴均,则民不惑"(《小匡》),所以《管子》根据土地肥沃与贫瘠程度将土地分为上等地、中等地与劣等地,"以上地方八十里与下地方百二十里,通于中地方百里"(《乘马》)。这类似如下公式:

$80km^2(上等地)=100km^2(中等地)=120km^2(下等地)$

之所以采用这种公式,主要原因在于"上地方八十里,万室之国一,千室之都四;中地方百里,万室之国一,千室之都四。下地方百二十里,万室之国一,千室之都四"(《乘马》)。这里实际上是将供给一个万户人口城市和四个千户人口城镇居民生活所需的土地的产出能力作为参照物。如果是上等土地,其方圆八十里的产出物,就可以满足一万四千户人口的生活需求,这就彰显了上

---

① 马克思恩格斯选集:第 4 卷[M].北京:人民出版社,1972:329.

等地的生产能力之强;如果是中等土地,则需要方圆百里,也就是比上等地多出五分之一的土地,其产出物才能够满足一万四千户人口的生活需求,这说明中等土地的生产能力较弱;而如果是下等土地,则需要方圆一百二十里,也就是比上等地多出三分之一、比中等地多出六分之一的土地,其产出物才能满足一万四千户人口的生活需求,这充分说明下等地产能极其之弱,也是《管子》主张对土地施以"均"之善政的一个重要原因,而这只是"均地分力"的显性原因。

二是根据土地位置折算。针对不易耕种收获之地,《乘马》要求按照土地实际收获数量折算分给百姓。对于"地之不可食者,山之无木者""涸泽""地之无草木者""樊棘杂处,民不得入焉"的土地,可以按"百而当一"折算;对于"汎山,其木可以为棺,可以为车,斤斧得入焉"的土地,可以按"十而当一"折算;对于"薮,镰缠得入焉""蔓山,其木可以为材,可以为轴,斤斧得入焉"的土地,可以按"九而当一"折算;对于"流水,网罟得入焉""林,其木可以为棺,可以为车,斤斧得入焉""泽,网罟得入焉"的土地,可以按"五而当一"折算。之所以采取这种从"百"到"十"到"九"再到"五""而当一"的不同折算方式,是其将土壤的肥瘠、民的多寡以及"地"与"力"统合起来考虑的结果,更是实事求是、向善执政、民本治国的体现。

《管子》之所以提出"均地分力",是因为它能够将民这一劳动者的主观能动性充分激发出来,更好地作用于土地这一实体性要素——劳动对象,从而推动社会生产力快速发展。这为民的物质生活改善提供了可能,再加上薄赋轻征、"相地而衰征"的按劳分配原则,将会出现"天下之农皆悦而愿耕于其野""天下之民皆悦而愿为之氓"①的盛世情状,这也说明"社会本身不能单独实现进化,只有当它和行为主体结合在一起时,才能构成一个有进化能力的系统"②。通过"均地"的益民之略,凸显了《管子》情系黎民、心忧苍生的民本理念,为构建和谐融洽的君民情感型关系奠定了基石。由于土地是人类生存与发展的最基本载体,"地生养万物,地之则也""地不易其则,故万物生焉"(《形势解》),而民是"得天之最秀者也,其体愈灵,其用愈广"的高级动物。通过

---

① 方勇.中华经典名著全本全注全译丛书:孟子[M].北京:中华书局,2010:58.
② 哈贝马斯.重建历史唯物主义[M].修订版.社会科学文献出版社,2013:176.

"均地分力",基于民勤而不懒的人性假设认定,把民"自谋其生"的权力交还给民,让他们"自耕而自入",从而激发其生产积极性,这就打破了谚语所说的"合船漏,合马瘦"的"井田制"模式。从某种意义上说,《管子》是以犁庭扫穴般的勇气摧毁当时的"井田制"、提出"均地分力"善政思想的,这实际上是对民自谋生计能力的一种认可和肯定,也是人类从主观唯心主义向客观唯物主义转变的一种体现,更是春秋战国时期从感性认识向理性认识转变的一个标志,开启了人类思想史上认识的新纪元,"把认识论从伦理学的束缚下初步独立出来"。由此可见,"均地分力"是《管子》的作者针对当时土地制度需要变革进行苦思冥想的积极结果,是从民本思想出发对耕种之民生活与出路进行探索的伟大实践。它既消除了君民之间潜藏的尖锐矛盾,又增强了民对君的情感型依附关系。更为重要的是,"均地分力"延长了土地再次分配周期,"三岁修封,五岁修界,十岁更制"(《乘马》)。这不仅避免了民耕种土地的短期行为,使其全身心地投入农业生产,着眼长期耕种,增加土地肥力,而且还能促使其将土地价值最大化利用,全面提升土地生产能力。这无疑会增强农业发展后劲,从而为富国强兵奠定坚实的物质基础。

此外,与"均地分力"遥相呼应的是"与民分货",二者统合起来构成了《管子》经典的"相地而衰征"思想,它旨在将当时"物的要素——土地、人的要素——民"的作用发挥至极致。由于"与民分货"将在第6章的利民之策的第1节让利于民中的分货让利部分进一步阐释,所以在此不予赘述。如果说"均地分力"是为了使劳动者更好地作用于劳动对象促进生产力发展的话,那么"相地而衰征"则是为了使劳动者分享更多劳动所得而促进生产关系调整,因为它是根据土地产量多少,按比例向民征收租税。由于土地是农耕者生存的基础、发展的依赖,而土地肥瘠程度迥异,基于人性假设认定,如果一视同仁地征收租税,那么对那些耕种贫瘠土地之民无疑不公平,自然会削弱他们耕种的积极性。而管仲通过"均地"确定土地等级,通过"相地"对土地进行征税,"等级地,差等税",从而使农民的税赋更为公平,具有萌芽状态的"共同富裕"思想,这自然迎合了耕种之民的心理,无疑会得到他们的拥护与支持。更为重要的是,"相地而衰征"的善政培养了民对土地的感情,有利于国家将他们固着在土地上,从而不用过于担心因"务本饬末"发展工、商之业而造成民的流失,"相地而衰其政,则民不移矣"(《小匡》),这在当时战事频仍的情况下,减少人口流动是有积极意义的。由于"相地而衰征"使"耕作者不因其收获多而增加赋税负担",所以它可以"各劝于稼穑之事"①,从而使民珍视他们耕种的土地。可见,"相地而衰征"不仅具有积极的益民功效,而且还具有强大的安民作用。其实,"相地而衰征"是一种差异化征税的益民行为,不仅对耕地种田之民是极其公允的,而且对农民税赋畸轻畸重起到了调节作用,缓解了因赋税过重而产生的社会矛盾,有利于齐国社会经济的恢复与发展。基于人性假设认定,"相地而衰征"策略推行后,贫弱的耕种之民会投入更多劳动,深耕细耘,精工细作,进而全面提高劳动生产率,使当时农业最大限度地达到"生产可能性边界",最终使等量土地生产出更多农产品,从而为工商业的进一步发展提供物质支撑,进而有效促进当时手工业生产和商业的发展。在没有自然灾害发生和战争无端侵扰的情况下,民能够很快脱贫致富,即使间或遭遇天灾人祸,也会因有往年积蓄,而不会为生存疲于奔命,更不会出现难以生存的情状。因此,"相地而衰征"在当时是一种先进的、人性化的重要举措。对国家来说,因农事稳定而税源有了保证;对农民来说,因分得更多成果而劳动更为积极。实践证明,"相地而衰征"不仅带动了其他诸侯国土地与税赋改革,而且加速了奴隶制彻底瓦解进程,助推了封建制的进一步发展,更实现了民对其劳动成果由分享较少向分享较多转变、大齐由贫弱之国向富强之国转变、地租形式由劳役向实物转变,这无疑有助于增进君民的情感型关系。

总之,无论是"均地分力",还是"相地而衰征",除了让民感到更加公平以外,还有一个更为重要的激励,那就是让他们感到自己吃了"恒产"的"定心丸",这显然有助于君民之间建立长期稳定的情感型关系。因为有固定产业的人,就会有稳定不变的思想;没有固定产业的人,就不会有固定不变的思想,正所谓"有恒产者有恒心,无恒产者无恒心"②。更为重要的是,这种"相地而衰征"的级差征税,解决了"干好干坏一个样""农地肥瘠优劣一个样"的难题,形成了多劳多得、少劳少得、不劳不得的"按劳分配"原则,唤起了民极高的生产热情,汇聚了早已涣散的大齐民心,"一心可以兴邦"③。这在春秋战国时代具有划时代的革命意义,对当时乃至后世都产生了广泛而深远的影响。尽管其

---

① 萧萐父,许苏民.大家精要:王夫之[M].昆明:云南教育出版社,2009:47-107.
② 方勇.中华经典名著全本全注全译丛书:孟子[M].北京:中华书局,2010:90.
③ 程颢,程颐.二程集[M].王孝鱼,点校.北京:中华书局,1981:134.

对土地开发利用形式与内容迥异,但是它说明了一个道理,"每一个时代的理论思维,从而我们时代的理论思维,都是一种历史的产物,它在不同的时代具有完全不同的形式,同时具有完全不同的内容。"①

5.3 "侈靡"思想的三重维度②

《管子》是先秦时期一部划时代巨著,内容翔实丰富,思想经典独特,具有极其重要的研究价值。长期以来,《侈靡》篇为很多研读者所困惑:为何一向倡俭的《管子》突然提出这种"怪异"思想?尤其是在治国理政中推行这种政策,无疑是君臣不归之路,这让很多读者百思不得其解。尽管此前已有诸多研究者解读并阐释了《侈靡》篇是善政,其目的在于增加就业、鼓励消费、以消费促生产等,但都局限于微观战术层面,并未将其上升到治国理政的宏观战略层面。本书正是从这一角度出发,基于情感型关系、善恶法则、人性假设认定,结合民本治国理念,发现了"侈靡"思想的深刻逻辑内涵(见图5-2),并以经济、社会、伦理三重维度呈现,这也进一步验证了郭沫若先生多年以前研究该篇时所言,它"在中国古代史上是一篇具有特色的相当重要的文字"③。

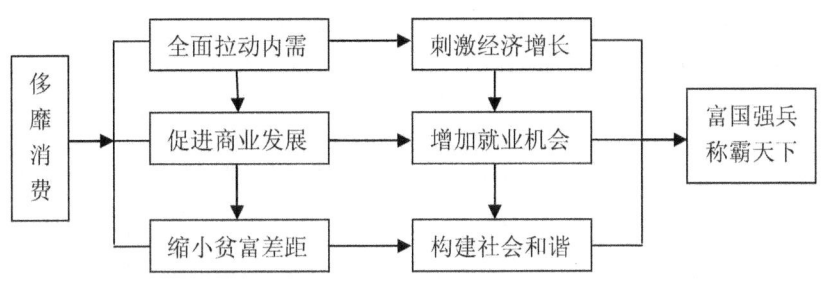

图5-2 "侈靡"思想逻辑内涵图

---

① 马克思恩格斯选集:第4卷[M].北京:人民出版社,1995:284.
② 王义忠.《管子》"侈靡"思想的三重维度[J].云南社会科学,2015(2).
③ 郭沫若.《侈靡》篇的研究[J].历史研究,1954(3).

5.3.1 经济维度

全面拉动内需,刺激经济增长①是"侈靡"思想的根本目的,它既是时代发展的需要,也是当时尴尬无奈的选择,更是受治国战略目标的影响。

第一,在迎合时代需要中促进"侈靡"消费,全面拉动内需。由于春秋时期齐国社会财富呈现"三藏一蓄"积累情状,所以管仲推出的"侈靡"消费政策,不是梦游般地突发奇想,而是从战略高度基于人性假设并认定结合当时实际提出来的。虽然藏富于民是好事,但是没有消费,就会内需不足,经济增长乏力,而"富国强兵,称霸诸侯"是当时齐国的终极目的,且遵君命要在短期内实现这一宏伟目标,那么如何做到这一点呢?管仲认为,这就需要全面扩大内需,刺激经济高速增长,而"兴时化若何?""莫善于侈靡"。同时,财富只积累不消费,经济没有活力;既积累又消费,才会释放经济活力,管仲深谙处理好积累与消费关系②的重要性,因为"鱼鳖之不食咡者,不出其渊;树木之胜霜雪者,不听于天"。在人性假设认定视阈下分析,如果让富人为"强兵称霸"捐献财富很难,即使勉强为之,也会失去民心,而如果鼓励他们"侈靡"消费过上豪华生活,他们就会"出渊""听天",这既充分赢得了富人民心,又巧妙削减了他们的财富,还有利于构建和谐融洽的君民情感型关系。因此,《管子》中的"侈靡"政策,是立足一定时代背景而不是肆意妄为的,是积极的"善"政而不是消极的"恶"政。

第二,在尴尬无奈选择中推进"侈靡"策略,刺激经济增长。在现代经济学中,消费、投资与出口是拉动经济增长的"三驾马车"。其实,在春秋时期这"三驾马车"也在起隐形作用。由于当时处于农业社会,人们基本满足于吃饱穿暖,很少有规模投资意识,所以依靠投资拉动经济快速发展不可能;鉴于当时商业属幼稚产业,发展不充分,产品外销也有限,因此依靠出口促进经济快速增长可能性也不大;然而,由于当时社会财富已经集中到富人手中,如果从这部分人手中强取豪夺,必然会遭到他们反对,这显然不符合《管子》努力构建的社会和谐思想,更不符合其苦心经营编织的"爱之、生之、养之、成之"

---

① 彭书雄.管子经济思想与中国当代经济改革[J].求索,2004(9).
② 林享清.试析管子、桑弘羊的侈靡消费思想[J].韩山师范学院学报,2001(1).

(《正》)、"爱之、利之、益之、安之"(《枢言》)的民本思想经纬,而基于人性假设认定视角,鼓励"侈靡"消费则迎合这部分人心理,因为"饮食者,侈乐者也,民之所愿也",让富人群体充分享受这种"善"政的幸福生活,既有助于构建和谐的君民情感型关系,又体现其"侈靡"政策的直接目的——全面拉动国内需求,刺激经济高速增长。

为了更充分地呈现"三驾马车"对当时齐国经济增长的拉动作用,我们引入图5-3来进行解释。假设S点为齐国经济,SE表示出口,SI表示投资,SC

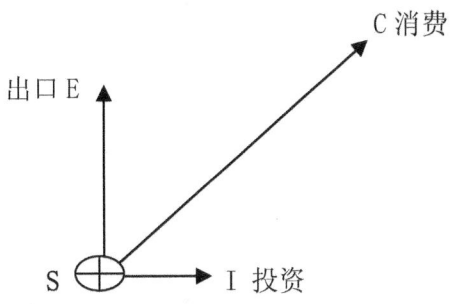

图5-3 拉动经济增长的"三驾马车"示意图

表示消费。由于当时齐国滨海的特殊地理位置,使得其鱼、盐等资源非常丰富,所以鱼、盐等产品除了满足国内消费外,还有一定的出口,这对经济增长具有一定的促进作用,但不能实质性地推动齐国经济快速发展。在当时"重本饬末"思想指导下,即使追加投资也主要聚焦于农业,而农业投入大、产出不大,"一树一获者,谷也"(《权修》),所以靠投资拉动经济增长不具可行性。"正如我们所看到的那样,如果拿不出某种新颖的解决办法,那么就无法解决这个难题。"①因此,只能靠消费拉动内需。由于齐国是藏富于民——百姓都在藏布帛,所以具有"侈靡"消费的基础,而一般消费对经济快速增长拉动有限,所以只能鼓励"侈靡"消费。这样就会如图5-3所示,"侈靡"消费成了拉动当时齐国经济发展的"火车头"。通过上述"三驾马车"的协同刺激,齐国经济就"如熊熊燃烧的烈火,汹涌澎湃的大江"快速发展起来。因此,"侈靡消费只是《管子》全部社会经济政策的一部分,其实行与否,何时实行,都不是任意

---

① 凯恩斯.就业、利息和货币通论[M].高鸿业,译.北京:商务印书馆,1999:110.

的"①。

第三,在国家战略驱动下实施"侈靡"政策,实现终极目标。 通过对管仲治国战略目标"富国强兵,称霸诸侯"的反复审视,我们可以发现要实现这一目标,就需要刺激经济增长,而刺激经济增长的有效手段就是扩大内需,而"侈靡"消费就是扩大内需的有效手段。由于管仲持有"阳者进谋,几者应感"思想,也就是对于明显的事物要加以谋划,对于隐幽的事物要力求感应,所以他主张"寓军于政",通过"侈靡"消费全面拉动内需,在刺激经济增长的同时有效推动商业发展。通过境内外商贾贩运,齐国可从周边国家不知不觉中将战争所需的各类原材料源源不断地运进来,这样国家打造兵器战车、制造强弓劲弩就有了原料支撑。由于是商人在其主导作用,所以不易为周边列国所察觉,从而掩饰其"富国强兵、创建霸业"的宏伟蓝图。而如果齐国组织采购这些材料就会引起他国的重视与警惕,甚至加剧军备竞赛,同时那些有所警觉的国家就会禁止这些原料运出,这样齐国"称霸诸侯"所需的战争器械原料就无从获取。尽管"五谷食米,民之司命也"(《国蓄》),但是没有强大的国防,仅有粮食也无法挽救国家的危亡。这也是《管子》"寓军于政""寓军于民"思想的真切体现。正如章太炎先生指出的那样,"侈靡者则日损,日损则日竞,竞则日果,是兵刃之所以复而自拯之道也"②。因此,从特殊时期特定视角观察,"侈靡"政策是治国理政的一种积极之"善"而不是消极之"恶"。

总之,"侈靡"消费不仅全面拉动了国内需求,刺激了经济增长,而且驱动了当时社会生产力爆炸式发展,加快了实现国家战略目标的步伐,突显了"侈靡"思想的经济价值。

5.3.2 社会维度

"士农工商四民者,国之石民也。"从这里可以看出,《管子》把商人列为一个重要社会阶层,尽管其社会地位处于"四民"之末位,但是"商工之乡六"(《小匡》),足见从商之民依旧可观,这就成了国家治理与社会稳定不可忽视的重要组成部分,而商业的发展情状直接影响着商人的生存、生活与发展,间

---

① 曾赛丰.论《管子》中的消费经济思想[J].消费经济,1997(3).
② 章炳麟.訄书[M].朱维铮,编校.初刻,重订.上海:中西书局,2012:38.

接影响君民情感型关系的构建。这就需要确立商业的社会地位、保障商人充分就业,从而与"四民分业""四民分居"的治国方略相吻合。否则,四民"分业""分居"的社会治理模式就难以实现。所以从治国宏观维度出发,《管子》需要考虑商业发展、促进商人就业,"然后民力可得用","民不流矣"。

第一,"侈靡"思想的重要目的是确立商业社会地位、促进商业发展。 推进社会"侈靡"消费,能够助力商业繁荣,有利于商业社会地位的确立。从"四民分业"角度出发,商业作为国家的一个重要产业,务必要统筹考虑其发展,同时发展商业也是国家对当时社会生产关系的积极调整。因此,从这个角度审视,"贱有实,敬无用,即是侈靡本意"①也是有一定道理的,所以国君要富国强兵、成就霸业,基于人性假设认定,"则请行民之所重",积极发展商业。

为了更为直观地反映"侈靡"消费对商业发展的促进作用,我们不妨引入图 5-4 来进行诠释。假设横轴 X 为消费,纵轴 Y 为商业发展,A 点为民众正

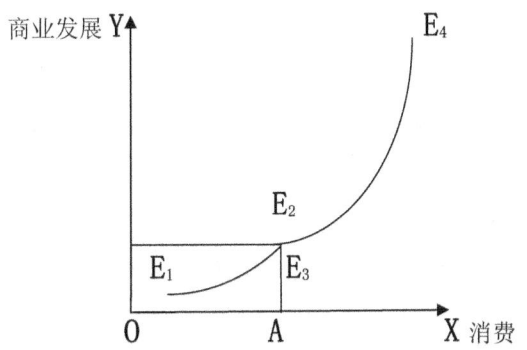

图 5-4 "侈靡"消费促进商业发展示意图

常消费总量的终点,也就是"侈靡"政策实施前的民众消费规模,E_1E_3 为"侈靡"消费实施前的商业发展情况,E_2E_4 为"侈靡"政策实施后的商业发展情形。从 E_1E_3 线可以看出,当时商业发展缓慢,几乎处于停滞状态,即使生产者供给再多,消费者购买量也不大,直接反映为市场供需不旺,商人利润空间极其微薄,而商人作为一个社会阶层无疑难以很好地生存、生活,商业作为一个重要产业也难以发展。而在管仲鼓励"侈靡"消费后,市场需求急剧飙升,社会消费总量基点全面提升,由 E_1 提升至 E_2,商业发展线也由 E_1E_3 快速漂移至 E_2

---

① 姜旭朝.《管子》侈靡观:中国传统崇俭消费观的"异端"[J].管子学刊,1998(2).

E_4。这无疑会极大地刺激社会生产,有效增加市场供给,从而全面激活沉寂已久的商业,使齐国经济焕发出勃勃生机。从图 5-4 中我们可以清晰地看出,"侈靡"消费对商业发展的强劲拉动作用。

随着"侈靡"消费的不断扩大,市场需求的持续旺盛,作为逐利者的商人,基于人性假设认定,就会不遗余力地贩运各类农产品、手工业品甚至一些制造各类兵器的器材到齐国来,从而使市场交易产品多元化,进而全面激活市场供求,这样一派前所未有的商业繁盛景象就呈现在齐国土地上。由于国家鼓励"上侈而下靡",那么"君臣之财不私藏",这样就会进一步增加商人就业,使从事商业工作的贫民有了工作,"贫动枳而得食矣"①。市场是一种鼓舞人心的力量,工商业发展有利于社会发展,"市者,劝也。劝者,所以起"。如果不进行"侈靡"消费,那么农业进一步发展就无法得到支撑,"不侈,本事不得立"。因为农产品无法售出,农民生活就没法保障,不利于君民情感型关系的构建。这也从另一个侧面反映了消费对生产的反作用②。然而,"农夫终岁之作,不足以自食"(《治国》),进而不利于农事的就业保持稳定。这说明通过"侈靡"发展商业,不仅具有促进就业的作用,而且由于对其他行业具有带动作用,甚至还有一定的稳定就业效应,"农夫不失其时,百工不失其功,商无废利,民无游日"(《法法》),凸显了"侈靡"思想"善"的一面。

第二,"侈靡"思想的重要目标是增加就业机会、促进商人就业。 从"四民分居"角度审视,国家要考虑商人的职业。《管子》认为,商人对于国家并不是无所作为的人,而是有所作为的人。由于他们不挑选居处和侍奉君主,卖出就是为了谋利,买进也不保守惜售。所以国家要通过"侈靡"消费使这部分民有商可经、有业可创。这样就可以促使这些商人将国家的山林资源取过来即去谋利,从而使国家的市场税收成倍增长,"国之山林也,则而利之。市尘之所及,二依其本"。这也说明了国家必须要发展商业。而要成功有效发展商业,除了形式灵活的减税、免税等刺激外,还得有强劲的市场需求,而"侈靡"消费正创造了这种需求。因为没有强劲的需求,市场难以活跃,商业也不可能发展,这样商人生活得不到维持,社会稳定局面难以形成,君民情感型关系也不

---

① 张小木.管子解说[M].北京:华夏出版社,2009:299.
② 孙引,陶李.《管子·侈靡篇》若干问题的探讨[J].财经研究,1980(3).

可能构建。所以从《侈靡》全文叙述中,我们可以发现,管仲鼓励"侈靡"消费的重要目的就是要促进商业的发展,在商业发展中解决商人就业,从而有助于缩小贫富差距;在商人就业中加快商业发展,并带动相关人员就业,从而进一步扩大社会生产。所以它要求"丹砂之穴不塞",也就是丹砂矿产的洞口不要堵塞,要开放矿山。基于人性假设认定,如果让民开采矿山,"贫者为之","自(原作'百')振而食"①,那么需使商贾贩运不要停滞,这样才能促进商业发展。著名经济学家西斯蒙蒂曾指出:"绝对的消费决定一种相等的或者更高的再生产,再生产又产生收入。"②管仲在两千多年前能看到消费对就业的促进作用,实属难能可贵。西方也只是到了17世纪才由英国著名经济学家威廉·配第首次提出这一思想——宁愿粉饰凯旋门来增加就业,这或许是汲取了《侈靡》篇中"雕卵然后瀹之,雕橑然后爨之"的思想精髓。尽管《管子》中的"侈靡"是鼓励商业发展,但是必要时仍需对其进行管控,因为"末作奇巧者,一日作而五日食"(《治国》),所以要防止"游商得以什百其本"(《七臣七主》)情况出现,从而使"大贾蓄家不得豪夺吾民矣"(《国蓄》)。从某种意义上说,《管子》的"侈靡"思想,不仅能有效增加就业,而且还具有一定的稳定就业作用。与其君给民饮食,倒不如不让他们失业,"如以予人食者,不如毋夺其事"。从性善论出发,这必将有利于君民融洽的情感型关系构建。

总之,"侈靡"既促进了商业发展,确立了商业地位,又保障了商人就业,解决了时代难题,还调整了社会生产关系,凸显了"侈靡"消费的社会价值。

5.3.3 伦理维度

缩小贫富差距,构建社会和谐局面是"侈靡"思想的基本目的,这是其受民本思想内在驱动力影响的表现,也是共同富裕思想萌芽的体现,更是构建社会和谐局面理念的呈现。

第一,"侈靡"消费蕴含民本思想,是施行"侈靡"的内驱力。这也是其能够推动商业发展的重要原因。从上述分析中,我们可以发现"侈靡"消费与商业发展呈正相关,即"侈靡"消费有利于商业发展,而商业发展又进一步满足

---

① 周乾溁.《管子·侈靡》概观[J].天津师范大学学报,1991(3).
② 西斯蒙蒂.政治经济学新原理[M].何钦,译.北京:商务印书馆,1997:80.

了富人高消费。毋庸置疑,如果没有商业的快速持续发展,商人就没有可观的利润来源,他们的基本生活就会无法得到保障,"必有饥饿之色",不得不吃野草,喝野水;"有冻寒之伤",不得不身披兽皮,头戴牛角。然而,"衣食之于人也,不可以一日违也",因为"无衣食,则亡其所以养"①。特别是管仲将商人与士、农、工并列为"国之四民"后,商人就是国家层面民众的一个重要组成部分,从善政维度出发,他们的生存发展情况绝不可小视。这类人一旦出了问题,《管子》"四民分居""四民分业"的社会治理模式就不可能成功,因为他们"不择乡而处",从性恶论维度审视,就会成为社会发展的不稳定因素,这与其对四民进行"分居""分业",将一切不稳定因素消除在萌芽状态思想相违背。通过"侈靡"促进商业发展,一方面带来了市场的繁荣兴旺,有助于社会和谐、君民情感型关系构建;另一方面也体现了《管子》中对商人的民本情怀,更是富民的有效方法。因为商业发展了,基于人性假设认定审视,商人就会带来民众生产、生活所必需的产品,使民众整体生活得到全面改善,从而有助于君民情感型关系的构建。更为重要的是,他们还为国家强兵称霸带来必需的原材料,"吸引各国商人把齐国需要但又短缺的皮、筋、角、羽毛、铜铁等兵器材料运来,这样一来,齐国便在顺畅又有节制的市场流通中,既富了民,又能轻易聚集其强大军队必需的各种武器装备"②。

第二,"侈靡"思想旨在缩小贫富差距,是共同富裕理想的萌芽。"甚富不可使,甚贫不知耻",作为具有浓厚民本思想的《管子》高度关注民众的贫富之形,千方百计采取各种措施,旨在有效防止贫富两极分化,缩小贫富差距。它明确提出,君要夺余满、补不足,使政令得以贯彻,民用得以满足,"能知满虚,夺余满,补不足,以通政事,以赡民常"。它还强调,"地之变气,应其所出;水之变气,应之以精,受之以豫;天之变气,应之以正",地、水、天有了灾变都可以想法解决,而治国中出现民的贫富不也可以解决吗?因此,为了达到"削富减贫"目的,管仲适时推出了"侈靡"消费。因为富者奢侈消费,财富就会减少,而不至于达到"甚富"的程度。"甚富"如水,水平则不流。因富者奢侈消费,就会带动不同行业发展,进而创造大量就业机会。基于人性假设认定观察,贫

---

① 董仲舒.春秋繁露[M].张世亮,钟肇鹏,周桂钿,译注.北京:中华书局,2012:196.
② 程国政.管子雅话[M].武汉:长江文艺出版社,2003:250.

者就会生产更多适销对路的优质产品,这样富者就在不知不觉中为贫者提供了就业岗位,从而使这些民众不至于"甚贫",进而有利于君民情感型关系的构建。"甚贫"如云,云平则无雨。在这个过程中富者财富减少,贫者财富在就业中增加。因此,《管子》中的"侈靡"思想并非低级趣味,而是具有极强的解决现实问题意义,这也从另一个侧面体现了《管子》中"以民为本"的"善"政思想。

为了更好地呈现"侈靡"消费对缩小贫富差距的作用,我们不妨以图 5-5 来解析,假设横轴 X 为穷人财富,纵轴 Y 为富人财富。在没有鼓励"侈靡"消费之前,富人财富相当于图中四边形 CABT 的面积,穷人财富仅为四边形 OCTR 的面积。在"侈靡"消费政策推出后,"积者立馀食而侈,美车马而驰,多酒醴而靡",这实际上是基于人性假设认定,积财者会拿出余粮大量消费,美饰车马尽情驰乐,多置酒醴尽情享用,从而将会消耗富人近一半的积蓄财富,也就是图中四边形 PABQ 面积,而贫民则通过自己的劳动,将富人所需的产品生产出来,满足其各类消费,从而创造自身拥有的财富,也就是四边形 RTDS 面

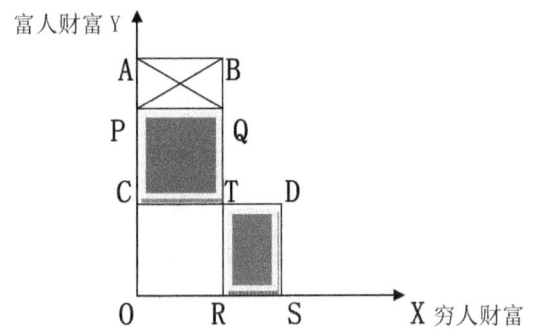

图 5-5 "侈靡"消费缩小贫富差距图

积。这样富人通过"侈靡"消费将自己的财利散于天下,而贫者则通过自己的勤劳,将富人分散的财富汇集到自己手中生活,进而缩小贫富差距,实现共同富裕,这无疑有利于君民情感型关系的构建。通过"侈靡"消费后,富人的财富减少为四边形 CPQT 大小,而贫者的财富则变为四边形 OCDS 大小。正所谓"大夫已散其财物,万人得受其流"(《揆度》)。管仲还认为,国家要掌控民众的贫富程度,绝不能让民过富或过贫。从人性假设维度审视,过富之民,财大气粗,不好使用;赤贫之民,没有羞耻之心,还如何使用?"大富则骄,大贫则

忧。忧则为盗,骄则为暴,此众人之情也。"①这也是"法令之不行,万民之不治"的真正原因——"贫富之不齐也"(《国蓄》)。因此,从某种程度上说,《管子》中利用"侈靡"之"善"——缩小贫富差距的做法,是人类社会"共同富裕"思想的最早萌芽。

  第三,"侈靡"思想试图构建社会和谐局面,是受和合理念的驱动。从性善论视野观察,"侈靡"消费是缩小贫富差距的有力举措。之所以要缩小贫富差距,主要是因为民众贫富差距太大,就不会安居守业,"民贫则难治也""民贫则危乡轻家",而"危乡轻家则敢凌上犯禁"(《治国》)。更为重要的是贫富差距太大时,贫民将会陷入挨冻受饿窘况之中,这类人要想求生,基于人性假设认定,要么四处逃亡,觅得衣食;要么铤而走险,进行艰苦卓绝的斗争。这显然不利于国家稳定,不利于构建社会和谐局面。而《管子》认为,"畜之以道则民和,养之以德则民合。和合故能谐"(《兵法》)。所以《管子》作为成功治国的典范之作,绝不能袖手旁观,它强调"凡治国之道,必先富民。民富则易治也"(《治国》),因为民富了,就会"仓廪实""衣食足","生之、养之"的问题就解决了,"民欲佚而教以劳""劳教定而国富",他们自然会安居乐业,而不会游走四方,有助于构建社会和谐局面与君民情感型关系。正因为如此,管仲适时推出"侈靡"之善政,积极促进商业发展,既富民又能缩小贫富差距,还顺应了民意、民心,"得天者,高而不崩;得人者,卑而不可胜"。

  正是上述原因,一向尚俭的管仲在治国过程中,发现民众即将出现严重贫富两极分化时,就提出了"侈靡"政策,鼓励富人进行高端消费,"富者靡之,贫者为之,此百姓之怠生",这样既繁荣了市场,又搞活了经济,还增加了就业岗位,从而为贫困之人提供脱贫谋生机会,有利于增进君民情感型关系,凸显了特定时期"侈靡"的善政之"善"。因此,《管子》认为,鼓励富人奢侈,就可以帮助贫民就业,改善他们生活,是注重实际而不图虚名的有效举措,"事末作而民兴之,是以下名而上实也"。其实,《管子》还认为,增加社会就业,有利于构建和谐社会,并提出了增加就业的"侈靡"途径——挖掘巨大墓室、装饰堂皇墓地、制造巨大棺椁、多用随葬衣被乃至使用各种祭奠包袱、各种仪仗与各种殉葬物品,"巨瘗培,所以使贫民也;美垄墓,所以使文明也;巨棺椁,所以起木工

---

① 董仲舒.春秋繁露[M].张世亮,钟肇鹏,周桂钿,译注.北京:中华书局,2012:284.

也;多衣衾,所以起女工也。犹不尽,故有次浮也,有差樊,有瘗藏。作此相食,然后民相利",这些都是为了增加就业机会,从而使贫者整体受益,进而解决他们的生活难题,这样"使富者足以示贵而不至于骄,贫者足以养生而不至于忧,以此为度而调均之"。假如没有富者旺盛的消费需求,那么一些贫者基本生活问题都解决不了,就会出现"富者愈贪利而不肯为义,贫者日犯禁而不可得止,是世之所以难治也"①的情状,显然未来农业、手工业发展,也就失去了必要劳动力的支撑与保障,所以《管子》中的"侈靡"思想,从这一层面讲,它具有初级差等消费、中级增加就业、终极缩小贫富差距的深刻内涵。因此,从某种意义上说,管仲是在解决贫民就业过程中缩小了贫富差距,全面实现了社会财富从一部分人和平地转移到了另一部分人手中;同时还在缩小贫富差距中促进了贫民就业,又不至于使国家财富流溢至国外,变成他国的外汇,增强别国的实力。所以"侈靡"政策实施后,"天下之民归之若流水"(《轻重甲》),因为"水鼎之洎也,人聚之;壤地之美也,人死之",也就是水源所流之地,人们都来聚居;土壤肥沃之处,人们都不肯离去。"若江湖之大也,求珠贝者,不令也。逐神而远热,交觯者不处。"这样就连寻找珠贝之民都不愿离开,正在碰杯饮酒之民也坐立不安纷纷赶来,久而久之,从人性假设认定维度出发,君民之间构建的情感型关系就会坚不可摧、牢不可破。

总之,"侈靡"思想既缩小了贫富差距,构建了社会和谐,又消除了贫富之间潜藏的矛盾,还调整了社会财富的分配,彰显了"侈靡"消费的伦理价值②。

综上所述,《管子》是我国古代治国理政的鸿篇巨著,通过潜心深入研读,我们可从中体察到《管子》对社会经济问题观察的独到与深邃,正所谓"侈靡无定,适其时尚之义也"③,也就是说消费观念应随时代的变迁而变迁。尽管后人因认识差异而对这种思想的理解迥异,但是它用"侈靡"消费政策成功构建了全面拉动内需、促进商业发展与缩小贫富差距的逻辑关系,实现了经济、社会、伦理三重维度的有机统一,达到了治国理政的战略目的,是其"不慕古,不留今,与时变,与俗化"(《正世》)思想的直接体现,也与孙武的"合于利而

---

① 董仲舒.春秋繁露[M].张世亮,钟肇鹏,周桂钿,译注.北京:中华书局,2012:284.
② 李秀英.《管子》的消费观及其现代阐释[J].管子学刊,2005(4).
③ 章炳麟.訄书[M].朱维铮,编校.初刻,重订.上海:中西书局,2012:39.

动,不合于利而止"①的经典思想不谋而合。即使在两千多年后的今天看来,它仍熠熠生辉,散发出耀眼夺目的光芒。这就要求我们发展经济要从国家战略全局考虑,不仰慕古代,墨守成规,也不要故步自封,停滞不前,而是要高瞻远瞩,与时俱进。因此,如果说节俭是人类社会的普遍思想,那么"侈靡"则是人类社会发展过程中特定阶段的特殊思想,是对社会经济运行规律的灵活运用,而不是违背经济规律,特别是当国家藏富于民已成事实,而经济增长乏力之时,这种思想给后世治国适时"侈靡"提供了全新视野和积极借鉴。

　　需要特别指出的是,多年来,因为中华民族尚俭的优良传统而影响了学界对"侈靡"思想潜藏价值的深入挖掘。但是,一旦拂去历史的尘埃,洗尽时代的垢印,"侈靡"思想的珍贵价值便会全方位、立体地呈现在世人面前。因为它是一套严整、系统、深刻的经典理论,是当时治国过程中特定时期、特定阶段的特殊产物,是从经济、社会、伦理维度中生发出来的思想精髓,所以"侈靡"思想的价值内涵是非常丰富的。就文本解读而论,三重维度各具特色,都可以单独构成"侈靡"思想的精华;就内在逻辑而言,它们彼此交织在一起,共同构成了"侈靡"思想的支柱;就运作过程而言,它是基于对时局的清醒认识,获得了民众的普遍认同;就实施效果而论,它既实现了商业发展的阶段性单项突进,又达到了拉动内需的全局性整体推进,还促进了民众就业、缩小了贫富差距、构建了社会和谐局面,更有利于君民情感型关系的积极构建。侈靡思想犹如一枚晶莹的珍珠、一颗夺目的宝石镶嵌在《管子》一书中,它对后世造成了广泛而深远的影响,这种影响并没有因某个朝代、某个时期甚至某个国君的消逝而结束,因为历朝历代总有那么一些人在延续侈靡,甚至产生了"经济上无理性的消费模式"。

---

① 孙子兵法・孙膑兵法[M].骈宇骞,等注译.北京:中华书局,2007:80.

第 6 章
基于道义、治乱与客观情境要求的安民与成民

"安民"是国家治而不乱的客观情境要求,"成民"是持续安民衍生的直接结果与体现。无数历史事实证明,争战动荡会给民带来无尽痛苦与深重灾难;安定和谐能给民带来无限安宁与无比幸福,"夫利莫大于治,害莫大于乱"(《正世》),所以治国应以安民为要、理政须以成民为本。这就要求君从天下大治维度出发,与民建立起最基本的道义型关系,于是管仲推出了"三国五鄙""四民分居""赏罚治理"的治国安民方略,实施了"审慎选用""四民分业""专才治理"的理政成民举措。由于教化具有安民、成民的"双重"意义,所以将其单独列为一节,并从国家、群体、个体三个层面对其进行阐释。

6.1 安民之举

春秋时期是我国奴隶社会没落阶段,民在这期间社会政治生活中日益显示出巨大力量,愈益发挥着显著作用,特别值得关注的是"国人"驱逐国君而使诸侯国灭亡的事件时有发生。各诸侯国能否保持境内治而不乱的"民安",已成为关涉国家生死存亡的重大问题。管仲应这种客观情境要求提出了一系列经典理论并付诸实践,从而辅佐桓公实现了"九合诸侯,一匡天下"的安民道义霸业。

6.1.1 三国五鄙

春秋战国时期战事频仍,致使社会上充斥着大批无业游民、流民。倘若君

治国理政不处理好这个严峻问题,不仅政令、法令难以畅通,而且国家内部也很难安定。正因为如此,管仲治理齐国时仍沿用先王的"三国五鄙"制度(见表6-1)。"国"包括近郊,主要是君主、卿、大夫、士、平民等统治族人的居住区,在这个区域居住的人被称为国人;"鄙"是指国、郊以外等被征服族中农业生产者的居住地,在这个区域居住的人被称为鄙人。君主将其能够直接统治的地区划分为国中与鄙里,这种城中的"国"统治农村的"鄙"、"国人"中的贵族统治"鄙人",就是所谓的"国鄙制度"。"参其国而伍其鄙,定民之居,成民之事,以为民纪,谨用其六秉;如是而民情可得,而百姓可御"(《小匡》),可见"三国五鄙"能使民安土重迁,渐趋安居乐业,符合国治而不乱的客观情境要求,也潜藏有一定的道义性元素。之所以采用这种管理模式,主要是针对春秋时期战事"只注重进攻城郭、不注重攻打鄙野"的实际,管仲采用"上由国君统管、下由官吏分管"的模式,施行逐级管理境内居民的办法,将士、工、商三类民安置在城郭,将农民安置在鄙野,进而保证农业的发展、农事的生产。这种管理体制有三方面益处:一是可以保证政令从一孔出,"令则行,禁则止",全面树立君主权威;二是可以保证政令统一畅达,更为有效贯彻落实,"宪之所及,俗之所被,如百体之从心,政之所期也";三是可以保证统一指挥,"亏令""益令""不行令""留令""不从令"皆死,"五者死而无赦,唯令是视"(《立政》),确保"政令"执行到位。

表6-1 昔者圣王行政管理组织的情况简表

名称	分类	内容
三国	公	各率一军
	高子	
	国子	
五鄙	轨	轨长
	邑	邑司
	卒	卒长
	乡	良人
	属	大夫

管仲的"三其国而五其鄙"(《小匡》)管理模式不仅非常具有时代特色,而且比昔日圣王行政管理组织的"三国五鄙"更为细化。这里的"三其国"是指将国境内都城区域划分为二十一乡,然后再将其划分为三个部分,"公帅十一

乡,高子帅五乡,国子帅五乡",三部分再各设一军,"三国故为三军"。帅下设乡良人、连长、里有司、轨长四级官吏进行管理,"公立三官之臣:市立三乡,工立三族,泽立三虞,山立三衡。制五家为轨,轨有长;十轨为里,里有司;四里为连,连有长;十连为乡,乡有良人;三乡一帅";"五其鄙"是指将国境内的乡村住户分为五属,由五个大夫任官长,大夫下设置乡、卒、邑、轨四级,每级皆有专设官员负责管理。这种层级式的管理模式,再加上国君颁布宪令,严明赏罚,显然有利于国治民安。《小匡》对此作了更为详细的阐述:"制五家为轨,轨有长;六轨为邑,邑有司;十邑为率,率有长;十率为乡,乡有良人;三乡为属,属有帅。五属一大夫。武政听属,文政听乡,各保而听,毋有淫佚者。"这里管仲将国家机构设置分为轨、邑、卒、乡、属,其首长分别为轨长、邑司、卒长、良人、大夫(详见表6-2)。这种直线制管理模式有利于维持社会秩序,潜藏有一定的道义安民因子,符合国家治而不乱的客观情境要求,后世人们对此模式进行了总结,"天下至广,非一人所能独治,是以博访贤才,助己为治","海宇之广,亿兆之众,一人不可以独治,必赖辅弼之贤,然后能成天下之务","天下大矣,人主不能自理,分而寄之一相。相臣者,君所与共天下者也","天下不能一人而治,而设官以治之"①。这说明官吏是为了辅佐君治民、安民而设立的,是君治国理政的执行者和代言人,是从君那里派生出来的,其职责就是帮助君治理天下、安定民众。对于君来说,百官"能事我者我贤之,不能事我者我否之"。其实,这种权责分明的管理体制是集权与分权相结合的管理模式,它不仅有利于调动各级官吏的积极性,而且能更好地发挥他们的主观能动性,"夫治天下犹曳大木然,前者唱邪,后者唱许。君与臣共曳木之人也"②,从而有利于法令畅通、有针对性地管理,进而对内可以防止发生混乱,对外可以增强御敌能力,这也是《管子》一书中非常注重社会管理并有效推行以家为本位的管理模式的原因。诚然,君有君的职责,宰相有宰相的职责,百官有百官的职责,"四民"有"四民"的职责,但是君作为最高统帅,要千方百计点燃民众的智慧之光,铲除官吏的欲望之火,切实让每个人都扮演好自己的角色。管仲通过"三其国""五其鄙"的办法,建立了分级管理、层层负责的中央集权管理体制,形成了

---

① 李伟.明夷待访录译注[M].长沙:岳麓书社,2008:29.
② 同①14-30.

"家—乡—国—天下"(《牧民》)的社会管理体系,既能培养民的乡土意识,又能构建和谐"社区",还有利于社会稳定,符合治而不乱的客观情境要求。时至今日,尽管管理用语不同,但是仍在沿用。这充分说明《管子》中的层级制管理模式对后世影响深远。

表 6-2 "国鄙"设置情况简表

名称	类别	行政区划	数量	称谓
三国	士工商	轨	五家为一轨	轨长
		里	十轨为一里	里司
		连	四里为一连	连长
		乡	十连为一乡	乡良人
五鄙	农	轨	五家为一轨	轨长
		邑	六轨为一邑	邑司
		卒	十邑为一卒	卒长
		乡	十卒为一乡	乡良人
		属	三乡为一属	属帅

6.1.2 四民分居

"定民之居"(《小匡》)是管仲治国理政安民推出的一个重要举措,"处士必于闲燕,处农必就田壄,处工必就官府,处商必就市井",这是从治而不乱的道义维度出发,基于春秋战国时期战事频仍的宏观背景推出的一种积极善政,符合当时社会发展的客观情境要求。

1. "四民分居"的目的

随着"重本抑末"思想的演进,社会衍生出士、农、工、商"四大共同体"。根据这种情状,管仲使他们进行"分类居住",以期达到消除矛盾、构建和谐局面、迎合"未来发展之轨辙"①的目的。

一是消除社会矛盾。由于士、农、工、商"四民"具有不同的政治、经济、社会地位,如果让他们任意杂居,容易出现矛盾与纷争,"杂处则其言哤,其事乱"。这是管仲采用"四民分居"治国方略的直接原因。士,作为"四民"之首,由天子、诸侯、卿、大夫、士等组成,属于贵族阶级中最末的一个等级。然而,士处于闲燕,属于不劳而食者阶层,但是其政治地位明显高于农、工、商等那些自

---

① 牟宗三.中国哲学十九讲[M].上海:上海古籍出版社,2005:1.

食其力者;农,居于"四民"中的第二位,虽然其政治地位略低于士,但是高于工、商之民;而工、商,居于"四民"中的后两位,被称为"末业之民"。如果让这些地位不同的"四民"杂居在一起,天长日久,他们无疑会察觉彼此的地位差异,由此就会出现争议和动乱,而"与人无交际,患不及"①。为了维护统治阶级的地位,将不稳定因素消除在萌芽状态,"四民分居"便应运而生,所以它具有治而不乱的道义性,是君治国理政消除社会矛盾的主观需要。这种根据生产、生活情况创建民众于"社区"居住的安民模式,符合当时治国理政的客观情境要求,在我国历史上应是开了先河。一方面,它可以消除民众地位的不平衡感。因为民众每天接触到的人都社会地位相同、生活水准类似,就可以将国内那些潜在不稳定因素消除在萌芽状态,"特别是在那些处于相似环境的个人所组成的群体内部,我们很容易发现某些相互重叠的特征,某些被人们共同坚持的利益"②,"四民分居"后在同一区域居住的民他们彼此身份相同,这显然有利于国家治理与社会稳定;另一方面,"四民分居"基于民"社会的基本价值是既存的、先定的,一个人在社会中的位置以及随其地位而来的特权与义务也是既存的、先定的"③,这样在士、农、工、商"四民"中,"每一个个体都在一个明晰而又高度确定的角色与地位系统内,拥有一个既定的角色与地位",所以在这样一个聚居区里,个体的民"通过认识他在这些结构中的角色而知道自己是谁;而且通过这种认识,他还了解了他应尽何种义务以及每一其他角色与地位的占有者应对他尽何种义务"④。因此,"四民分居"模式还可以有效消除不同行业民众之间收益的"比对",从而有利于安定民心,特别是有利于当时将农民长期固着在土地上。而民心是治国安天下的关键,"心安是国安也;心治是国治也。治也者,心也;安也者,心也"(《心术下》),所以《管子》强调,在"定民之居"后,还应安民之心,需要"修旧法,择其善者,举而严用之;慈于民,予无财,宽政役,敬百姓"(《小匡》),这样才能使国家兴盛富裕、"四民"安定。

二是构建社会和谐。社会和谐是治国理政的重要目标。为了达到社区和谐,有效安定民众,管仲推出了"四民分居"的安民思想,这样就形成了士、农、

---

① 止斋集.文渊阁四库全书:第1150册[M].上海:上海古籍出版社,1987:797.
② 桑德尔.自由主义与正义的局限[M].万俊人,等译.南京:译林出版社,2001:64.
③ 芬莱.奥德修斯的世界[M].北京:商务印书馆,1954:134.
④ 麦金太尔.追寻美德:道德理论研究[M].宋继杰,译.南京:译林出版社,2011:153.

工、商"四民"差异化的居住格局。由于在任一共同体内,正常之民"和他的行为是同一的,并且他使自己完全充分地表现在行为中",所以他就可以使其"所具有的一切都得到了表达,因为他们无非就是自己的言行与经历",只要是与他们职事有关的互动交流,"随所以而皆可也"①,这显然有利于达到社区和谐。所以"四民分居"在当时开创的不仅是"一种全新的社会"治理模式,而且是"一种由并不总是融贯的多种多样的信念与概念所界定的社会"②治理模式,因为士、农、工、商"四民"是被人为创造设置的四大迥异共同体。显然,"四民分居"在短期内可以使迥异共同体内部每个人对他人都"怀着普遍的、团结互助的责任心","即把他人视作我们分子中的一分子,是我们共同体每个人的责任"③。相反,如果让士、农、工、商"四民"杂居在一起,天长日久,他们就会觉察出彼此之间的差别,特别是在政治、经济地位上的差异,容易滋生暴乱,所以"不可使杂处"(《小匡》)。为了防止齐国境内出现这种不和谐现象,"稳定压倒一切",管仲要求相同职事民众聚集居住,而职事不同民众分别居住,旨在避免"四民杂处"带来的不和谐因素。从这种意义上说,"四民分居"具有一定意义上治而不乱的安民性和道义性,符合国家治理的客观情境要求。假如没有"四民分居",士、农、工、商"四民"的后代就会"从小就接触罪恶的形象,耳濡目染,犹如牛羊卧毒草中嘴嚼反刍,近墨者黑,不知不觉间心灵上便铸成大错了"。而施行"四民分居"后,可使其子弟"如坐春风,如沾化雨,潜移默化,不知不觉之间受到熏陶,从童年时,就和优美、理智融为一"④,且不易改变,"与之居处,使之熏染成性"⑤。同时在这样的氛围中,同一共同体内部个体之民的互助会更为方便,因为他们彼此的互助"不仅是一种喜欢的方式,也是一种认知的方式"。君通过推进这种思想,与民建立一种功利型的道义关系,"把所有个人'融合为'或'合并为'一个人",把乱象丛生的社会环境抛入时代的"汪洋大海"⑥,达到天下治而不乱的目的。

---

① 王夫之.姜斋诗话[M]上海:上海古籍出版社,1978:3.
② 麦金太尔.追寻美德:道德理论研究[M].宋继杰,译.南京:译林出版社,2011:78.
③ 郭官义.哈贝马斯新作问世[J].哲学译丛,1997(2).
④ 柏拉图.理想国[M].郭斌和,张竹明,译.北京:商务印书馆,1986:109-110.
⑤ 程颢,程颐.二程集[M].王孝鱼,点校.北京:中华书局,1981:537.
⑥ 桑德尔.自由主义与正义的局限[M].万俊人,等译.南京:译林出版社,2001:201-219.

2."四民分居"的体现

纵观春秋战国历史,我们可以发现"四民分居"是一种真正意义上的"思想引领变革"。它实现了思想与行为的统一,体现为管仲用民本治国思想统领士农工商的社会生活实践,符合统治者希冀出现的"治而不乱"的客观情境要求,也潜藏有一定的道义安民性。

居住区域自身具有约束安民性。"四民分居"后,民众居所固定,则"民难去其乡"①,它是不同职事之民"相对封闭的聚落,而不光是一定数量单门独户住宅的集合"②,它让"国之石民"过上理性的生活方式,是一种具体但也受到严格限制、犹如行使主观权利一样居住在某一区域内的生活方式,也就是在"四民分居"框架内,居住在"士"的区域内就是"士"人,居住在"农"的区域内就是"农"人,居住在"工"的区域内就是"工"人,居住在"商"的区域内就是"商"人。这种国家治理模式看似从主观角度出发的,但是也是受到了一定的客观条件限制,因为当时只存在这"四类"民,国家以相对稳定的方式实现了将民固定在不同区域的目标,不同类民的居住权在形式上是不可侵犯或改变的。这种建立在不同居住场所基础上的民,其社会成员资格是相对固定和封闭且是不能自由转让的,他们出入于某个区域,并非取决于原有民众的意志,而是取决于客观标准,士、农、工、商等民众,只能选择居住于各自的区域,而不能楔入非他的居住区。这进一步说明"四民分居"自身具有一定的安民性。由于春秋时期诸侯国的军事攻防只注重城郭,不注重鄙野,所以管仲将耕作之民安置于鄙野,"农群萃而州处",切实保证了农事,无疑是一种时代进步,而将士、工、商三类民安置于城郭,"群萃而州处",便于加强社会管理。由于管仲采取"寓军于民"的治兵策略,所以让他们世代居住在一起,平时耕种狩猎习武,彼此相互交流熟悉;战时遥相呼应冲锋,自觉甘愿生死与共,"是故夜战其声相闻,足以无乱;昼战其目相见,足以相识;欢欣足以相死"。更为重要的是,管仲采取分居安民的举措,让他们各居其所,彼此互不影响、互不干扰,除了便于官府管理外,还有利于消除他们"见异物而迁"的思想,"其心安焉,不见异物而迁焉"(《小匡》)。因为君的子民"从小养成这样的习惯还是那样的

---

① 李伟.明夷待访录译注[M].长沙:岳麓书社,2008:151.
② 韦伯.经济与社会[M].阎克文,译.上海:上海人民出版社,2009:1375.

习惯绝不是小事。正相反,它非常重要,或宁可说,它最重要"①,所以君通过"四民分居"使迥异的民在不同的区域内影响各自繁衍的后代。因此,这种"四民分居"模式不仅具有一定的道义安民性,而且符合当时社会发展的客观情境要求。由于"民不杂处则不见异物",而民"不见异物则不去思迁",这自然有利于社会整体稳定、国家经济发展,从而为"富国强兵,称霸诸侯"奠定了坚实基础。这说明管仲对民施以分类管理是非常有价值和意义的,"这种朴素的国民分类管理思想,在一定程度上也反映了它在创造'人和'的环境氛围"②。

商贾发展情状反映分类居住的安民性。管仲将商贾分立三乡而聚居于市,便于进行市场交易,再加上国家开放关卡、广设市场,无论是行商还是坐贾,都可以享受便利,他们"观凶饥,审国变,察其四时而监其乡之货,以知其市之贾。负任担荷,服牛辂马,以周四方。料多少,计贵贱,以其所有,易其所无,买贱鬻贵。是以羽旄不求而至,竹箭有余于国,奇怪时来,珍异物聚。旦昔从事于此,以教其子弟。相语以利,相示以时,相陈以知贾。少而习焉,其心安焉,不见异物而迁焉。是故其父兄之教,不肃而成;其子弟之学,不劳而能。夫是故商之子常为商"(《小匡》)。这说明:一是当时社会治而不乱,否则难以形成这样一个专门务商的庞大群体,因为商贾是市场活跃的重要推动者与积极参与者;二是《管子》民本治国思想具有一定的道义性,因为那些商人职事具有沿袭传递性,可以子承父业;三是齐国商业已呈现繁盛之景,由于商贾经营利润高,所以通过"四民"分类建立商人居住区,符合当时的客观情境要求;四是商贾职能有限,仅停留在根据市场价格波动贱买贵卖、赚取差价的初级阶段;五是《管子》在"四民分居"的同时非常重视职业道德建设,不是诚实守信的商人不允许从事商业活动,"非诚贾不得食于贾"(《乘马》)。只有商贾诚信至上,才能市场交易稳定,否则尔虞我诈,必将动荡萧条,商业区也难以形成,"百川异源,而皆归于海"③,因为没有诚信任何事情最终都办不成,凸显了当时商贾的"道德境界"④。

---

① 亚里士多德.尼各马可伦理学[M].廖申白,译注.北京:商务印书馆,2003:37.
② 孙德厚.管仲的公众关系思想[J].管子学刊,1995(1).
③ 刘文典.淮南鸿烈集解[M].冯逸,乔华,点校.北京:中华书局,1989:427.
④ 冯友兰.新原道:中国哲学之精神[M].北京:生活·读书·新知三联书店,2007:64.

此外,"四民分居"便于国家了解民众生活疾苦,而"举知人急,则众不乱"(《问》)。因为国家充分了解民的疾苦,就可以有针对性地施以不同程度的赈济救助,从而使民不至于过贫而被迫去犯上作乱。从这种意义上说,"四民分居"不只是出于国家整治的目的,而且是为了理政安民,充分体现君治国理政的道义性,完全符合当时国家治理需要的客观情境要求——治而不乱。

3."四民分居"的评价

"四民分居"在春秋时期是一种特殊命题,而不是普遍命题。它不仅是对人们居住方式的划分,而且还是对齐国民众的"整合",所以它是当时社会发展的一种进步举措,使士、农、工、商"四民"能够相对"比肩而立",但是这种分类仍旧"囿于原初的范围之内",旨在保持民众生产、生活的稳定状态。然而,它在齐国民众生活中发挥着非同小可、不可小觑的改变作用。

"四民分居"是一种时代之善。管仲之所以推出"四民分居"的治国方略,一方面是应时势之所需,欲实现齐国"富国强兵,称霸诸侯"的战略,国内需要有一个稳定的、治而不乱的经济发展局面,才能达成终极目标;另一方面顺民心之所趋,在因战事频繁而经历了长期的颠簸流离之后,民众对他们的生活都"希望稳定而持久,而不像埃夫里普的潮水那样流转无常"。"四民分居"使同类之民在同一个区域内比邻分享共同生活,而"共同生活似乎是友善的一个主要标志",这种友善的感觉可以通过共同生活、共同语言甚至彼此思想的互动交流来实现,共同生活对于士、农、工、商"四民"来说,它的"意义就在于这种交流,而不在于像牲畜那样的一起拴养"[①]。从这种意义上说,管仲将民众分类居住符合当时国家治理的客观情境要求,具有一定的道义性。因此,"四民分居"不仅是一种国家治理模式的立异标新,而且是一种对内具有凝聚力、对外具有影响力的全新展示,还减轻了民众之前四处迁移带来的经济负担,所以"四民分居"对于民众来说"虽然被迫,但是情愿"[②]。由于管仲当时把民众不同的居住区域视为独立的客体,而"安居"是士、农、工、商"四民"的最大公约数,所以这种治理模式在当时是积极、正面的,在一定程度上是得到民众拥护的。虽然"四民分居"具有排他性意义,但是它使境内之民不再因世乱而混沌

---

① 亚里士多德.尼各马可伦理学[M].廖申白,译注.北京:商务印书馆,2003:283-285.
② 韦伯.经济与社会[M].阎克文,译.上海:上海人民出版社,2009:873-969.

无序,无形之中形成了有序的四大共同体,从而把"四民"个体在理念上的认同与实践上的认同统一起来。这样在一个共同体内,个体的民之间"所存在的所有差别绝大部分都能消失或含融在一起。"

"四民分居"忽视了矛盾的特殊性。 "四民分居"基于这样一个假设,个体的民怎样对待自身,他就会怎样对待别人。如果自身存在的感觉值得欲求,那么他对于他人的存在的感觉也就值得欲求。但是这种感觉只有在共同生活中才能实现,所以士、农、工、商都自然地寻求这种共同生活。其实,尽管"同类找同类","同类与同类是朋友""寒鸦临寒鸦而栖",但是"相似的人就如陶工和陶工是冤家"①,这说明"四民分居"忽略了矛盾的特殊性。因为"即使是最为相似的处境,也没有哪两个人具有相同的处境,也没有哪两个人在每一方面都有着同样的目的和利益"②。因此,"四民分居"只认识到了士、农、工、商四大行业主体间矛盾的普遍性,但是忽视了每一行业的特殊性——内部斗争性。因为即使在同一行业内部也存在思想、观念等精神层面的差异性和复杂性,还有认知方式、经验背景、知识结构等方面差别所造成的视野局限,以及理解、解释、评价等障碍,这些极易导致行业内部不同民之间的视角、态度、评价甚至立场的不同,从而衍生诸多斗争性,因此,虽然四民都像蜘蛛一样在各自的行业内忙碌着,但是在其迥异的共同体内部仍存在着潜在的斗争性。除了利益争夺外,还会有观点的分歧、正误的区别、穷富的差异、妒忌的衍变等情况发生,直接表现为双方的互斥或冲突,例如,被忽略时说怨话,受挫之后说胡话,嫉妒他人时说闲话,获得肯定时说狂话,等等。这些都源于人性的弱点——能看到别人的缺点,却看不到自己的不足。而这类民看待他人缺点时往往用放大镜,而看待别人优点时则用显微镜。用放大镜的目的在于放大别人的缺点,试图贬低他人,以凸显自己;用显微镜的目的在于缩小他人的优点,不愿去学习别人的可取之处,认为自己就是完人。在诸多这类过程中不可避免地会伴随着一定的斗争性。然而,这种"斗争是同一中的斗争"③。正如赫拉克利特所指出的那样,"最优美的和谐来自不一致",正是这种矛盾的同一性与斗争性,才推动了人类社会不断向前发展。

---

① 亚里士多德.尼各马可伦理学[M].廖申白,译注.北京:商务印书馆,2003:229-288.
② 桑德尔.自由主义与正义的局限[M].万俊人,等译.南京:译林出版社,2001:6.
③ 吴倬.马克思主义哲学导论[M].北京:当代中国出版社,2002:124.

"四民分居"限定了民的原初身份。虽然"四民分居"有利于不同区域内民众之间的和睦相处以及社会的和谐稳定,但是它使民众的居住范围甚至身份形成了一个相对隐形固定的契约,"士子恒为士,农子恒为农,工子恒为工,商子恒为商",并把士、农、工、商固着在同一区域内,不利于迥异共同体之民间的互动交流、相互吸收与融合①,所以这种"分类居住"长期也会滋生一定的分歧。当然,我们也应该看到,"四民"分开居住,无异于国家把他们"囚禁"在迥异的固定范围内,从某种意义上说,他们见到的所有景象几乎都是彼此各自"墙上"的影子,这直接导致了他们无法理解其他不同事物的差异化"投影"。因此,后世不断打破这种"分类居住"的藩篱,让不同区域的民从各自的"洞穴"中走出,来到煦暖的阳光下,从而见到不同事物的真相与全貌。这不仅有利于民众视野的开阔,而且也有利于他们的全面发展。由于时代的局限,当时先进的思想在今天看来,"只能催生出一种贫瘠的乌托邦"②。尽管如此,它符合春秋时期君治国理政治而不乱的客观情境要求,潜藏有君民之间的道义型关系。

6.1.3　赏罚治理

赏罚③思想在《管子》所体现的民本治国过程中发挥了重要作用,它包括明确公开、功过为基、理性适度、遵循法度、赏信罚必等五项原则,它们虽然形式上彼此独立,但是实质上相互联系,且具有一定的内在逻辑和道义因子,符合国家治而不乱的客观情境要求。

1.明确公开赏罚是君治国理政安民的前提

由于"赏"是激励、调动、发动民的法宝,"罚"是使民祛恶、改邪、匡正的锐器,所以"赏罚之数,必先明之"(《立政》),"治则不可以不明"④,从而使得赏者愉悦、受罚者信服,这样"赏"才具有吸引力、感染力、带动力,"罚"才具有影响力、惩戒力、震慑力,这无疑符合治国理政的客观情境要求,也是《管子》中提出"开必得之门""明必死之路"(《牧民》)的重要原因。

---

① 汤一介."文明的冲突"与"文明的共存"[J].北京大学学报(哲学社会科学版),2004(6).
② 桑德尔.公正:该如何做是好?[M].朱慧玲,译.北京:中信出版社,2012:31.
③ 王雅民.《管子》赏罚有度思想及对我国当代政治的影响[J].今日中国论坛,2013(13).
④ 董仲舒.春秋繁露[M].张世亮,钟肇鹏,周桂钿,译注.北京:中华书局,2012:523.

"明赏"可以提升国家发展正能量。由于国家发展需要凝聚并发挥正能量,所以对于成绩突出者,应"赏之以列爵之尊、田地之厚"(《君臣上》),这样他人就不会有攀比羡慕心理,甚至还能起到隐形激励作用,"赏罚明,则勇士劝也"(《兵法》),所以管仲对能"明于农事""蕃育六畜""树艺""树瓜瓠荤菜百果使蕃育""通于蚕桑,使蚕不疾病""医民疾病"以及"知时"之民,都给予"置之黄金一斤,直食八石"(《山权数》)的奖励,这无疑将激发那些农业、畜牧业、林业、园艺业、医药、时令、桑蚕之民的积极性,"夜寝蚤起""不待见使""力作而无止"(《山权数》),"父子兄弟,不忘其功"(《乘马》),赏的道义安民作用充分体现出来。管仲还对懂得"诗""时""春秋""出行""占卜"之民,予以土地、衣服奖赏,"诗者,所以记物也。时者,所以记岁也。春秋者,所以记成败也。行者,道民之利害也。易者,所以守凶吉成败也。卜者,卜凶吉利害也。民之能此者,皆一马之田,一金之衣"(《山权数》)。在预测越国要来偷袭齐国时,管仲还将"赏"用于提升民的游泳技能,以应对未来战事,"能游者赐千金",但是还没有用去千金,"齐民之游水,不避吴越"(《轻重甲》)。颇为值得一提的是,管仲还推出了物质、精神与免兵役相结合的"复合之赏","以国策十分之一者树表置高,乡之孝子聘之币,孝子兄弟众寡不与师旅之事"(《山权数》)。为了发挥"赏"的无形激励作用,《管子》强调,"赏"要大张旗鼓,"赏之于其所善"(《禁藏》),营造积极氛围,引导民的正向行为,从而更好地发挥民的聪明才智,进而为国家发展提供更多正能量。实践证明,从"单向之奖"到"复合之赏",符合当时治国理政安民的客观情境要求,有利于天下大治的和谐社会建设。这种奖赏模式对后世影响颇为久远,直至今天仍不乏使用。

"明罚"可以减少社会进步负能量。为了保持社会稳定,《管子》对士、农、工、商"四民"推出了"明罚"的具体举措。对于"士人",它列出了三类"行此三者,有罪无赦"(《大匡》)的"明罚":从"劝国家,不得成而悔,从政不治不能、野原又多而发,讼骄",到"贵人子处华,下交,好饮食",再到"出入无常,不敬老而营富"(《大匡》),还有"非信士不得立于朝"(《乘马》),足见当时对"士人"管理之严格。同时,对于那些成绩差且有过错者,"罚之以废亡之辱、僇死之刑"(《君臣上》);对于那些"亏令""益令""不行令""留令""不从令"者,"死而无赦"(《重令》),这样国家推出的民本治国方略就能得到有效落实。因为国家惠民政策的执行者不敢截留阻滞,民就能从国家发展中得到真正实惠,自然不会滋生不和谐因素,这显然符合治国理政治而不乱的客观情境要求,也凸显了管仲治国的道义成分;对于"农人","耕者出入不应于父兄,用力不农,不事贤",也是"行此三者,有罪无赦"(《大匡》)。这说明管仲不仅重视"农人"的物质文明建设,将其固着在农地上并调动其劳动积极性,而且还重视其精神文明建设,彰显"以礼治民"的精神实质,"非诚农不得食于农"(《乘马》),是"两手抓""两手都要硬"的直接呈现;对于"工商之人","贾出入不应父兄,承事不敬,而违老治危",同样是"行此三者,有罪无赦"(《大匡》)。这就要求末业之民诚信生产经营,"非诚工不得食于工""非诚贾不得食于贾"(《乘马》),从而为"通货积财""富国强兵"提供保障。总之,管仲试图用"明罚"匡正"四民","以度量断之,其杀戮,人者不怨也"(《法法》)。虽然这种严罚治国看似残酷,"徒善不足以为政"①,但是"四民"遵纪守法后,惩罚也只是像雕塑一样供奉而已,"于下无诛者,必诛者也"。为了凸显"明罚"的震慑作用,管仲强调,"罚"要声势浩大,"罚之于其所恶",并致力于使民不受刑罚,"功之于其所无诛"(《禁藏》),具有一定的道义性,"无情而化为有情者,若枫树化为老人是也"②。总之,《管子》中针对"四民"施以迥异的"明罚"情形,不仅在当时具有划时代意义,而且对现代社会也具有借鉴价值。

其实,对于一个国家来说,公开赏罚只是治国理政的手段,"赏罚明,则德之至者也",其真正目的在于让一切有利于思想创新的花朵争相怒放,让一切有利于国家发展的活力竞相迸发,让一切有利于社会和谐的要素充分涌流。因为公开行赏不仅能有效激活民众的创造潜力、增加国家发展的正能量,而且还能有效节省费用,"明赏不费",符合治国的客观情境要求;而公开惩罚不仅能有效震慑潜在犯罪分子、递减社会进步的负能量,而且还能切实减少刑杀,"明罚不暴"(《枢言》),具有一定的道义因子。因此,治国理政要确保明"赏"与明"罚"相得益彰,因为它们"异事而同工"③,切不可重赏轻罚,也不可重罚轻赏,以免达不到赏罚的预期效果。

2.功过为基赏罚是是君治国理政安民的基础

以是非功过为基础进行赏罚是《管子》治国理政安民的重要思想,也是保

---

① 方勇.中华经典名著:孟子[M].北京:中华书局,2010:128.
② 程颢,程颐.二程集[M].王孝鱼,点校.北京:中华书局,1981:199.
③ 董仲舒.春秋繁露[M].张世亮,钟肇鹏,周桂钿,译注.北京:中华书局,2012:470.

持赏罚公正、保证赏罚公平的重要标尺,更是国家治而不乱的客观要求。

保持赏罚公正。公正是赏罚的关键。只有"是必立,非必废,有功必赏,有罪必罚"(《七法》),"有过不赦,有善不遗"(《法法》),民该得赏还是该受罚,都由其行为来决定,"赏罚随是非"①,"是非明而后可以施赏罚"②,这样才能真正保证赏罚公正,"准绳不可以不正"③,所以它要求明君"虽心之所爱,而无功者不赏也;虽心之所憎,而无罪者弗罚也"(《明法解》),从而使赏罚切实保持公正。"无功不赏,无罪不罚"(《王制》)④,这样就会出现"法度行则国治"的情状,这显然符合治国理政的客观情境要求。而如果"不察臣之功劳""不审其罪过","誉众者"即"赏之","毁众者"即"罚之",就会形成"邪臣无功而得赏,忠正无罪而有罚"的局面,直接导致的结果是:功多无赏者"不务尽力",行为忠正而受罚者"无从竭能"。这样就会出现"私意行则国乱",从而使赏罚失去公正,严重背离了治国理政的客观情境要求。因此,治国要"案其功而行赏,案其罪而行罚",这样群臣就会"举无功者,不敢进也;毁无罪者,不能退也",同时辅之"以前言督后事","所效当则赏之,不当则诛之",这样就可以达到"张官任吏治民,案法试课成功"(《明法解》)的目的,并将"爵人不论能,禄人不论功……以贵富为荣华以相稚也,谓之逆"(《重令》)。唯有如此赏罚,才能切实保持公正,体现一定的道义成分。正如康德所指出的那样,"这种惩罚必须首先作为惩罚,即作为单纯的坏事而为自己提供理由,使得受到惩罚者在情况依旧而他也看不出在这种严厉后面藏有任何好意的场合,自己都不得不承认这对于他是做得公正的,他的命运与他的行为是完全符合的"⑤。

保证赏罚公平。公平是赏罚的重要检测器。如果赏功不公平,那么"位虽高为用者少";如果赦罪尺度不一致,那么"德虽厚不誉者多"(《禁藏》)。所以,《管子》主张君对各级官吏都要公平地以功过论赏罚,并设置官吏督察,"吏啬夫任事""论在不挠,赏在信诚"。根据吏啬夫、民啬夫的职务和职责,"乘其事,而稽之以度"。由于是按劳绩授予俸禄,"则民不幸生";按功过治罪

---

① 张觉,等.韩非子译注[M].上海:上海古籍出版社,2007:288.
② 王安石全集[M].上海:上海古籍出版社,1999:243.
③ 董仲舒.春秋繁露[M].张世亮,钟肇鹏,周桂钿,译注.北京:中华书局,2012:523.
④ 王先谦.荀子集解[M].沈啸寰,王星贤,整理.北京:中华书局,2012:158.
⑤ 康德.实践理性批判[M].邓晓芒,译.北京:人民出版社,2003:50.

惩罚,"则下无怨心"(《君臣上》),所以《管子》要求冬季时对三老、里有司、伍长等进行年度考核,"使各应其赏而服其罚"(《度地》),切忌"有功而不能赏,有罪而不能诛","若是而能治民者,未之有也"。因此,君欲治国理政,必须做到公平赏罚,"有功必赏,有罪必诛",这样才能社会治而不乱,国家长治久安,因为"罚有罪,赏有功,则天下从之矣",而"赏罚不明",且又不按功过赏罚,"则民幸生"(《七法》),就会失去公平,乱世就会滋生。为了保证赏罚公平,应分清职务而考计功劳,"有功者赏,乱治者诛,诛赏之所加,各得其宜"。对于应当奖赏的,"群臣不得辞也";对于应当惩罚的,"群臣不敢避也"。如果客观成果能够证实其主张的,就给予赏赐,"功充其言则赏";不能证实的,就给予惩罚,"不充其言则诛"。所以对所谓有智能的人,"必有见功而后举之";对所谓有恶行败德的人,"必有见过而后废之"(《明法解》),凸显了《管子》赏罚治理的道义性。

总之,如果君丧失了公正、公平之心,那么就会无功而赏、有功却罚,"如此,则悫愿之人失其职,而廉洁之吏失其治",最终导致身死国亡,所以《管子》的作者愤怒地指出:"官之失其治也,是主以誉为赏而以毁为罚也。"(《明法解》)而如果君持有公平、公正之心,那么就会赏罚对称,国泰民安,从而与君治国期望的治而不乱的客观情境要求相吻合,足见公平、公正赏罚是何等重要。

3.理性适度赏罚是君治国理政安民的要求

理性适度是《管子》赏罚思想的基本要求,也是获赏者满足、挨罚者信服的重要体现,更是君保持威势、天下大治的最佳尺度,体现了治国的道义性。

理性适度的原由。赏罚理性适度的关键在于"度"。若奖励过少,那将燃不起民奋力竞取的激情,唤不起其垂涎三尺的欲望,更无法全面发挥其主观能动性;若奖励过多,"致赏则匮",毕竟国家财力有限,"夫赏重,则上不给也"(《君臣下》),同时还会引起民对"赏"的过度苛求,极易引发徇私舞弊,导致奖赏本应达到的激励民、树立模范标杆的目的发生偏离甚至背离,这样就会发生因奖赏过多而导致国家财力衰微甚至灭亡的情况,因而不符合治国理政的客观情境要求。为了验证这种思想,《管子》中讲述了一个国君因征战而奖赏亡国的故事:每次君都将夺来的土地财物尽数分给有功将士,致使最后将士的实力、地盘超过了国君,导致了弑君惨状发生;同样,如果惩罚过轻,那将对民特别是奸邪之民没有震慑力,"诛罚轻,罪过不发,则是长淫乱而便邪僻也"(《正世》),不仅安定和谐局面难以维系,而且还会刺激他们铤而走险去触犯法律的"钢丝",更无法起到杀一儆百作用。这样轻罚看似道义爱民,实则祸国殃民;如果过度处罚,超出了民的承受能力,就会导致国家法令过于残暴,"致罚则虐",而"罚虐,则下不信也"。这充分说明,无论是财政匮乏还是施政残暴,都无法得到民心,只会失去民心,"财匮而令虐,所以失其民也"(《君臣下》);无论是"严威不能振"还是"惠厚不能供",都是由于奖赏名义与实际情况不符造成的。这显然与治国理政治而不乱的客观情境要求相背离。所以,对于做好事之民应"不留其赏",这样他们就不会考虑私利;对于有过失之民应"不宿其罚"(《君臣上》),这样他们就不会抱怨刑威。至于赏罚理性适度的标准,韩非子给出了明确答案:"威足以服人""利足以劝之"①,这与《管子》"赏必足以使,威必足以胜"(《正世》)有异曲同工之妙。

理性适度的贯彻。《管子》认为,"赏"不代表爱护,"罚"也不代表厌恶,"货之不足以为爱,刑之不足以为恶","赏"与"罚"都不过是爱恶的微末表现而已,"货者,爱之末也;刑者,恶之末也"(《心术下》),所以它也不是一味地施行重罚,这样可以避免"被判犯罪的人有'一种堕落倾向'","导致他反复作恶,具有两重意义。第一,这样一个人所犯的罪过比一个通常品行良好的人犯下的罪过更令人惊恐,因而造成更大的'次要伤害';第二,一个有堕落倾向的人很可能不那么在乎惩罚"②。所以对于那些不是触犯"铁律"的情形,《管子》主张根据处罚对象的实际情况,灵活惩罚,这样既保持了赏罚的适度性与完美性,又使"赏"的影响力、"罚"的震慑力发挥至最大程度。在《小匡》中针对不同民的犯罪情况就运用了这种思想,充分体现其道义治理的民本情怀。一是针对犯小罪的民,它提出以一钧半的铜赎罪,"小罪入以金钩分";二是针对犯轻罪的民,它提出以兵器架、盾牌、皮胸甲、两支戟赎罪,"轻罪入兰、盾、鞈革、二戟";三是针对犯重罪的民,它提出用兵器、犀牛皮甲和两支长戟来进行赎罪,"制重罪入以兵甲、犀肋、二戟";四是对于那些犯轻微过失的民,仅缴纳半钧铜以示惩罚,"宥薄罪入以半钧";五是对于那些无冤而喊冤诉讼的民,经

---

① 张觉,等.韩非子译注[M].上海:上海古籍出版社,2007:330.
② 边沁.道德与立法原理[M].时殷弘,译.北京:商务印书馆,2000:25.

过官员再三劝阻而仍坚持要诉讼的,也仅交一束箭以示惩罚,"无坐抑而讼狱者,正三禁之而不直,则入一束矢以罚之"。虽然这五种抵罪做法不一定科学,甚至"惩罚本身是一种代价,一种恶"①,但是由于这种惩罚旨在剔除邪恶、减少犯罪、赢得民心,使"小者不得大,微者不得著"②,所以还是有一定积极意义的,更是体现了管仲治国理政的人道性一面。由此可见,《管子》之"罚"首先是出于"良治",而不是"恶治",更不是"掌握权柄的'凯撒'之治"③。更为重要的是,通过此种"罚",它还解决了齐国"富国强兵,称霸诸侯"所需的戈、剑、矛、戟以及斤、斧、锄、镰、锯、欘等器具铜材料不足的问题,"美金以铸戈、剑、矛、戟,试诸狗马;恶金以铸斤、斧、锄、夷、锯、欘,试诸木土"。《管子》之所以主张采用这样的措施,是因为它认为过重的"刑罚不足以畏其意",过多的"杀戮不足以服其心"(《牧民》),而"一种惩罚方式,若不得民心,其效果便和浪费相似"④。实践证明,《管子》视犯罪情形不同而推出的惩罚举措,是符合治国客观情境要求的,受到了士、农、工、商"四民"的支持。"刑罚繁而意不恐",就会造成"令不行矣";"杀戮众而心不服"(《牧民》),直接导致"上位危矣"。这显然悖理于治国治而不乱的客观情境要求。此外,《管子》还列出了赏罚的特殊情况。对于那些急躁而又行为邪僻之民,"赏不可以不厚,禁不可以不重",因为"赏薄则民不利,禁轻则邪人不畏",所以对这样的民"设厚赏,非侈也;立重禁,非戾也"(《正世》)。设立民不以为利的轻赏,想要役使他们做事,是不可能的,"赏不足劝,则士民不为用",即使勉强为之,也不肯尽力;"刑罚不足畏,则暴人轻犯禁",轻禁民不以为惧,想要禁其作恶,也是不可能的。这样法令即使颁布,民也不会听从。因此,在以理性适度赏罚治国时,要适当考虑一些特殊情况,从而更符合治国理政的客观情境要求。

4.遵循法度赏罚是君治国理政安民的关键

由于不循法而滥施赏罚之君并不罕见,所以《管子》强调赏罚务必要循法,并指出君主随意赏罚的害处和依法赏罚的益处。

肆意赏罚的表现。为了警醒君循法赏罚,《管子》描述了三种不循法情

---

① 边沁.道德与立法原理[M].时殷弘,译.北京:商务印书馆,2000:240.
② 董仲舒.春秋繁露[M].张世亮,钟肇鹏,周桂钿,译注.北京:中华书局,2012:175.
③ 中国孔子基金会,等.中国梦与儒家文化[M].济南:齐鲁书社,2014:126.
④ 同①244.

形:一是依据权臣赏罚。"臣有所欲赏,主为赏之;臣欲有所罚,主为罚之",直接导致"废其公法,专听重臣"(《明法解》),而君成为"听主";"臣有所爱而私赏之,有所恶而为私罚之",造成的后果是君"倍其公法,损其正心",从而"专听其大臣"(《任法》),进而成为"危主"。无论是"听主"还是"危主",显然都不符合治国理政的客观情境要求;二是根据喜怒赏罚。《管子》强调,君应"喜无以赏,怒无以杀"(《版法》)。倘若反其道而行之,因喜而赏,因怒而杀,就会民怨沸腾、政令废弛,最终导致"民心乃外",一旦这种情形出现,君必将"外之有徒,祸乃始牙"(《版法解》),就会衍生乱而不治的情况,所以后世董仲舒也强调要"不以喜怒赏罚"[①];三是凭借爱恶赏罚。《管子》指出,君如果"爱人而私赏,恶人而私罚",那么就会"倍大臣,离左右,专以其心断为中主",这样治而不乱的治国理政目标难以实现。对于这三种丧身亡国的做法,《管子》要求,作为治国理政之君,绝不能依据个人亲疏、远近、喜怒、好恶来肆意赏罚,而应是"爱人不私赏,恶人不私罚"(《任法》),依法赏罚。倘若不如此,就会"赏禄加于无功"。一旦这种情况出现,就会"民轻其赏禄",从而"上无以劝民"(《权修》)。同样,如果"常令不审""官爵不审""符籍不审""刑罚不审",就会"百匿胜""奸吏生""奸民生""盗贼生"(《明法》);如果"刑赏不当",那么即使"断斩虽多",也会"其暴不禁";如果肆意行事,那么"赏虽多士不为欢"(《禁藏》)。因此,赏罚切不可率性而为,否则可能会背离法度,失去奖优罚劣、奖勤罚懒的功效,有时甚至会出现得赏的人莫名其妙,挨罚的人鸣冤叫屈,丧失治国的道义性。

依法赏罚的益处。《管子》认为,法应像尺寸、绳墨等标准器具一样,并称"尺寸也、绳墨也、规矩也、衡石也、斗斛也、角量也,谓之法"。它强调,依法就能够判定民众行为的是非曲直,就可以起到震慑矫正作用,因为"法律政令者,吏民规矩绳墨也"(《七臣七主》)。正因为如此,《管子》强调必须严格按照法律施行,而且是不折不扣地循法而行,"置仪设法以度量断者为上主"(《任法》),这样既遵循法度而又以法理治之,那么君就会"身无烦劳而分职",所以它指出,"人主之治国也,莫不有法令赏罚",在国家法令明确、赏罚规定得当之后,君循法赏罚,才能"主尊显而奸不生",这无疑符合君治国理政天下大治

---

① 董仲舒.春秋繁露[M].张世亮,钟肇鹏,周桂钿,译注.北京:中华书局,2012:190.

的客观情境要求。否则,就会出现"群臣立私而壅塞之,朋党而劫杀之"(《明法解》)的惨况。所以它特别强调,"当于法者赏之,违于法者诛之"。基于这种原因,《管子》主张一切都要"以度量断之",这样依法治罪,"则民就死而不怨"。当然,这种惩罚的终极目的是以民最少的触犯"来保证法律得到遵守"①;依法量功,"则民受赏而无德也"(《权修》)。所以"明主之治也,审是非,察事情,以度量案之。合于法则行,不合于法则止"(《明法解》),赏罚更是如此。若君按公法行事,那么民"罪虽重下无怨气"。所以国君依法赏罚,就会使境内之民如丝之有纪、网之有纲,这样民就会"去其不善言,学君之善言;去其不善行,学君之善行"。针对《管子》中循法赏罚的情状,韩非予以高度评价,"治国之有法术赏罚,犹若陆行之有犀车良马也,水行之有轻舟便楫也,乘之者遂得其成"。并据此称赞"管仲得之,齐以霸""桓公得管仲,立为五霸主,九合诸侯,一匡天下"②。其实,对于惩罚来说,"更多地是为了防止未来的违法之恶,而不是对过去的已犯之恶实施报应"③。这也从侧面说明《管子》中治国之"罚"具有一定的道义性。

5.确保赏信罚必是君治国理政安民的保障

《管子》认为赏信罚必是治国理政的重要法宝,"用赏者贵诚""用刑者贵必"(《九守》),"审而不行,则赏罚轻也;重而不行,则赏罚不信也"(《法法》),所以它强调行赏贵在信实,处罚贵在坚决,这也符合国家治而不乱的情境要求。

赏信罚必的必要性。赏信罚必是治国理政的客观要求。只有奖赏信实,才能对得赏者有激励力,"赏罚不信,则民无取"(《权修》);只有奖赏坚定,才能使有功者得到鼓励,"赏庆信必,则有功者劝"(《八观》)。因此,只有奖赏保证诚信,才能赢得民信于境内、昭大信于天下。所以《管子》强调,对于那些政事做好且有政绩的,"君予之赏";对于那些政事做得不好且犯错误的,"君予之罚",这也从侧面说明它符合治国理政的道义性。所以《管子》指出,只有惩罚一定要惩罚的,才能使国家的法律真正具有威慑力、震撼力。只有禁律与刑罚威严,才能使那些无视法纪者规规矩矩,"禁罚威严,则简慢之人整齐"(《八

---

① 边沁.道德与立法原理[M].时殷弘,译.北京:商务印书馆,2000:11.
② 张觉,等.韩非子译注[M].上海:上海古籍出版社,2007:140-141.
③ 同①33.

观》)。因此,《管子》特别强调"罚必"。例如,在封山方面,"距封十里而为一坛,是则使乘者下行,行者趋","若犯令者,罪死不赦",这样人们就不敢随便开采了,"然则与折取之远矣";"有动封山者,罪死而不赦","有犯令者,左足入、左足断;右足入,右足断",这样人们就不敢触犯禁令了,"然则其与犯之远矣"(《地数》)。所以"罚必"可以使民言有所顾忌、行有所舍弃,从而为构建和谐、安乐天下的理想目标打下坚实基础,符合君治国追求天下大治的客观情境要求。

赏信罚必的作用。《管子》认为,无论是赏还是罚,对于那些亲眼目睹、亲耳所闻之民都有影响力,对于那些非身临其境之民也有潜移默化作用,"刑赏信必于耳目之所见,则其所不见莫不暗化矣"(《九守》),"赏罚信于其所见,虽其所不见,其敢为之乎?""赏罚不信于其所见,而求其所不见之为之化,不可得也"(《权修》)。可见,"赏信罚必"有着"畅乎天地,通于神明"(《九守》)的力量,甚至对于奸邪之民也具有感染力。从这种意义上讲,"赏信罚必"具有一定的道义成分。所以《管子》认为,只有赏信罚必,才能使民坚信不疑,"赏罚莫若必成,使民信之"(《禁藏》),因为"赏罚必信密","此正民之经也"(《法法》)。只要国君按照臣民提供的劳动成果给予赏罚,"则不劳矣","圣人因之,故能掌之。因之修理,故能长久"(《九守》)。《管子》还指出,如果君能始终坚持赏信罚必,那么他就能"以天下之目视""以天下之耳听""以天下之心虑",从而达到"无所不见""无所不闻""无所不知"的最佳境界。试想,治国理政达到如此"辐凑并进"的程度,国岂能不昌? 民岂能不安? 因此,作为君须"行赏信必",长此以往,"则善劝而奸止"(《版法解》),符合国家治而不乱的客观情境要求。所以《管子》强调,"必诛而不赦,必赏而不迁",这不是因为国君喜欢赏赐或乐于杀人,而是要为百姓兴利除害使然,"非喜予而乐其杀也,所以为人致利除害也"。显然,这对于养老扶幼、保全万民来说,没有比这更可贵的了,"于以养老长弱,完活万民,莫明焉"(《禁藏》)。由此可见,赏信罚必还有道义的成分蕴含其中。此外,《管子》还特别指出了赏罚不信实的危害,如良田不赏给战士,三年就会兵力衰弱,"赏罚不信,五年而破"(《八观》)。更为重要的是,赏罚如不信实严明,那么民就没有廉耻之心,"赏罚不信",则"民无廉耻"(《权修》),而廉、耻是国之四维的两维,"两维绝则危"(《牧民》),所以君应"用赏贵信,用刑贵正"①,这样"民信其赏,则事功成;信其罚,则奸无端"②,足见"信赏审罚"(《幼官图》)的威力与魅力。

综上所述,我们可以清晰地发现,《管子》对赏罚问题认识的独到与深入,其赏罚思想不仅原则明晰具体,而且内容丰富翔实,完全符合君治国治而不乱的客观情境要求。就理论文本而言,《管子》赏罚治理的五项原则各具特色,都可以单独构成赏罚思想的经典;就逻辑理路而论,它们具有一定的递进关系,共同构成了赏罚思想的支柱。虽然有些内容不合时宜,打上了时代烙印,但是它的五项原则却具有普适价值,奠定了后世赏罚思想的基础,因而对后世产生了广泛而深远影响,在不同的朝代都或多或少地可以发现其赏罚思想的影子③。即使在千百年后的今天审视,它仍光芒四射。特别是它为确保功过是非评判的精准性,主张设置督察官吏,后世乃至当代仍在借鉴使用,但是它所提到的监督仅停留在国家层面,没有社会监督,无法保证监督者与被监督者不相互勾结,从而难以保证监督的真正公正。但是在春秋战国时期,能有这种思想已难能可贵。时至今日,中国经济发展已进入新常态,在"打造大众创业、万众创新和增加公共产品、公共服务'双引擎'"的过程中④,可以用"赏"激发那些干事创业之人"初恋般的热情",从而加速驱动创新,进而推动社会快速发展;靠"罚"清除那些徇私舞弊、贪赃枉法之徒"磁铁般的意识",从而将礼、义、廉、耻"四维"灌注到他们灵魂的深处,全面维护公平正义,营造社会和谐。

6.2 成民之法

6.2.1 谨育选用

《管子》是先秦时期一部综合性子书,它非常重视"人"在治国理政中的作用。这颇为符合其民本治国思想"成之"(《正》)的客观情境要求。所以它特别强调要谨慎地育人、选人、用人,以期达到国家治而不乱的目的。基于对人

---

① 岳阳.国学经典:鬼谷子[M].郑州:中州古籍出版社,2008:94.
② 张觉.商君书校注[M].长沙:岳麓书社,2006:110.
③ 王义忠.《管子》"侈靡"思想的三重维度[J].云南社会科学,2015(2).
④ 杨文利.发展众创空间 国家高新区要打造创业特区[N].中国高新技术产业导报,2015-03-16.

性的深刻理解,它非常重视育人;基于识人的独特视角,它给出了极为高效选人的办法;基于对人的价值的独到见解,它强调科学用人。由此形成了治国三个向度的人力资源开发与管理谱系,这些对现代社会具有非常重要的参鉴意义。

1.育人是前提

育人是《管子》中治国人力资源开发的第一个向度,而长期、持续、规范是其育人思想的基本特征,更是其初级阶段人力资源开发的重要理念。

长期持续是人才培养的要求。 育人是国家发展的长期性、持续性战略,是治国理政在道义上不可缺少的成民环节。为了凸显它的重要性,《管子》提出了流传千古的名言,"一年之计,莫如树谷;十年之计,莫如树木;终身之计,莫如树人"(《权修》),这说明"树谷""树木"是短期能够达到预期目标之事,而"树人"则是一个非常漫长、持续不断的过程。如果说树谷、树木具有现实价值与意义,那么树人则具有更为长远的价值和意义,是国家未来经济社会发展的重要支撑和实力保障。"一树一获者,谷也;一树十获者,木也;一树百获者,人也",这说明树谷、树木是"微利",而"树人"则是"暴利",是一本万利之事,特别是"苟种之,如神用之,举事如神"(《权修》)之语,更是令人叹奇。由于"树人"是"百年大计",所以要持之以恒,常抓不懈,这也是治国理政最有远见的谋略,完全符合国家发展的客观情境要求。然而,由于人不像"谷""木"那样是无情无义、无声无息的"呆性"植物,而是有情有感、有知有觉的"灵性"动物,所以"树人"要从人性出发,顺其本性而非逆其本性,润物无声而非发号施令,这样才能收到事半功倍的绝佳效果,于是《管子》与时俱进地推出了"重本饬末"①的职业教育发展战略,为国家积极培育本末业方面人才,"父兄之教,不肃而成;子弟之学,不劳而能"。从"少而习焉,其心安焉"(《小匡》)可知,育人不仅具有道义性,而且有利于国家治而不乱的和谐社会建设。由于将在本章"教化思想的三个层面"以及第7章的"重本饬末思想探析"一节中详细阐释,所以在此不再赘述。

规范要求是人才培育的保障。 虽然人才培养是一件长期持续的工作,但

---

① 王义忠.《管子》"重本饬末"思想的三重探析[J].科学·经济·社会,2015(4).

是"千里之行,始于足下"①,于是《管子》在《弟子职》篇推出了它的规范育人之道。一是要求学生"夙兴夜寐,衣带必饰;朝益暮习,小心翼翼",无疑"温故而知新"②,"一勤天下无难事",如此兢兢业业、勤勤恳恳、始终坚持、一以贯之的学生,就一定会有"从量变到质变"的收获;二是要求学生"出入恭敬,如见宾客。危坐乡师,颜色毋怍",如此保持恭敬、尊重师长的学生,有利于未来"贵贱有分,长幼有等"的"八经之礼"(《五辅》)贯彻,这显然符合国家治而不乱的客观情境要求;三是要求学生"若有所疑,奉手问之",特别是老师下课离开时,学生均须起立致敬,这既显示了对师长劳动成果的认可,也表达了对其一时辛劳的谢意;四是要求学生注重日常培养,"先生已食,弟子乃彻",虽然师生饭毕后撤下食具是小事,但是见微知著,这是在培养学生"远处着眼、近处着手;大事着眼,小事着手"的意识。"各彻其馈,如于宾客。既彻并器,乃还而立",虽然学生把食器收起后垂手站立也是小事,但是它旨在培养学生"知礼节"意识;五是要求学生做事要合乎规矩,从洒水扫地、倾倒垃圾,直至拿火炬照明,"是协是稽",这一方面培养学生辛勤劳动的潜在意识,为将来"仓廪实""衣食足"打下基础,另一方面也有教育学生未来"守法"的成分蕴含其中,"理智德性主要通过教导而发生和发展"③,从而为构建和谐社会奠定基础,具有一定的道义性;六是要求学生在老师休息后仍要学习探讨,以加深对所学知识的理解,"先生既息,各就其友。相切相磋,各长其仪"。这样,通过育人阶段的教化学习,"每个人在自身中都负载着一种具有创造力的独特性,以作为他的生存的核心"④。这无疑有利于未来个人成长、国家发展、社会进步,也与国家治理追求的天下大治目标相吻合。

从上述"育人六步"可以看出,《管子》中的育人方法既全面规范又细致入微,从对学生学习、生活习惯的培养到礼仪、守法的培育,无所不包,在两千多年前的古代中国能有这样一系列翔实而又具体的人才培养措施,不能不让人为之鼓与呼。它开启了后世治国的育人之道,并产生了颇为久远的影响,有些规范至今仍在实施。其实,在同一时期的西方,柏拉图也非常重视育人,认为

---

① 陈鼓应.老子今译今注[M].北京:商务印书馆,2003:301.
② 杨伯峻.论语译注[M].北京:中华书局,2006:17.
③ 亚里士多德.尼各马可伦理学[M].廖申白,译注.北京:商务印书馆,2003:35.
④ 尼采.作为教育家的叔本华[M].周国平,译.南京:译林出版社,2014:23.

"一个人从小所受的教育把他往哪里引导,却能决定他后来往哪里走,'同声相应,同气相求'",所以他强调,"国家应当好好地培植下一代的年轻人",因为"一个儿童从小受了好的教育,节奏与和谐浸入了他的心灵深处,在那里牢牢地生了根,他就会变得温文有礼;如果受了坏的教育,结果就会相反"①。可见,育人在当时西方人的认识中也是非常重要。

2. 选人是关键

选人是《管子》中治国人力资源开发的第二个向度,"开放式""重德行""凭能力"是其推出的选人的三个原则,也是其中级阶段人力资源开发的指导思想。

"求天下之精才"(《中匡》)是选人开放式的体现。由于管仲看到了人才对社会进步、国家发展的巨大推动作用,所以他推出了开放式求精材以笼络更多优秀人才的选人举措,"善用者,用非所有",这与其"富国强兵,称霸诸侯"的治国目标相吻合,也说明他已经具有"天下视野"的广阔意识。因此,只要是人才,无论其地域远近都可入选,"毋曰不同乡"(《牧民》),"远举贤人"(《中匡》);无论其境内境外,皆在选拔之列,符合治国理政的客观情境要求,"夫争天下者,必先争人"(《霸言》),"毋曰不同国"(《牧民》)。虽然管仲主张广求天下人才,但绝"不类无才",且集中物色的是"豪杰""良工","选天下之豪杰","来天下之良工"。为了吸引到更多优秀人才,他建议可以给予隆礼高薪。对于豪杰之士,需要敬之以礼、优待无欺,"假而礼之,厚而无欺,则天下之士至矣";对于良工之才,可以给予超出预期的高薪吸引,"三倍,不远千里"(《小问》)。为了达到广揽天下贤才目的,在国内,"闻贤而不举""见能而不使",就是"殆"(《法法》),对于那些"有而不以告"的官吏,"谓之蔽贤""蔽才",都是"其罪五"(《小匡》);在国外,他派出了众多游士,去网罗天下人才,以期为齐国所用,"奉之以车马以求,多其资粮,财币足之,使出周游四方,以号召收求天下之贤士"(《中匡》)。正是因为有了这种思想,才有了出身卑微的卫国人宁戚拜为齐国大夫的传世佳话。在国内贪官污吏自相残杀时,管仲并不担心,而是说"夷吾之所患者,诸侯之为义者莫肯入齐,齐之为义者莫肯仕"(《大匡》),这看似缺乏道义性——舍弃"极少数人",实则充满道义性,如果有

---

① 柏拉图.理想国[M].郭斌和,张竹明,译.北京:商务印书馆,1986:3-143.

更多人才能加入到齐国来,可以为"最大多数人"提供服务与创造价值,这无疑趋近国家治理希冀天下大治的客观情境要求目标。

"举德以就列"(《君臣下》)是选人重德行的呈现。《管子》认为,人才的德行操守是国家安危、治乱的根本,所以它将德列为选人首先需要测评的指标,"论材量能,谋德而举之,上之道也"(《君臣上》),"才者,德之资也;德者,才之帅也"①。无论人才来自何方,绝"不类无德"(《权修》),"只有那些具有正义德性的人才有可能知道怎样运用法律"②,才能真正有效参与到民本治国中来。所以它明确要求,"大德不至仁"之流,绝"不可以授国柄";"见贤不能让"之徒,绝"不可与尊位";"罚避亲贵"之类,绝"不可使之兵";"不好本事,不务地利,而轻赋敛"之人,绝"不可与都邑"(《立政》),可见德在《管子》选人标准中的分量,这也与宋代大儒朱熹所具有的"善政依靠统治精英的道德与思想修养,以分清是非之别,并按照这个区别来行动"③的思想相吻合。《管子》指出,"君德"在于以国家社稷为重,以民本治国思想为指导,施行仁义之政,这显然符合治国理政的客观情境要求;"民德"在于遵守道德行为规范,对国要爱而御敌,对君要恭敬忠信,对亲要孝悌慈惠,对人要公正有礼,对己要静心克制。所以它要求对于这样的"德"性之民,应纳入国家人才选拔范围,"于子之乡(属)","有拳勇、股肱之力、筋骨秀出于众者""有居处为义、好学、聪明、质仁,慈孝于父母、长弟于乡里者",皆"有则以告"(《小匡》)。这是《管子》"三选成民"制度的"第一选"。尽管如此,它对地方官吏也有相应的职责要求与法律约束,从而促使其既积极又谨慎地举荐基层人才。因为他们绝不能举荐无才无能之人,否则,"举毋能,进毋功者"就会受到惩处。这种荐贤举才方式有利于提高人才选拔的质量与效率。毋庸置疑,《管子》这种从社会底层之民中选拔优秀人才为"士"的举措,一方面使他们看到了凭借自己努力能够谋取在各行各业任职的机会,另一方面也使当时官僚队伍组成状况得到有效改善,从而将重用世卿与任用贤能结合起来,这样既可以防止官僚队伍僵化,又有利于稳定更新官僚队伍。因此,《管子》这套从社会底层选贤任能的制度,具有一定的学习、借鉴与推广价值。桓、管在讨论设置"啧室"咨议制度时,就

---

① 司马光.资治通鉴[M].北京:中华书局,1956:14.
② 麦金太尔.德性之后[M].龚群,戴扬毅,译.北京:中国社会科学出版社,1995:192.
③ 田浩.功利主义儒家:陈亮对朱熹的挑战[M].姜长苏,译.南京:江苏人民出版社,2012:124.

将"德"放在了首位,管仲认为负责该工作的人,应具有能为正事在君主面前力争的品德,并能把受理此事作为本职工作且不会遗忘,而东郭牙则具有这方面特长,"请以东郭牙为之"(《桓公问》)。这显然符合国家治理治而不乱的客观情境要求。

"举能以就官"(《君臣下》)是选人凭能力的展现。能力是《管子》中选拔人才的关键要素。它认为,应根据职位设定要求,选拔具有这方面才能的人,没有符合的人胜任,宁缺毋滥,绝"不类无能"(《权修》),这符合天下大治而不混乱的客观情境要求。管仲从日常观察入手,发现人才的长短优劣,扬其所长,避其所短,把每个人才都用到了最合适的岗位上,真正做到"使尽其才",这也是齐国能在短短几年时间内实现"三岁治定,四岁教成,五岁兵出"(《小匡》)的重要原因。《小匡》中管仲在委任三位外事人才时最能体现这一思想。在选用公子举"游于鲁"时,认为他具有"博闻而知礼,好学而辞逊"之能;在选用公子开方"游于卫"时,认为他具有"巧转而兑利"之能;在选用曹孙宿"游于楚"时,认为他具有"小廉而苛忕、足恭而辞结"之能。可见能力是这三位外事人员的共性,而专长则是他们的个性,所以管仲综合共性、利用个性,将共性与个性有机统一起来,然后结合鲁、卫、楚三国实际,有针对性地派遣,这也符合治国用人的客观情境要求。诚然,"识辨这些角色的能力对于社会来说至关重要,因为有关这一特性角色的知识,能够为那些承担此角色的个体的各种行为提供一种解释"[①]。由于当时鲁国人具有见闻广博而知礼、好学而语言谦逊之特征,卫国人具有机变而锐利之特点,楚国人具有廉明、谦恭而善于辞令之风格,所以将这三位派到不同的诸侯国去,既有利于发挥他们个人的长处,迅速打开工作局面,又有利于他们将国家赋予他们的职责履行好,出色地完成任务。这显然符合治国理政的客观情境要求。

总之,人才选拔来源要广,不选无德之人,更不选无能之辈。只有选才很广,才能把更多德才兼备的人纳入选拔视野;只有德为楷模,才能达到治国选人的最高境界;只有能力具备,才能有效推行其民本治国思想。因此,在选才方面,即使有"一沐三捉发,一饭三吐哺"之忙,也是非常值得的。实践证明,管仲开放式的选人思路与德能兼备的选才理念为齐国跨越式发展提供了重要

---

① 麦金太尔.追寻美德:道德理论研究[M].宋继杰,译.南京:译林出版社,2011:34.

人才支撑,此后历朝历代几乎都将人才的选拔作为国家政治生活中的一件大事。因为选一贤才,利国利民;选一庸才,无益国民;选一蠢材,祸国殃民。可见选才之重要,它直接影响到国家未来的治乱情境。

3.用人是根本

用人是《管子》中人力资源开发的第三向度,"考察式""量才能""法为绳"是其用人思想的有效方略,也是其高级阶段人力资源开发的基本思想。

"审好恶""观交游"是用人的基本要求。《管子》认为,用人是国家治乱的关键,所以用人必须"审其所好恶""观其交游"。因为前者"其长短可知也",后者"其贤不肖可察也"。之所以如此,是因为"人情不二","民情可得而御也"(《权修》)。如果能"信其所长,不任其所短",那么"事无不成而功无不立"(《形势解》),无疑符合治国的客观情境要求。反之,则会祸国殃民,人心动荡惟危,背离了国家追求的治而不乱的理想目标。

在个性解析选国相方面,《戒》篇逐一剖析了五人"好恶",让桓公佩服得五体投地,既凸显了道义性,又彰显了功利性。就鲍叔牙而言,"千乘之国,不以其道予之,不受也",这是他的优点,但是"其为人也,好善而恶恶已甚,见一恶终身不忘",这是其缺点,所以"鲍叔之为人,好直而不能以国诎";对于宾胥无来说,虽然其"为人也好善",但也是"不能以国诎";就宁戚而论,虽然他"为人也能事",但是"不能以足息";就曹孙宿而谈,虽然其"为人也善言",但是"不能以信默";就隰朋来说,他"动必量力,举必量技",能够按照盈亏消长形势,与百姓同伸共屈,使国家长治久安。特别是此前他曾"举齐国之币,握路家五十室,其人不知也",这是"大仁也哉"。因为宰相治国,"以善胜人者","未有能服人者也";而"以善养人者","未有不服人者也"。所以这样的人必是"事君能致其身"①之辈,值得托付。虽然这五位人才都有个性的优缺点,但是他们又都具有一定的共性——能力可胜任目前岗位的客观情境要求。

在个体阐释远佞臣方面,《戒》篇描述了管仲于病入膏肓之际建言桓公"要亲贤人、远小人"。因为他认为易牙、竖刁、公子开方非君子不能使用,"君必去之",这是治国体现的道义性,并把他们喻为东城、北城、西城的狗,三城"有狗嘊嘊,旦暮欲啮我,猳而不使也",并逐一分析不能用的原因:易牙身为

---

① 黄克剑.论语疏解[M].北京:中国人民大学出版社,2010:6.

人父,"子之不能爱,安能爱君";开方作为人子,齐卫两国相距不远,多年来从未回去探望父母,连自己父母都不爱,他岂会爱君?他之所以放弃千乘之国的太子之位来侍奉桓公,"是所愿也得于君者,是将欲过其千乘也";人没有谁不爱惜自己身体的,而竖刁则相反,"身之不爱,焉能爱君"。所以《管子》要求"毋使谗人"而任用贤人,这样才能广泛治理,遍施恩德,亲附九州,"乱普而德营,九军之亲"(《问》)。这也说明"人君所以尊安者,贤佐也","佐贤则君尊、国安、民治","无佐则君卑、国危、民乱"(《版法解》)。因此,《管子》强调,德才兼备之人可以不受资历限制,并认为只要举才得当,君就可以"坐而收,其福不胜收也"(《君臣上》),正所谓"天下不患无臣",而"患无君以使之"(《牧民》)。倘若君治国用人失误甚至用错了人,那么对于国家就会贻害无穷。譬如杀子的易牙、背视的开方、自宫的竖刁,他们居心叵测,毒心经营,一旦得势,便丧失了道义,直接置君于死地而不顾,完全打破了国家治理治而不乱的客观情境要求。为此,《管子》大声疾呼,"德义未明于朝者,则不可加以尊位;功力未见于国者,则不可授以重禄;临事不信于民者,则不可使任大官"。因此,治国必须消除"德不当其位""功不当其禄""能不当其官"(《立政》)的乱源。然而,如果硬是人为背离,必将使"德位""功禄""能官"错位,"德厚而位卑""德薄而位尊"现象滋生,那么将会导致"良臣不进""劳臣不功""才臣不用"。齐桓公能够"九合诸侯,一匡天下",但却"身死不葬,蛊流出户",终极原因在于"不终用贤也"。这充分说明"为政之要,在于用人"和"政在选臣"[①]。

"量才察能"是用人的根本标准。《管子》认为,在人才选拔后,用人最为重要,它主张要"量才以使用""察能以授官",从而使人尽其才,才尽其用,官能匹配,各就各位。徐复观先生曾指出:"人君最重要的是用人,用人得当,便是人君的德;用人不当,便是人君不德。"[②]

"量才使用"是根本。《管子》认为,只有将那些已选人才安排在合适岗位,才能发挥其积极作用,"有闻道而好为家者,一家之人也;有闻道而好为乡者,一乡之人也;有闻道而好为国者,一国之人也;有闻道而好为天下者,天下之人也"(《形势》)。这样才能大材大用、小材小用、无材不用,从而使人才顺

---

① 司马迁.史记[M]北京:中华书局,1959:1935.
② 徐复观.儒家思想与现代社会[M].北京:九州出版社,2013:134.

时势之所需、应职位之所要,创造性地开展工作,而不拘泥于陈典古法。因此,对于那些能言善辩之人,可以让他从事外交工作,"辩以辩辞";对于那些廉洁之人,可以让他从事督察工作,"廉以摽人";对于那些智慧聪明之人,可以让他从事侦察工作,"智以招请"。然而,对那些"坚强以乘六,广其德以轻上位"(《侈靡》)之流,不但坚决不能任用,而且还应流放外地,以免无事生非、滋生祸乱,这就体现了治国理政的道义性。它还指出,要选用那些注重长远利益的人,影响才会深远;使用那些器材伟大的人,行为才会得到民众依赖,"举长者,可远见也;裁大者,众之所比也"(《形势》),这就需要对人才进行考评,然后将表现突出的贤人上报给桓公,这就是《管子》中"三选成民"制度的"第二选"。《小匡》中管仲在选拔五位专业要职人员时指出,隰朋具有"升降揖让,进退闲习,辨辞之刚柔"的才能,"请立为大行";宁戚具有"垦草入邑,辟土聚粟多众,尽地之利"的才能,"请立为大司田";王子城父具有"平原广牧,车不结辙,士不旋踵,鼓之而三军之士视死如归"的才能,"请立为大司马";宾胥无具有"决狱折中,不杀不辜,不诬无罪"的才能,"请立为大司理";东郭牙具有"犯君颜色,进谏必忠,不辟死亡,不挠富贵"的优点,所以"请立以为大谏之官"。这五人在相关领域内都能独当一面,显然符合治国理政的客观情境要求,"君若欲治国强兵,则五子者存矣"。这也从侧面说明了专才知识"所具有的那种构成性局限"①,但是,治国理政的总指挥则需要复合型人才,"若欲霸王,夷吾在此"。在春秋战国时期,能有如此精准的量才之人,不能不让人叹为观止。

"察能授官"是关键。《管子》强调,对于那些已使用的人才,要考察其是否真正具有这方面才能,"言勇者试之以军,言智者试之以官"(《明法解》),"听其言而观其行"②,这样"明分任职,则治而不乱,明而不蔽矣"(《小问》)。倘若"试于军而有功者","则举之";倘若"试于官而事治者","则用之"。反之,则"废之""罚之","自言能为司马不能为司马者,杀其身以衅其鼓;自言能治田土不能治田土者,杀其身以衅其社;自言能为官不能为官者,剔以为门父","相任寅为官都,重门击柝不能去,亦随之以法"(《揆度》)。所以它强调,"以战功之事定勇怯,以官职之治定愚智,故勇怯愚智之见也,如白黑之

---

① 哈耶克.个人主义与经济秩序[M].邓正来,译.北京:生活·读书·新知三联书店,2003:19.
② 杨伯峻.论语译注[M].北京:中华书局,2006:50.

分"(《明法解》)。如果君治国真正能做到这一点,"度量人之力所能为",必能"而后发焉"。毋庸置疑,量才使用,量能任用,就会"令于人之所能为,则令行;使于人之所能为,则事成"(《形势解》)。倘若不"试之",而是直接使之。届时如果"官不胜任",那么即使"奔走而奉,其败事不可胜就也"(《君臣上》)。因此,对于举荐之人来说,必须"尽知其短长,知其所不能益",然后根据用其所长、避其所短的原则,予以职事委任;对于贤人自身来说,也要"尽知短长与身力之所不至"(《君臣上》),自己能够胜任的,才肯接受职事委任。由此可见,管仲不仅极为重视求才,而且还非常重视用才,特别是其识人之精准,可以说达到了了如指掌程度,完全符合治国用人的客观情境要求。《大匡》中在委任五位人才去做外事工作时充分验证了这一点。当时管理东西方各国事务分别需要既聪明又敏捷的人才、既坚强又纯良的人才,而隰鹏、宾胥无恰好分别具备这个特点,于是便委派他们前去;当时卫国政教是诡薄而好利,需要派去既聪慧敏捷又不能持久但喜欢创始的人才;鲁国政教是好六艺而守礼,需要派去恭谨而精纯、博闻而知礼、多行小信的人才;楚国政教是机巧文饰而好利,需要派去不好立大义而好立小信的人才,而公子开方、季友、蒙孙恰好分别具备这个特点,于是便委派他们前往。这样就能将人才的最大潜能激发出来,"人尽其才",从而使其更好地为国家战略目标的达成服务。总之,《管子》中这种人才选拔制度显然符合国家治理的客观情境要求,对于现代社会各级政府选任官员也有很强的参鉴价值,这样以确保选任出来的人才经得起时间、实践和人民的检验,正所谓"见贤焉,然后用之""见不可焉,然后去之"①。

"**以法赏罚**"**是用人的终极保障**《管子》认为,"法者,天下之程式也,万事之仪表也"(《禁藏》),所以法可以统一民众驱使臣下,"明法者,上之所以一民使下也"(《明法解》),这"为一种受法治国限制的行政建立了基础性条件"②。为了规避人才选用的随意性、主观性,它特别强调要依法按程序选人、用人,反对"以党举官""营私舞弊"。因为只有以法为绳墨,才能抑制官风不正,才能遏制奸臣横行;只有以法赏罚,才能一视同仁,公正执法,"有功必赏,有过必诛"(《七法》),而不会出现"臣有所欲赏,主为赏之;臣欲有所罚,主为罚之"

---

① 杨伯峻.孟子译注[M].北京:中华书局,1960:38.
② 哈贝马斯.在事实与规范之间[M].童世骏,译.北京:三联书店,2003:656.

(《明法解》),也不会"臣有所爱而私赏之,有所恶而为私罚之",更不会"喜以赏,怒以杀"《版法》,这样才能"申之以宪令,劝之以庆赏,振之以刑罚"(《权修》)。唯有赏罚分明,才能真正让德才兼备者得到重用、投机钻营者没有市场,才能真正使文官能够治国理政、武官能够御敌护国,进而使其成为争创霸业的坚强柱石,"称德度功,劝其所能"(《君臣下》),这样才能让"缺德无能者"渐趋消失、"有德有能者"稳居其位,凸显治国理政的道义性。因此,唯有以法赏罚,才能真正呈现"有罚者不怨上,受赏者无贪心"(《七法》)的局面。所以《管子》指出,"群臣之不敢欺主者,非以爱主也,欲以授爵禄而避罚也"(《明法解》),如果把一个知晓并能践行"礼、义、廉、耻"之人任用到合适岗位上,不仅能为国家带来财富,而且还会为民创造幸福,符合治国理政治而不乱的客观情境要求,所以在对人才"行考课"后,"考绩绌陟,计事除废"①,对于能力出众、名实相符的,要提拔重用,这就是《管子》中"三选成民"制度的"第三选"。而对那些能力欠缺、名不符实的,要予以惩罚,从而彰显治国以法赏罚的威力,"公宣问其乡里,而有考验。乃召而与之坐,省相其质,以参其成功,成事可立,而时。设问国家之患而不肉,退而察问其乡里,以观其所能,而无大过,登以为上卿之佐。名之曰三选"(《小匡》)。

由此可见,《管子》强调的是从整体和本质上选才、用才,从而使贤能之士脱颖而出,"才得其任","能得其所",进而消除请托之风,清除结党之弊,铲除国家治理祸乱之源。所以无论是选人还是用人,都一定要透过现象看清本质,识人察相,不懂得它,要想量才用人,无异于"绝长以为短,续短以为长"(《七法》),难以达到国家治而不乱的客观情境要求。其实,《管子》中的"三选成民"选官,不仅打破了西周时期盛行的世卿世禄制,涤荡了政治上任人唯亲的陈规,而且使"授官以能""授爵以功""循名责实""赏罚分明"成为选人、用人的主旋律。对于人才不论出身背景,只要有善行或治国理政才能,即可授以官职。《管子》中这一用人政策与导向,既拓宽了社会底层人才参政的渠道和进路,又激发了他们相信努力就能有所成就的动力与希望。因此,"三选成民"制度非常值得称道,颇值得后世借鉴与引用。尽管它的终极目的不在于从社会底层选拔出色称职的各层级官吏,但是它在这一过程中实现了对庶民的教

---

① 董仲舒.春秋繁露[M].张世亮,钟肇鹏,周桂钿,译注.北京:中华书局,2012:213.

化、官吏的熏陶,在安民过程中实现了成民,这是民心所向,也充分体现了君对民的道义性。因此,《管子》中这种选贤任能方式为当时齐国富国强兵、争创霸业提供了重要保障。此外,它还强调各级官吏述职。正月初起,乡长报告公事,桓公亲自询问。这说明齐国在当时已推行官吏述职制度。这与今天我们很多单位年终述职类似,这或许是将古人治国理政策略导入了现代社会治理中,"述职者,述所职也""诸侯朝于天子曰述职"①。

综上所述,我们可以发现,《管子》的人力资源开发与管理思想丰富深刻、系统完美,在先秦时期达到了顶尖水平。就实施过程而言,它是基于对人性的深刻认识,符合国家治而不乱的客观情境要求,获得了当世乃至后世的普遍认同;就推行效果而论,它不仅为齐国各行各业输送了大批优秀人才,而且还造就了大量治国贤才,从而使齐国此后得以绵延四百多年,成为秦灭六国中的最后一个。"夫人之不齐,人之情也",人有千差万别是客观规律,这就需要后世借鉴时结合具体实际,用"千里眼"而非"近视眼",切实把握好育人、选人、用人,以确保协调兼顾、琴瑟和谐,这样"便会产生一条特定的路径"②,使其既为治国或组织的人才战略制定提供理论参考,又为其人力资源的开发提供实践依据。尽管《管子》中人力资源思想的三个向度犹如"笙磬同音",但是它的"治人如治水潦,养人如养六畜,用人如用草木"(《七法》)思想,具有明显的封建专制主义特征,忽视了人才自我发展的特性,丧失了治国理政的道义性,有损其民本治国思想的高大形象。萧公权先生指出,"吾人既知爱民为手段而非目的"③,所以,我们要对其人力资源思想中潜藏的不合适元素,予以彻底地清理、批判和剔除,而对其蕴含的有价值部分,则应积极地汲取、提炼与总结,从而为我国人力资源发展战略的设计、开发与管理提供参鉴。同时,我们也要看到育人的长期性与选人的复杂性,更要看到用人的取舍性,这就要求君在育、选、用人方面要有长期的战略规划,从而使国家的人力资源生生不息,源源不断;国家的贤能之士辈出,永不枯竭。

---

① 杨伯峻.孟子译注[M].北京:中华书局,1960:31.
② 诺斯.制度、制度变迁与经济绩效[M].杭行,译.上海:格致出版社,2008:130.
③ 萧公权.中国政治思想史:一[M].沈阳:辽宁出版社,1998:82.

6.2.2 四民分业

《管子》是春秋战国时期的一部划时代巨著。由于管仲已在潜意识中明白"只有'再造人民',才能'无敌于天下'"①,才能实现既定霸王之业、达到国家治而不乱目标,所以他在国家产业发展上非常开明。基于当时社会经济的客观情状,结合齐国发展的内在要求,他站在富国强兵、争创霸业的战略高度,从科学有效管理的宏观维度出发,开启了分类治理齐国之民的伟大实践,由此形成了"成民之事"(《小匡》)的"四民分业"思想。从国家治理维度观察,这一思想符合当时治国理政的客观情境要求;从产业发展维度考察,它标志着"重本抑末"理念的枯萎、"重本饬末"思想的绽放,尽管"饬末"具有职业世袭等弊端,但是它仍体现了管仲治国对末业之民的道义性。

1."四民分业"的情状

由于产业是一个国家正常运转的客体,而民则是推动其快速发展的主体,所以《管子》主张通过积极的社会分工,使主体更好地作用于客体、客体更好地服务于主体,主体也因客体的发展而各就其业、各安其位,凸显了《管子》治国思想的道义安民性。这样士、农、工、商就会"以一种难以想象的速度相互汇集",他们也因此具有了"一种特定的社会地位"②。

"四民分业"是春秋战国时期对民的一种积极整合。因为它"使那些具有相似天赋和能力并且具有一种相似意愿",而又从事符合他们各自身份的职业的民,"能拥有'相同的成功前景',无论他们最初在社会制度中的地位如何"。在这种客观情境要求下,"每个人都具有相同的理性和相似的境遇"。从表6-3中可以清晰地看出,士、农、工、商必须严格按职业"群萃而州处"(《小匡》)。这种方法有效固化了"四民"的职业,"一次性地也是永久性地将其身份固定下来"③。从某种意义上说,"四民分业"是人类社会历经游牧部落从野蛮人群分离,手工业和农业分离,以及商人阶级出现三次社会大分工之后进行的一次综合性社会大分工,有利于不同行业之民个体职事的成功和职业技能的提升,从而使士、农、工、商"四民"的发展更加专业化,符合国家治理的客观情境要

---

① 鄢一龙,等.大道之行:中国共产党与中国社会主义[M].北京:中国人民大学出版社,2015:137.
② 罗尔斯.正义论[M].何怀宏,何包钢,廖申白,译.北京:中国社会科学出版社,2009:75.
③ 桑德尔.自由主义与正义的局限[M].万俊人,等译.南京:译林出版社,2001:15-84.

求。对于"士"人来说,他们可以提高自身综合素质,使其在君"称霸诸侯"征战中克敌制胜、在治国理政过程中发挥专长;对于"农"人来说,他们可以根据多年的农事经验,灵活调整生产,从而使等量土地产出更多、更好甚至更高附加值产品;对于"工"人来说,他们可以在汲取前人传统经验基础上进行创新性实践尝试,从而向做工更精细、产品质量更好、产出效率更高方向发展,进而使同类产品能在激烈竞争中赢得优势,达到投入成本更少、市场售价更高、赚取利润更多的目的;对于"商"人来说,他们可以依据多年从商经验积累,有效把握市场波动规律,在商海搏击中更有利于自己发展,"负任担荷,服牛辂马,以周四方"(《小匡》)。其实,荀子也认为社会上诸多工作都需要人去做,而这些工作又不可相互替代,只有通过社会分工,社会肌体才能正常高效运转,"事业所恶也,功利所好也"。有了明确的社会分工,国家才会稳而不乱,整个社会才能渐趋形成人人各得其所、各尽所能的和谐有序局面,"农以力尽田,贾以察尽财,百工以巧尽械器,士大夫以上至于公侯,莫不以仁厚知能尽官职"①。在同一时期西方,柏拉图也认为,"农民、工人、商人是物质财富的生产者和推销者"②。

表 6-3 "四民分业"情况简表

类别	要求	内容	规定	益处
士	必就闲燕	即文士与武士,由"士农之乡"管理,施以"义""孝""敬""悌",使其在军训中提高道德理论水平。	"今夫士群萃而州处,闲燕则父与父言义,子与子言孝,其事君者言敬,长者言爱,幼者言弟。"	便于组织训练作战
农	必就田野	由"士农之乡"管理,认为农事的重点是"务在四时""守在仓廪"。	"今夫农群萃而州处,审其四时,权节具,备其械器用,此耒耜谷茇。"	便于农耕生产
工	必就官府	"工",即工匠或手工业者,由"商工之乡"管理,管仲根据齐国依山傍海优势,结合"地宜桑麻"特点,积极引导手工业发展。	"今夫工群萃而州处,相良材,审其四时,辨其功苦,权节其用,论比计制断器,尚完利",(使其能)"相语以事,相示以功,相陈以巧,相高以知事。"	便于供应官府所需器械

---

① 王先谦.荀子集解[M].沈啸寰,王星贤,整理.北京:中华书局,2012:70-174.
② 柏拉图.理想国[M].郭斌和,张竹明,译.北京:商务印书馆,1986:2.

类别	要求	内容	规定	益处
商	必就市井	尽管"商"被视之为末业,但管仲非常重视并鼓励商业发展。商人只要正当经营,勤劳就能致富。	"今夫商群萃而州处,观凶饥,审国变,察其四时,而监其乡之货,以知其市之贾",(使其能)"相语以利,相示以时,相陈以知贾"。	便于开展商贸活动

冯友兰先生根据其对《管子》"四民分业"的理解,也对其进行了细分与职业定位。从表6-4可以看出,这位哲学家对"士"的理解有些狭隘,在他的视野中"士"仅是"文士"。这显然不符合《管子》"富国强兵,称霸诸侯"的宏观战略目标。因为治国理政依靠"文士"可以实现,而"成就霸业"则离不开"武士",所以他将"士"仅仅理解为搞意识形态的知识分子显然不够全面。虽然冯友兰先生对"士"的理解未必科学,但是它能使我们清晰地看出当时士、农、工、商"四民"的基本职业①。其实,除了农民之外,士、工、商又

表6-4 冯友兰先生给"四民"定位简表

名 称	类 别	职 业
士	知识分子	搞意识形态
农	经营从事农业的人	生产粮食
工	手工业者	制造器具
商	商人	流通货物

衍化为官士、官工、官商和非官士、非官工、非官商之别,特别是在服役时他们迥然有异。对于从事农业的"农"人来说,每年正月官府都命令他们到公田耕作服役,从雪化春耕时起到夏锄为止,"正月,令农始作,服于公田农耕,及雪释,耕始焉,芸卒焉"(《乘马》)。而对于那些学问见识广博、断事精明但没有成为官士的"士"人,对于那些熟悉物价贵贱并在集市上交易但不是官商的"商"人,对于那些讲求器物样式功能、参加集市交易但不是官工的"工"人,则要服劳役且不分配收益,"士闻见、博学、意察而不为君臣者,与功而不与分焉。贾知贾之贵贱、日至于市而不为官贾者,与功而不与分焉。工治容貌功能、日至于市而不为官工者,与功而不与分焉",这些显然缺乏道义性。至于那些不能直接出工之民,视情况纳粮补偿,"不可使而为工,则视货离之实而出夫粟"(《乘马》),则符合治国理政公平正义的客观情境要求。

---

① 司马琪.十家论管[M].上海:上海人民出版社,2008:317.

其实,《管子》对齐国之民的整合不仅有思想依据,而且是理性而为,"使民于不争之官者,使各为其所长也",把"四民"使用在无所争议的岗位上,各展其长,这样国家的物资就能齐备,"使民各为其所长,则用备"(《牧民》)。它之所以这样做,一方面说明当时社会存在士、农、工、商四大行业,只不过有的处于隐性状态,有的处于显性状态。如果没有这些行业的存在,而去实施"四民分业"的治国之策,那将是"荒诞不经的"或"违背民意的",这说明存在决定意识,意识反映存在;另一方面也说明士、农、工、商"四民"共同体内部思想是彼此相容的,而不是各自互斥的,"百家殊业,而皆务于治"①。否则,多人在一个共同体内部会引发冲突,制造不和谐,这不符合国家治而不乱的客观情境要求,也丧失"成民之事"的道义性。虽然四民"存在着各种对立互竞的、不可相容的欲望",但是通过"分业"则可以使他们"对不同的欲望的不同要求作出抉择"②。这说明士、农、工、商虽然具有一定的"排他性",但也不是绝对互斥的,而是能够包容共进的,这无疑与国家治理追求治而不乱的客观情境要求相吻合,并由此形成了四大"共同体",而"共同体的某个官员、某个特殊成员或者至少一定范围内的全体成员,可能会通过不同方式对外代表共同体作出贡献"③,这就为管仲给在农、牧、林、园艺、医药、时令、桑蚕等方面的优秀人才"置之黄金一斤,直食八石"(《山权数》)的奖励提供了依据。虽然"四民"资格对内是全面开放的,但对外则是相对封闭的,在共同体内个体之民繁衍后代,都有某些与生俱来的"天赋权力"——恒为"士""农""工""商",这种权力看似一种"恩赐",实则在隐形之中限制了"四民"才智的全面发展,但是在当时世代沿袭、不变其业的情境下,可以达到安民、成民的目的,具有一定的积极意义。实际上,《管子》中"四民分业"的国家治理模式是对当时社会生产关系的全面调整,它不仅重新确立了民在社会生产中的地位,而且调动了他们生产经营的积极性,这在当时政治危机刚刚平息、国家经济增长乏力、社会矛盾极为严重的情况下,极大地促进了社会生产力的发展,快速形成了商品粮生产基地、蚕桑生产基地、丝织品加工基地以及初级阶段的专业化市场交易基地,这些为当时大齐富国强兵、争创霸业奠定了坚实的物质基础。由此可见,士、农、

---

① 刘文典.淮南鸿烈集解[M].冯逸,乔华,点校.北京:中华书局,1989:427.
② 麦金太尔.追寻美德:道德理论研究[M].宋继杰,译.南京:译林出版社,2011:61.
③ 韦伯.经济与社会[M].阎克文,译.上海:上海人民出版社,2009:861.

工、商四大共同体不是一个虚构体,而是"由那些被认为可以说构成其成员的个人组成。那么,共同体的利益是什么呢?是组成共同体的若干成员的利益总和"①。从这种意义上说,它是春秋战国时期治国的一次成功性尝试,开启了"专业化生产"的先河。

在"四民分业"情况下,对于士、农、工、商"四民"来说,正如费因伯格所言,"我的一种特征不能成为你之应得的基础,除非这个特征在一定程度上显示出或反映出你的一些特征"。这说明"如果一个人应得某种待遇,那么必然的,他肯定是由于一些他所具有的特征",即使将来"个人已经消失"了,但是他的"属性仍保留着"。也如柏拉图所言,"性质相同的人相类,性质不同的人不相类"。这样在"四民分业"后,"可以让他们各行其是,各尽其能",从而有利于士、农、工、商各自发挥其长处,达到"长袖善舞,越来越富"的目的,凸显了《管子》治国理政的道义性。因为"一个人不可能擅长许多种技艺的",这就要求"按其天赋安排职业,弃其所短,用其所长,让他们集中毕生精力专搞一门,精益求精,不失时机",而"如果他什么都干,一样都干不好,结果一事无成"②。因此,"鞋匠总是鞋匠,并不在做鞋匠以外,还做舵工;农夫总是农夫,并不在做农夫以外,还做法官;兵士总是兵士,并不在做兵士以外,还做商人",这样"每个人只能做一件事情"③,这说明在当时的西方世界也强调社会分工。其实,"四民分业"看似彼此相互独立,实则又紧密联系。没有士的保家卫国,就没有农、工、商"三民"的安定,无法达到治而不乱的目的;没有农提供粮食保障,士、工、商"三民"就无法生存;没有手工业者或工匠的精工细作,就难以满足从事农业的民众对各种农具的需求,更提供不了士人作战所需的兵器、商人运输所需的工具;同样,没有商人市场的调剂余缺,"无市则民乏也"(《乘马》),就难以满足士、农、工"三民"最基本的生产生活需求,这些显然不符合治国理政的客观情境要求。当然,商也离不开农、工之民提供商贾经营所需的各类产品。

2."四民分业"的益处

《管子》中"四民分业"治国模式的设计,是中国社会发展史上一个划时代

---

① 边沁.道德与立法原理[M].时殷弘,译.北京:商务印书馆,2000:58.
② 柏拉图.理想国[M].郭斌和,张竹明,译.北京:商务印书馆,1986:34-99.
③ 同②104.

的进步。它使士、农、工、商"四民"的职事固定下来,为他们职业的成功发展奠定了基础。从以下四个维度审视,它为当时社会发展带来了诸多益处。

一是从"四民"发展路径与职业世袭维度出发。在"四民分业"的社会情境下,在任何一个行业内,个体的民都不过是国家发展机器上无休止运转的一个小齿轮,这架机器实际上为他规定了一条相对固定的路径,沿着它行进,就会达到他从业的终极目的,成为"四民"合格分子,这无疑能够促进士、农、工、商"四业"并驾齐驱式发展,使保家卫国的守护者、粮农产品的生产者、兵器工具的制造者、各类物品的贩运者"各司其职,各守其责,各尽所能,各得其所"①,有利于达到国家治而不乱的目的。从这个维度审视,"四民分业"不只是一次国家产业的整合,也是一次齐国之民思想与行为的整合。从后世视角审视,我们可以发现《管子》当时将"国之石民"区分为士、农、工、商四民,优于之前未细分而彼此交互的整体之民。从某种程度上说,它可以增进人们之间的友爱元素(工商之民不再是另类),而人际友爱正如摩尔所言,"包含了一切最伟大的善,而且也是我们所能想象的最伟大的善"②。就职业世袭制度而言,"分业"不仅促进了"四民"更好地成就自己,而且也使他们在各自分处的区域内安居乐业、代际繁衍,具有一定的道义性。由于士、农、工、商是相对封闭而不是完全开放的,所以"每一个体都被独一无二地嵌入时空之中,他生于一个特殊的家庭和社会,而且这些环境的偶然性,连同它们所产生的利益、价值和渴望,使得人们相互间得以区分开来,也使他们成为其所是的特殊个人"③。虽然"四民分业"后,衍生出职业世袭,但是"耕织种收,皆有条章"④,有效促进了农、工、商三大部类的专业分工与发展,自然符合治国理政的客观情境要求。

二是从技能提升与经验传授维度考察。由于士、农、工、商"四民"各自长期从事一个行业,自然会琢磨行业内的本事,有利于专业技能的持续提升和专业人士的脱颖而出,从而有利于劳动生产率的全面提高和四支职业队伍的稳定打造。虽然他们从业迥异,分居不同地方,但是能各居其所、互不干扰而共

---

① 中国孔子基金会,等.中国梦与儒家文化[M].济南:齐鲁书社,2014:343.
② 麦金太尔.追寻美德:道德理论研究[M].宋继杰,译.南京:译林出版社,2011:18.
③ 桑德尔.自由主义与正义的局限[M].万俊人,等译.南京:译林出版社,2001:64.
④ 范晔.后汉书[M].李贤,等注.北京:中华书局,1965:2482.

同发展,这无疑符合国家治而不乱的客观情境要求。其实,《管子》中的"四民分业"政策,不仅有效调整了社会生产关系,而且还积极推进了家庭职业教育,有利于"四民"行业经验的传授。由于"四民"长期从事单一职业,他们的经验会随着社会再生产的持续演进而愈益丰富。为了获得更多劳动成果,从事农业的农民会精耕细耘,从事手工业的工匠会精工细作,从事商业的商人会精挑细选,士人也会随着社会的发展而提高其整体素质——精兵强干,精神面貌也会为之一新,这从另一侧面说明"分业"的道义性。而在这一过程中父兄传授子弟不用言辞激烈的训教,他们于耳濡目染、不知不觉中就掌握了关键知识和相关技能,"不肃而成""不劳而能"(《小匡》)。这对今天的农民、商人、手工业者家庭仍在影响起作用。只不过时过境迁,今天传授的知识技艺与那时相比,几乎完全不一样了,这是因为不同的时代不同的经营理念在指导。然而,"四民分业"带来的益处绝不能忽略;由于"四民分业"使士、农、工、商的职事固化起来,这对当时社会生产力的发展和经济基础的稳固起到了积极促进作用,无疑符合国家治理追求的客观情境。虽然它打上了深深的时代烙印,但是实践证明它是非常成功的。

三是从行业发展与共同体维度审视。"四民分业"把德性相同或相似的民归为一类,"他们自己做事情有持久性,相互间做事情也同样持久。他们相互间既不会提出坏的要求,也不会提供坏的帮助,甚至可以说完全杜绝了这种事情"①。从这种意义上说,"四民分业"是基于道义的原则和求得共同福利的思想,是当时社会发展的一种"善",而"善"又可以进一步维持一个民的道德,"并在其角色所要求的那些行为中显示自身的那些品质"②,这就可以让士、农、工、商在不同产业内发挥更大的主体性作用,同时保证"四民"集中精力于本职工作,从而有利于其所在行业的快速发展。由于士、农、工、商具有迥异的行业特点,所以"四民"易达成"共识性认识",易形成"行业共同体",否则,其它单纯的外部条件变化并不足以得到民的认同。从这个角度审视,"四民分业"具有一定的道义性。其实,"四民分业"在君民之间形成了一种无形的社会契约,君在为民构建"四大共同体"的同时,他们也在不同行业为君治国理

---

① 亚里士多德.尼各马可伦理学[M].廖申白,译注.北京:商务印书馆,2003:244.
② 麦金太尔.追寻美德:道德理论研究[M].宋继杰,译.南京:译林出版社,2011:154.

政的战略目标而努力,从这个意义上说,"四民分业"也具有一定的功利主义倾向。功利主义之所以在春秋战国时期就已具有影响,是因为它"符合常人的理性——合乎道德行为或制度应当能够促进'最大多数人的最大幸福'"①。从"四民分业"推进四大共同体的成功实践来看,它确实达到了19世纪英国著名哲学家、经济学家、政治评论家密尔的这种理想,这样通过"分业"之后"四民"的思想与行为就会随着社会结构的调整而调整、变化而变化,符合治国理政的客观情境要求。由于在一个共同体内部生产、技术或信息交流便利,行业将改变民的某些行为、提升他们的整体素质。这不仅在一定程度上扩展了民在其所属行业共同体内创造其自身生活条件的自由,而且对于调动民的积极性、主动性、创造性起了极大促进作用。譬如,商人在推动市场交易达成、促进国家经济发展以及形成商业共同体方面都扮演着极为重要的角色。

四是从诚信道德与富国强兵维度观察。诚信是士、农、工、商"四民"的道德基石,是其做人做事的道德底线,也是社会和谐运行的基本条件。尽管当时社会物质不是那么丰裕,但是诚信有序是国家发展、社会进步的基础;管仲确立"四民分业"后,工商业在社会中由私下活动转为公开经营,要繁荣市场,活跃商业,发展手工业,离不开诚信,这也是治国理政的客观情境要求。对于国家来说,一旦失去诚信,它就会偏离社会运行之轨;对于末业来说,一旦失去诚信,就会陷入混乱无序之中;对于个人来说,一旦失去诚信,就会旋即失去立身之本,"人而无信,不知其可也",用亚里士多德的话表达,诚信就是"在语言上、行为上都实事求是,既不夸大也不缩小"。《管子》倡导的诚信,就是要以诚待人、以信取人、诚信经营,说老实话、办老实事、做老实人,言行一致,旨在构建个人遵信守诺、国家诚信有序的良性社会环境,形成"守信光荣、失信可耻"的良好社会风尚,从而增强国家的凝聚力和国君的向心力。因此,无论对于个体的人来说,还是对于共同体来说,抑或是对于国家来说,"虚伪是可谴责的,诚实则是高尚[高贵]的和可称赞的。"这样《管子》用"诚"无形地约束着士、农、工、商,引导着"四民"的职业道德,"非诚贾、工、农分别不得食于贾、工、农""非信士不得立于朝"(《乘马》)。这样"四民"就在保持诚信经营中推动了社会发展,在促进产业发展中实现了成民,在贯彻分类居住中实现了安

---

① 穆勒.功利主义[M].徐大建,译.上海:上海人民出版社,2007:14.

民,这无疑符合国家治而不乱的客观情境要求,具有一定的道义性。由于"四民分业"便于行业内部交流,所以它可以使民"在其实现活动中通过相互纠错而变得更好。因为,他们每个人都把对方身上值得他欲求的东西当作自己的榜样"①。这样"四民分业"就能使民在其从事的职业范围内更好地发挥作用,士民以对外作战和国家治理为重点,农民以粮食生产为取向,手工业者以社会需要为方向,商人以市场需求为导向,这样武士提高了称霸作战能力,"士"人成为"精兵猛将"②,达到了强兵目的,为称霸诸侯奠定军事基础;文士提升了治理国家水平,使农、工、商"三民"全面提高了劳动效率,有效促进了本末业协调发展,达到了富民目的,为富国打下坚实的物质基础,同时也可增强对异国之民的吸引力,从而使更多异国之民更加向往到齐国生活工作,这在当时人口数量不多的情况下是一种极大的影响。

由此可见,《管子》的"四民分业"思想不仅符合国家治而不乱的客观情境要求,而且具有一定的道义元素,使民"较少地遭受到偶然发生的和意外的事故"③。因此,判断一种治国思想对民的影响程度,主要要看它是否能促进他们达成个体目标或满足他们需要的程度。民本思想能发挥作用,是由于民在某种程度上自愿依存于君、依附于国家。这种依存或紧密或疏松,但是如果没有这种依存关系的存在,就不可能有"四民分业"治国模式的成功演进。尽管"四民分业"在当时给民带来了"幸福",但是正如19世纪末最著名的功利主义者西季威克所言,"即使每个人在实际上欲求的是公众幸福的各个不同部分,它们的加总也构不成一种存在于一个人身上的对公众幸福的欲求"。

3."四民分业"的弊端

《管子》是我国古代治国理政的一部综合性子书,而"四民分业"则是其发展经济的重要指导思想。它"用新的形式加以组合"④齐国境内的民众,"使许多个人并合为"同一共同体,这于无形之中禁锢了个体的民,因为"对一个人来说最好的希望莫过于毫无妨碍地走自己的路"。

虽然"四民分业"对齐国社会经济发展起到了前所未有的促进作用,达到

---

① 亚里士多德.尼各马可伦理学[M].廖申白,译注.北京:商务印书馆,2003:119-288.
② 房玄龄,等.晋书[M].北京:中华书局,1974:1807.
③ 休谟.人性论[M].石碧球,译.北京:中国社会科学出版社,2009:339.
④ 哈贝马斯.重建历史唯物主义[M].郭官义,译.北京:社会科学文献出版社,2013:8.

了治而不乱的治国目的,但是它也衍生出了一些弊端,使齐国之民自觉不自觉地发展为一个封闭的身份群体。虽然"四民分业"有利于行业内部交流,但是它遏制了行业之间的交流;虽然能够调动民的积极性,但是它限制了人的自由创造性;虽然刺激了国家短期发展,但是它阻碍了社会长远发展;虽然"四民分业"创造了奇迹,但是它的职业世袭使四类人员的后代还没出生就被决定了未来,"士子为士、农子为农、工子为工、商子为商",所以非常不利于复合型人才的培养,这也是管仲、隰朋之后齐国没有人可代之为相的原因,不符合治国理政的客观情境要求;尽管《管子》中齐国的"诚信"建设是成功的,但是倘若"四民"认为他们无法以诚信的方式获得他们欲求的最大利益,而以欺诈的方式能够获得,他们仍会这样做,特别是商人可以利用垄断权,囤积居奇,哄抬物价,操纵市场,制造抢购情况。更为重要的是它忽略了"同行是冤家",赫西阿德指出,"陶匠和陶匠是冤家,吟游诗人和吟游诗人是对头,乞丐和乞丐是仇人","最相似的人之间总是充满着最多的嫉妒、争斗和仇恨。相反,那些最不相似的人之间却充满最多的友爱。比如,穷人成了富人的朋友,弱者成了强者的朋友,病人成了医生的朋友,无知者成了有知识的人的朋友。愈相反的东西似乎反而是愈相互友好"①。

尽管如此,"四民分业"全面打破了传统观念——"重本抑末"——的局限,认为士、农、工、商都是社会发展、国家富强不可缺少的,只不过不同行业有不同运行规则,只要正确引导,都可以为国家经济发展提供不竭动力,而不一定要呆板地恪守既定的规矩束缚,要随"时"和"事"的变化而与时俱进。只要不改变社会前进的大方向,就不但不应受到严厉指责,而且还应受到积极鼓励,因为它符合治国理政的客观情境要求。相反,那些墨守成规、僵固不化之人,反倒不值得褒扬或推崇,否则社会将会永远停留在原地踏步状态,"夫五音不同声而能调""五味不同物而能和""失音则风律必流,流则乱败""离味则百姓不养。百姓不养,则众散亡"(《宙合》),这说明五音虽不同声,但是可以协调;五味虽不同物,但是可以调和;如果行事失去协调,那么国家教化的成果必然流失,这样就会使国家混乱失败、百姓得不到供养,直接导致他们离散逃亡,无疑不符合国家治而不乱的客观情境要求。

---

① 亚里士多德.尼各马可伦理学[M].廖申白,译注.北京:商务印书馆,2003:245.

尽管"四民分业"存在一些弊端，但是它利大于弊，总体上是有利于国家发展和社会进步的。正如哈贝马斯所言，"一个社会，只有当它把包含在人们的世界观中的认识潜力用来重新组织人的行为系统时，它才能得以进步和发展"。"四民分业"就是这样，它不仅唤起了民的从业热情，而且激活了"四民"的潜能与实干。"四民分业"创造的佳绩表明，虽然士、农、工、商是四类不同之民，但是只要国家能调控好，同样可以在一国之内奏出动听的交响曲，从而为国家的发展作出积极贡献，正所谓"异工而同曲"。从某种意义上说，管仲凭借敏锐的时代洞察力，推出的"四民分业"之策，就像是一道闪电，照亮士、农、工、商"四民"的思维空间，促进了他们在各自领域内的发展。虽然《管子》距今已有两千多年的历史，但是直至今天它对民的划分依然在若隐若现地发挥着作用。

6.2.3 专才治理

国家发展离不开普通之民的参与，这些个体之民的意志和活动对于整个国家的发展进程具有不可忽视的作用，"历史是这样创造的：最终的结果总是从许多单个人的意志的相互冲突中产生出来的""各个人的意志……虽然都达不到自己的愿望"，但是它能"融合为一个总的平均数，一个总的合力"，且"每个意志都对合力有所贡献"①，由此可以看出普通个人的作用。然而，如何将一个国家个体之民的潜能最大可能地发挥出来，则需要专业人才的引导。从这种意义上说，专业人才是一个国家重要的人力资源。由于这类人掌握了一些特殊知识或技能，所以国家充分发掘他们的内在潜能，有利于其工作开展，符合"爱之、生之、养之、成之"（《正》）的民本治国思想和国家治而不乱的客观情境要求。正因为如此，《管子》主张任用专才治国，"使各为其所长"（《牧民》）。在这种思想指引下，一批非贵族出身的专才纷纷走上前台，参与到治国理政行列，"匹夫有善，可得而举"（《小匡》）。由于他们深知民间疾苦，通晓治民理政规律，因而能做出"成民"之事。从这个角度审视，管仲利用专才治理具有一定道义性。

专才是治国"成民"的外在助推器。 专才能够释放个人正能量，有效引导

---

① 马克思恩格斯选集：第4卷[M].北京：人民出版社，1995：697.

迥异之民,汇聚成强大动力能,推动社会生产力的快速发展。对于专才来说,达成了其分管领域的职责目标;对于整个国家来说,奠定了富国强兵的坚实基础。这样君治国理政不仅依赖专才的组织与管理,而且也部分地依赖他们从民身上得到的支持与配合。这样双方都会采用新的思维方式,包容各自的价值观,从而创造出专才和民众共同关心的价值,这样专才之长就会得到利用式提升,民众潜能就会得到开发式发掘,社会财富就会得到爆炸式增长,这显然符合治国的客观情境要求。"我们不需要考虑划分权力,而应重视产生权力的组织方法。如果一项职权没有从心理上形成,没有建立在能力的基础上,那么它将只是空泛的道义。"①由于不同专业人士具有不同领导素质与才能,不同工作情境需要不同专业知识,在其它条件都相同的情况下,掌握了某种特殊知识与经验的民,将会成为社会治理、国家管理的首选之才,"明君不能独治,则为臣以佐之"②。这样国家授权专才治理,不仅不会引发民的不满,而且还会唤醒他们"沉寂"的潜能。专才得到某个职位,不是意味着获得更多,而是意味着付出更多。因此,后世唐太宗曾指出,"治安之本,惟在得人"。然而,专才不是曾经生活的人,民也不是将来生活的民,他们都是当时齐国"活生生的"人,两者共同互动作用,持续创造了全新情境。因为专才的出现使民由"静态的人"(没有外部力量推动)转变为"动态的人"(有了专才激活),这样整个社会就会呈现"用一个变化行动的人"去影响、带动"另一群变化行动的"民,这样民还是过去的民,却为国家创造出更多财富、为社会创造更多附加值,这显然符合治国理政的客观情境要求。之所以会出现这种情况,主要是因为君运用专才治理使民遭遇了全新引导,从而把民的潜力充分挖掘出来。倘若把专才看作是过去的智慧、把民看成是未来之人,那将是错误的"二分法"。从某种意义上说,专业人才是民众的"引路人",尽管他们是"来自一些人错综复杂的经验"。君让专才参与治国的最大好处是,他们懂得如何找到一条最可行的方法,去解决他们各自分管领域中出现的问题,而不是分管领域出现了问题,等着上级的命令。这样就能使专才找到一条最适合问题解决的情境命令,"治天下惟以用人为本,其余皆枝叶事耳",足见专业人士在国家治理中所起

---

① 福列特.福列特论管理[M].吴晓波,等译.北京:机械工业出版社,2007:64-65.
② 房玄龄,等.晋书[M].北京:中华书局,1974:2392.

作用是何等重要。其实,国家利用专才参与治理,是君将权力分散给专业人才,是集权与分权的一种体现,这也说明《管子》"在集权与分权之间找到一条中庸之道"①治国,符合治国理政的客观情境要求。

管仲在专才使用过程中成就了他们,也成就了士农工商之民,开创了后世利用专才治国"成民"的先河。这种利用专才分管业务工作的成功范例,后世借鉴施用了很多,直至今天很多行业也是选用专才管理,从而使行业的管理更为规范。《管子》主张要设置专才治理,主要是因为国家之大,非君或宰相一人所能治理,必须由他们来分担治理天下责任,"缘夫天下之大,非一人之所能治,而分治之以群工"。因此,君将治国理政的事务委托给专才管理,由其负责执行落实,不得有任何私欲。这就需要他们切实担负起各种岗位的职责,使境内之民不憔悴,四方之民不劳扰。这无疑具有一定的道义性。而不是与之相反,"若手不执绋,足不履地,曳木者唯娱笑于曳木者之前,从曳木者以为良,而曳木之职荒矣。"②专才对民有一定价值,但其并非由他独特的地位所决定,而是由二者关联的关系所决定,"螺母和螺孔能够完美地结合在一起,不是因为它们的差异,而是因为它们彼此适合,在一起的时候起作用,后者是它们不能单独完成的。螺母和螺孔的重要性不是通过它们在一起得以提高,而是如果不在一起,它们将不具备任何意义。它们应有所差异,从而形成有效的关联,这一事实源自它们的工作"。宰相有自己的职责,专业人士也有自己的职责,"但除此之外,或者说通过他们,每个人都要扮演好自己的角色"③,从而让其在各自分管的范围内承担一定责任,最大限度地为国家治理服务,为"成民之事"努力,无疑符合君治国理政的客观情境要求。

专才是理政"成民"的内在稳定器。 在专才选用上,管仲明确提出了扬长避短、不求全责备的思想,这种思想为齐国选好、用好人才提供了全新思路。正是因为有了这种思想指导,才使得齐国聚集了大量优秀人才,为大齐创建霸业立下了汗马功劳。从这种意义上说,管仲利用专才理政治民,既可以成就人才自身,也可以达成宰相谋略,还有利于成民。正是因为管仲认识到专才理政治民的重要性,所以才将大田、大行、大谏、大司马、大理(《小匡》)等重要岗位

---

① 福列特.福列特论管理[M].吴晓波,等译.北京:机械工业出版社,2007:8-63.
② 黄宗羲.明夷待访录[M].北京,中华书局,1981:13-14.
③ 同①9-252.

交给了诸多专才负责。从表6-5中可以看出,管仲创立的"五官制度",并非史载皇帝时设置的"五行之官",而是在分权组合过程中形成的、一种全新的"各司其职、各负其责"的官职制度,完全符合君治国的客观情境要求。"五官"由宰相统领,从而使国家事务虽繁杂但有条理,办事效率较高,且能防止人浮于事,开创了中国古代管理思想史上"分权管理"之先河。

表6-5 齐国五官设置情况简表

名称	职责(主管)	任职资格	曾任职人员
司理	司法	决狱折中,不杀不辜,不诬无罪	宾胥无、弦子旗
大司马	军事	平原广牧,车不结辙,士不旋踵,鼓之而三军之士视死如归	王子城父
司田	经济	垦草入邑,辟土聚粟多众,尽地之利	宁戚
大行	外交	升降揖让,进退闲习,辨辞之刚柔	隰朋
大谏	进谏、咨议	犯君颜色,进谏必忠,不辟死亡,不挠富贵	鲍叔牙、东郭牙

在确定了外交、司法、军事、农田、参谋等五大部门专才后,《管子》又在其下设置虞师、司空、司田、乡师、工师等五类专业操作人才,"三师两司"分别负责国土山林湖泽等自然资源、水利或水土治理、农业生产、畜牧业、各行各业的工匠、民间内务与教化百姓、管理百工,甚至还有巡检方面的安排,"能致贤,则德泽洽而国太平"①,符合君治国理政希冀出现的客观情境要求。由于这些人是操作专才,所以《管子》要求其必须具有相应的专业知识。对于那些分管自然资源的专才,需要懂得资源的特性,才能有效防火、防灾,控制资源的采伐强度及时间,从而使各类资源生生不息,"夫财之所出,以时禁发焉,使民于宫室之用,薪蒸之所积"(《立政》);对于那些掌管水利的专才,必须具有排水、通渠、筑坝、蓄水等方面的专业知识,"使时水虽过度,无害于五谷;岁虽凶旱,有所秎获"(《立政》),这样才能保证农事生产;对于那些掌管农业生产的专才,必须要懂得土壤地势高低、土质肥脊、适合种植何种作物以及何时种植何种作物,以便更有效地指导民众,"以时均修焉,使五谷桑麻皆安其处"(《立政》)。为便于他们有效开展工作,管仲在制度方面给予其在人力、财力、物力、时间、资料方面的大力支持,这不仅为农业发展提供了较好的外部条件,而且对农事进行起到了有效促进作用,这一过程显然潜藏有道义因子,分管基层的官吏,

---

① 董仲舒.春秋繁露[M].张世亮,钟肇鹏,周桂钿,译注.北京:中华书局,2012:220.

要具备房屋、树木、庄稼、六畜等方面的知识,这样才能对基层工作作出全面安排,从而使农耕不休闲,农民安居乐业,"劝勉百姓,使力作毋偷,怀乐家室,重去乡里"(《立政》)。由此可以看出,这类专才不仅可以起到组织生产的作用,还可以起到促进社会稳定的作用,符合国家治而不乱的客观情境要求。分管手工业的官员,必须懂得产品生产流程,才能有效考核工匠,保证产品质量,有效管理奢侈品生产,"使刻镂文采毋敢造于乡"(《立政》)。这样国家就可以掌控手工业的发展,从而使其健康稳定协调发展。之所以要求这些分管部门的人具有专业知识,一方面是因为他们自身工作性质的需要,另一方面这些虞师、司空、司田、乡师与工师下面还有相应"次一级"的专才,也需要他们给予具体指导,更为重要的是这些可以分管生产、组织生产、治理水害等的专才,在必要时可以给国家提出建议,以防患于未然,这样就可以"使时水虽过度,无害于五谷"(《立政》),类似的水灾问题得到提前化解,呈现出专才治理的道义性。从表6-6可以清晰地看出,管仲当时对国家治理进行了科学分工,使农业、手工业、水利、山林沼泽、社会风气等都有专人管理,并明确了相应职责、赋予了相应权力,职能清晰,权责对等,这是从管理学层面进行的专业化分工,但这与亚当·斯密从经济学层面"提高效率"的劳动分工以及马克斯·韦伯从社会学层面"提高效率和消除等级社会的人身特权"的专业技术分工有很大差异。为了保证政令的顺利推行,督促专才的尽职尽责,《管子》还建立了一套行之有效的督察制度,高层设"五衡",基层设"吏啬夫""民啬夫"(《君臣上》),由"两夫"行使督察官吏、教化民众的职权,如此职责清晰的岗位设置,让专才们能够守职有责,不敢懈怠;守职负责,不敢懒散;守职尽责,不敢马虎。还能严防各类专才胡作非为,违法乱纪,从而确保他们能够按章办事、依法行政,而不背离法度行使职权,符合治国理政治而不乱的客观情境要求。"吏啬夫"负责督察的事,需要充分掌握计量的规章、办事的法律、审议刑法、权衡、斗解、文告与劾奏,"不以私论,而以事为正";"民啬夫"负责教化的事,应当面向百姓,论罪绝不枉法行私,行赏保证绝对信诚,"如此,则人啬夫之事究矣"(《君臣上》)。

表 6-6　省官情况简表①

名称	分管	职责
虞师	山林沼泽	制定防火的法令,戒止山泽林薮之处堆积枯草;对自然资源的出产,要按时封禁和开放,以使人民有充足的房屋建筑用材和薪柴。
司空	水利	排泄积水,疏通沟渠,修整堤坝,以保持蓄水池的安全,做到雨水过多时无害于五谷,年景干旱时,也有收成。
司田	农业	观测地势高下,分析土质肥瘠,查明土地宜于何种作物的生长;明定农民应召服役的日期,对农民生产、服役的先后,按时作全面安排,使五谷桑麻的种植,各得其适。
乡师	社会风气	巡行乡里,察看房屋,观察树木、庄稼的生长,视查六畜的状况,并能按时作全面安排,做到劝勉百姓,使他们努力耕作而不偷闲,留恋家室而不轻离乡里。
工师	手工业	考核各种工匠,审定各个时节的作业项目,分辨产品质量的优劣,提倡产品坚固适用,统一管理五乡,按时作全面安排,使那种刻木、镂金、文采之类的奢侈品工艺,不敢在各乡作业。

表 6-7　国都内"三官"情况表

名称	设岗	职责
官吏	三宰或三卿	掌管群臣
工匠	三族	掌管工商业
市井	三乡	
其它	三虞	专管川泽水产
	三衡	管理三林

从上述国家设置的官职中可以看出,不同官职对应不同工作内容。这就对专才提出了不同要求:一是具备完成这项工作的专业知识或能力;二是具备良好的身体素质,以便于开展工作;三是担任某个职务,就相应接受了一项特殊义务,即忠于国家拟定的职务目标,而不只是赢得了这个职位,就博得了它所带来的收益。把工作作为收入的来源,而不是把职务作为收入的来源,否则就会导致腐败现象发生。管仲用专才治理成民,充分体现了正确的用人导向,真正实现了今日社会倡导的"让能干事者有机会、干成事者有舞台"。如果没有真实才能是不可能参与治民的,这又充分体现了"不让老实人吃亏,不让投机钻营者得利"的用人理念。但是这种专有权力,也有一个负面影响——容易导致腐败。19 世纪英国政治家、剑桥大学教授阿克顿勋爵在谈到这一问题时

---

① 张小木.管子解说[M].北京:华夏出版社,2009

有句精彩名言:"权力导致腐败,绝对的权力导致绝对的腐败。"①尽管我们无法考究当时是否有腐败现象,但是根据历史演绎规律,这种现象也不能完全排除。在春秋战国时期的齐国,这些专才必然且不可避免地就是那时整个国家机器运转中的"官僚系统",因为他们的权力并非通过"现代议会的演说"而赋予,也不是通过君的各类文告,而是通过这些专业人士自身具有的才能进行日常行政管理。从这种意义上讲,只有那些具有智才禀赋的民,才能真正胜任那些官职。从这个维度审视,当时选任的专才应该说是"出乎其类,拔乎其萃"的,这就给那些民提供了进入官僚机器系统的机会,也使"能者之路畅通无阻"②。由于这些专才参与治国理政,所以他们能够把那些杂乱无章的事务条分缕析地处理,这显然符合国家治而不乱的客观情境要求。

总之,只要君有了民本思想并付诸实践,那么各类专才的"一切思想、感情和行为都涂上"了为民服务的色彩,"发自他们内心的这种情感,既不是由教育塑造出来的一种迷信,也不是由社会权力强加于他们的一种法则,而是一种对他们来说缺了便很遗憾的属性。"③在当时齐国民众中,"由于贫穷、无知和缺乏一般意义上的手段,有些人不能利用他们自己的权利和机会"④,但有了专才引导与管理,就能使其更好地达成自己的目标。因此,专才治理不仅具有一定的道义性,而且符合君治国追求天下大治的客观情境要求。

6.3　教化思想的三个层面

教化是人类维系社会、发展自身、传承文明的重要途径,它提供的是人们行动的共同准则和价值尺度,因而对人们的思想行为具有广泛而深远的影响,正向积极的教化符合国家治而不乱的客观情境要求。由于"人心之不同,如其面焉",所以《管子》非常重视教化,并明确提出了"终身之计,莫如树人"(《权修》)的警世名言。由于人是有血有肉、有情有感、有知有觉的"灵性"动物,所

---

① 吉尔特·霍夫斯泰德,格特·扬·霍夫斯泰德.文化与组织:心理软件的力量[M].李原,孙健敏,译.北京:中国人民大学出版社,2010:66.
② 韦伯.经济与社会[M].阎克文,译.上海:上海人民出版社,2009:1635.
③ 穆勒.功利主义[M].徐大建,译.上海:上海人民出版社,2007:33-34.
④ 罗尔斯.正义论[M].何怀宏,何包钢,廖申白,译.北京:中国社会科学出版社,2009:160.

以它认为教化应该从人的本性出发,顺其本性而非逆其本性,由此衍生出国家、群体、个体三个层面的教化思想谱系。在国家层面,由国家积极促进社会教化,将礼、义、廉、耻"四维"灌注为人们的行为准绳;在群体层面,由士、农、工、商"四民"成功推演道义性的职业教化,潜移默化职业子弟;在个体层面,由教师有效推进启蒙教化,言传身教影响学子。这些对后世教化思想的演进具有重要的理论价值与实践意义。

6.3.1 国家层面

礼、义、廉、耻是国家存在的精神基石,也是社会教化的"四大支柱","守国之度,在饰四维","四维张,则君令行"。一个国家如果失去"礼",社会就难以稳定;如果没有"义",就难免遭遇危险;如果丢失"廉",就很难规避倾覆;如果不知"耻",就难以构建和谐社会。这说明"四维"符合国家治而不乱的客观情境要求,也意味着一个国家只要成功演进了它们,就会"礼不逾节"、"义不自进"、"廉不蔽恶"、"耻不从枉",这就要求一个国家务必要形成"懂礼、行义、修廉、知耻"的良性社会氛围。

"礼"是人们交往之道、社会安定之基。《管子》认为,"礼"有大小之分,大礼是小礼的放大与延伸,"小失则入于夷狄,大失则入于禽兽"①,所以它要求"礼"要从小处开始。因为人们只有"谨小礼",才能"行大礼"。没有"谨小礼",就不可能"行大礼","小礼不谨于国,而求百姓之行大礼,不可得也"(《权修》)。从"礼之用,和为贵""不学礼,无以立"到"礼,上下之纪,天地之经纬也,民之所以生也"②,从"礼者,贵贱有等,长幼有序""由礼则和节,不由礼则触陷生疾"到"礼者,因人之情而为之节文,以为民坊者也""故坏国、丧家、亡人,必先去其礼",无不说明"礼"的重要,也凸显了以礼治国有助于国家治而不乱。因此,"礼"是治国精神文明建设层面不可缺少的重要元素,"人无礼则不生,事无礼则不成,国家无礼则不宁"③,孔子对那些不懂"礼"之人,发出了"是可忍也,孰不可忍"的抗议和"一日克己复礼,天下归仁焉"的呼声。人们只有懂"礼",社会才能呈现"孝悌慈惠,以养亲戚。恭敬忠信,以事君上。

---

① 程颢,程颐.二程集[M].王孝鱼,点校.北京:中华书局,1981:177.
② 李仲侗.春秋左传今注今译[M].北京:新世界出版社,2012:915-1134.
③ 王先谦.荀子集解[M].沈啸寰,王星贤,整理.北京:中华书局,2012:480.

中正比宜,以行礼节"(《五辅》)的理想情状。通过国家层面"礼"的社会教化,人们就会"非礼勿视,非礼勿听,非礼勿言,非礼勿动",因为人们懂"礼"之后,他们的行为就不会越轨,更不会超越应有的行为规范,"礼,经国家,定社稷,序民人,利后嗣"①。可见,"礼"在调节个体行为、维持社会秩序、维护国家安定中具有重要作用。《管子》将"礼"上升为治国安邦的重要手段,"一维绝则倾"(《牧民》)。"上好礼,则民易使也"则从侧面说明以礼治国具有道义性。通过"礼"为个体角色、关系定位而达到整合社会价值,"礼乐不兴,则刑罚不中;刑罚不中,则民无所措手足"②,符合国家治理的客观情境要求。

"义"是人之为人所应该遵循的基本原则。《管子》认为,只有"行小义",才能"行大义",没有"行小义",就不可能"行大义","小义不行于国,而求百姓行大义,不可得矣"(《权修》)。这就要求人们行义应从小事做起,从身边事做起,这样才能达到"上下有义,贵贱有分,长幼有等,贫富有度"(《五辅》)的境界。倘若没有在若干小事上行小义,而期望在大事上行大义也不可能,更为重要的是,人们可以透过小事上的小义而"见微知著"。隰鹏曾行"握路家五十室,其人不知也"(《戒》)之小义,后来管仲在建言桓公选相时称其为"大仁也哉",因为一个能把好处给别人的人,在正常情况下,他不大会去接受别人的好处——篡位。即使他万般无奈之下要索取,也只会取自适当的地方,以便将来还能继续更多地给予,这就是道义的体现。隰鹏被成功荐相,充分说明行"义"不仅短期内于人有益,从长期看也于己有益。从这个角度出发,我们认为"义"具有永恒的社会价值。尽管爱尔维修认为"利益在世界上是一个强有力的巫师,它在一切生灵的眼前改变了一切事物的形式"③,但是在有"义"之人面前,爱氏的话就会显得苍白无力。因为"富与贵,是人之所欲也,不以其道得之,不处也"。通过国家层面"义"的社会教化,人们就不会去做不义之事,"不义而富且贵,于我如浮云","非仁非义之事,虽小不为"④,更不会以不正当的手段或途径谋取他人财物,见利而忘义,"上好义,则民莫敢不服"⑤。由此

---

① 杨伯峻.春秋左传注[M].修订本.北京:中华书局,1990:76.
② 王闿运.论语训·春秋公羊传笺[M].黄巽斋,校点.长沙:岳麓书社,2009:86-107.
③ 北京大学哲学系外国哲学史教研室.十八世纪法国哲学[M].北京:商务印书馆.1963:460.
④ 朱熹.四书章句集注[M].北京:中华书局,1993:359.
⑤ 同②26-93.

可见,"义"在君治国理政中的作用之大,这无疑符合国家治而不乱的客观情境要求。"夫义者,内节于人而外节于万物者也,上安于主而下调于民者也。"①从这个维度审视,"义"具有促进社会和谐、天下大治的作用。

廉是人们从俭之本、立节之源。《管子》认为,人们只有"修小廉",才能"行大廉",没有"修小廉","行大廉"根本不可能,"小廉不修于国,而求百姓之行大廉,不可得矣"(《权修》)。所以无论是"修廉"还是"行廉",都务必要从小事做起,从日常工作或生活中做起。实践证明,由"廉"到"不廉"都是从小事开启的,是日积月累使然,"物必先腐也,而后虫生之"。"廉者,民之表也",行"廉"之人,他们才不会掩饰过错,更不会有不端行为。这说明《管子》倡"廉"具有一定的道义性,可以防患于未然。通过国家层面"廉"的社会教化,人们就会"重仁廉而轻财"②,就会像天、地、日月、四时一样,始终无私,守廉磊落,"天无私覆也,地无私载也,日月无私烛也,四时无私行也"③。一个行"廉"之人,就不会受困于金钱、名誉与地位,更不会为金钱所驱使、为名誉所驱动、为地位而追逐,而"不廉则无所不取"④,一旦"廉"编织的"铁篱笆"出现了裂纹,哪怕只是极其细微的裂痕,当贪欲的"洪水"来袭时都有可能决堤。因为人如果有了贪念,哪怕只是闪念和瞬间的欲望,都可能成为导致自身堕落甚至毁灭的祸根,也为国家治理的埋下了乱源。从这种意义上说,贪欲就像一个无情的恶魔,一旦被它附身就会丧失人格和灵魂。古往今来,不知有多少人因为它而毁掉了原本应该拥有的一切,走进了自我编织的"铁篱笆"而无法超然自拔,"贪如火,不遏则燎原;欲如水,不遏则滔天",最终与国家治理希冀的客观情境要求相背离,所以陈毅元帅指出,"手莫伸,伸手必被捉。"因此,《管子》强调,对于那些没有私心的持"廉"之士,可以委以重任,"无私者,可置以为政"(《牧民》)。因为只有那些持"廉"之人参与治国理政,才能做到"为国家,非为私也;为万民,非为己也",所以"治官事则不营私家,在公门则不言货利"⑤,"不私之至"则廉,而持"廉"之人,"侈靡之物不接于目"⑥,这也是从政

---

① 王先谦.荀子集解[M].沈啸寰,王星贤,整理.北京:中华书局,2012:298.
② 董仲舒.春秋繁露[M].张世亮,钟肇鹏,周桂钿,译注.北京:中华书局,2012:403.
③ 吕不韦.吕氏春秋[M].上海:上海古籍出版社,1989:15.
④ 张艳云,段塔丽.日知录选译[M].南京:凤凰出版社,2011:105.
⑤ 卢元骏.说苑今注今译[M].天津:天津古籍出版社,1988:465.
⑥ 程颢,程颐.二程集[M].王孝鱼,点校.北京:中华书局,1981:538-597.

之人"廉"的一种境界。

"耻"是人们知荣辱、辨是非的前提。《管子》认为,"耻"也应从小事做起。只有"饰小耻",才能"饰大耻",没有"饰小耻","饰大耻"也不可能,"小耻不饰于国,而求百姓之饰大耻,不可得矣"。小事尚且知"耻",大事更是如此;而小事已"耻"成习性,大事想不"耻"都难,习惯成自然,而"不耻则无所不为"①,这是何等恐怖之事!所以《管子》认为应专门设置乡师、民啬夫等官吏,以期有针对性地施教,"乡置师以说道之"(《权修》),"民啬夫任教,教在百姓"(《君臣上》),"故吏者所以教顺也,三老、里有司、伍长者,所以为率也"(《度地》)。它还特别强调平时教化,"审居处之教,而民可使居治"(《君臣下》)。这样"教训习俗者众,则君民化变而不自知也"(《八观》),从而减少甚至消除"民无廉耻"的情状,也会"使士无邪行,女无淫事",可见《管子》治国"四维"之一的"耻"具有一定的道义性,也符合国家治而不乱的客观情境要求。毋庸置疑,"人不可以无耻,无耻之耻,无耻矣"②,一个没有羞耻之心的人,必是社会不和谐的"麻烦制造者",而通过国家层面"耻"的社会教化后,人们就会树立正确的是非观、价值观,"明智礼足以教之"(《权修》),就不会偏离正道,更不会趋从邪恶之人、滋生邪恶之事,从而自觉抵制各种不良诱惑,进而锻铸自己崇高的品格与人格,因为"行己有耻""有耻且格""知耻近乎勇",特别是知耻之人,"浅俗之言不入于耳"③。虽然"羞耻不是德性,而是由坏行为引起的一种感情",但是"羞耻感可以帮助青年人少犯错误。所以我们称赞有羞耻感的青年人"④。

由此可见,国家层面社会教化的特点是由"小"到"大",从小事、小处做起,从而成就大事、大处,所以"四维"潜藏着一种维持社会秩序所必需的因子,是《管子》民本治国思想落地的精神支撑。人们经过国家层面持续的社会教化后,就能将其化为人们行动的指南,从而达到社会长治久安、国家政通人和、人民安居乐业的目的。从某种意义上说,礼、义、廉、耻就是治国精神层面的"四纲","礼义廉耻不立,人君无以自守也"(《立政九败解》),"天下无纲而

---

① 张艳云,段塔丽.日知录选译[M].南京:凤凰出版社,2011:105.
② 杨伯峻.孟子译注[M].北京:中华书局,1960:279.
③ 程颢,程颐.二程集[M].王孝鱼,点校.北京:中华书局,1981:538.
④ 亚里士多德.尼各马可伦理学[M].廖申白,译注.北京:商务印书馆,2003:323.

不乱者,未之或有"。而国家如果能真正将"四维"落实到人们行为中,那么就会"一人服之,万人从之","期而致,使而往",甚至"舍己以上为心"。这样,君就能"为之而成,求之而得",民就会"如百体之从心"(《立政》)。所以《管子》将礼、义、廉、耻作为国家层面社会教化的核心、治民理政的纲领,是有先见之明的,"百姓皆说为善,则暴乱之行无由至矣"(《权修》),符合君治国希冀出现的治而不乱的客观情境要求。这样,《管子》的"四维"教化思想就如康德"纯粹实践理性的方法论"所言及的,能"循循善诱地使道德法则进入每个最普通人的内心"①。其实,国家层面的社会教化属于事前控制,能够从一定程度上减少那些"不懂礼、不行义、不修廉、不知耻"之民的违法乱纪行为。从这种意义上说,它又具有一定的道义性。

6.3.2 群体层面

为实现"富国强兵,称霸诸侯"的宏伟目标,《管子》推出了"四民分业"的社会治理模式,将士、农、工、商安排到有利于发挥他们职业特长的四大共同体中去,由"四民"对其子弟施以相应的家庭职业教化,然后子承父业、世代袭传,从"士之子常为士"到"农之子常为农",从"工之子常为工"到"商之子常为商"(《小匡》),这样就形成了一个有共同语言、共同心理素质的稳定的共同体②,久而久之,将会汇聚"成为一种现实力量"。

"士"是国家存亡的根本维护者。"士"包括文士和武士。由于"文士"是治国理政的重要依靠力量,"选练士,为教服"(《地图》),"存乎政教,而政教无敌。存乎服习,而服习无敌"(《七法》),所以对于那些"为义、好学、聪明、质仁,慈孝于父母、长弟于乡里"(《小匡》)之民,将其选拔为"文士",并施以"父与父言义,子与子言孝,其事君者言敬,长者言爱,幼者言悌"的职业教化,全面提升他们的职业素养,从而构建和谐的父父、子子、君臣、长幼关系,然后再由他们于日常生活中将礼、义、廉、耻、孝、悌、敬灌输到其子弟思想行为之中,"士修身功材,则贤良发"(《五辅》),从而使其子弟明白"与其为善于乡,不如为善于里;与其为善于里,不如为善于家。是故士莫敢言一朝之便,皆有终岁之计;

---

① 康德.实践理性批判[M].邓晓芒,译.北京:人民出版社,2003:7.
② 斯大林.马克思主义和民族问题[M]//斯大林选集.北京:人民出版社,1979:64.

莫敢以终岁为议,皆有终身之功"(《小匡》),这说明《管子》对士人的教化具有一定的道义性。由于"武士"是保卫国家安全、征战疆场的核心依靠力量,他们素质如何直接关系到国家安危存亡,"定选士,胜"(《幼官》),所以《管子》要求严格的层层选拔,以筛选出国家需要的"士"人,"存乎选士,而士无敌"(《七法》),"器成教施,追亡逐遁若飘风,击刺若雷电"(《兵法》)。所以将那些"拳勇、股肱之力、筋骨秀出于众"(《小匡》)之民选拔为"军士",施以"动慎十号"、"饰习十器"(《幼官图》)以及"三官、五教、九章"的军事训练与教化,以增强其交战应敌取胜能力,从而安定天下,"教器备利,进退若雷电,而无所疑匮","厉士利械,则涉难而不匮","径于绝地,攻于恃固,独出独入而莫之能止"(《兵法》),同时还能减少罢士,"罢士无伍"(《小匡》),然后再由他们施以"因便而教""教无常"的职业教化,丰富子弟军事知识,从而全面提高其未来实际作战能力,这明显符合治国理政的客观情境要求。《管子》认为,对军士教化的最高境界是能使敌为其所用,"用敌,教之尽也"(《兵法》)。

"农"是国家稳定的重要建设者。由于中国古代是"以农业社会为主的社会,是非常散漫的。平时既难收教化之功,有事复易招藏奸慝盗之患"①,而"农"则是国家经济发展、社会稳定的重要依靠力量,是国家治而不乱的潜在保障,所以《管子》将其列为第二位。通过设置"乡师""虞师""司工""司田"等专职管理人员,对"农"人施以农事道义教化,然后再通过"农"人对其子弟进行"有教无类"的职业教化,从而提高他们使用农具的效能,提升他们耕种、收获的技巧,"庶人耕农树艺,则财用足"(《五辅》)。由于农人具有吃苦耐劳精神,他们在播种、耕耘、饲养之中教化感染子弟,会使他们的农业知识、生产技能、饲养方法等非常容易被传承,所以这些农人子弟于父辈日常劳作默化中学会根据四时变化而"务五谷""种桑麻""育六畜"(《牧民》),这显然符合治国理政的客观情境要求。因此,农人职业"教育的价值不应当仅仅根据经济效率和社会福利来评价。教育的一个重要的作用是使一个人欣赏他的社会的文化,介入社会的事务,从而以这种方式提供给每一个以一种对自我价值的确信"②。这里需要特别指出的是,"朴野而不慝,其秀才之能为士者,则足赖也。

---

① 徐复观.儒家思想与现代社会[M].北京:九州出版社,2013:220-228.
② 罗尔斯.正义论[M].何怀宏,何包钢,廖申白,译.北京:中国社会科学出版社,2009:77.

故以耕则多粟,以仕则多贤"(《小匡》),明确传递了一个信号,农人可以转化为士人,这就鼓励农人努力耕作,然后成为优秀之民,从而开辟了一条农人入"士"的路径,而商工之民则不具有这一转化优势。这也是当时"重本"的一个重要体现。

"工"是精良器械的主要制造者。由于齐国具有太公时代的手工业基础,所以"工"在管仲调整社会生产关系之后将其独立出来,使其不仅承担农具、工艺品、生活用品的加工制作,而且还肩负作战器具的批量生产,"工之巧出,足以利军伍","守备之伍,器物不失其具"(《问》),这显然符合强兵称霸的客观情境要求。由于国家要求"工无敌""器无敌"(《七法》),再加上不惜代价的"致精材""来良工"(《小问》),所以大齐手工业产品种类之齐全、质量之上乘,已成为当时各国仰慕的对象,"诸侯以缦帛鹿皮四介以为币,齐以文锦虎豹皮报"(《小匡》),而"素绸当然不能和花锦相提并论"①。通过这些手工业者"因材施教"的职业教化,既可以培养他们子弟专心致志、不见异思迁的职业精神,又可以使他们掌握选材、使用工具、制作器具等方面的技能,"相良材,审其四时,辨其功苦,权节其用,论比、计制、断器,尚完利",正所谓"循此而修之,各得其分,则教也"②,这无疑具有一定的道义性。由于手工业的技术特性,决定了它"在每种技艺上,只有有经验的人才能正确地判断作品,才能理解完成一件作品的手段与方法,才能懂得什么与什么相配。没有经验的人则最多能看出一件作品,比如一幅绘画,完成得是好还是糟糕"③。特别是在生产过程中,这些群居而生的手工业者"相语以事,相示以功,相陈以巧,相高以知事"(《小匡》),他们的子弟就会于这种和谐融洽的气氛中切实提高实操技能,受到全面的职业教化,从而有利于手工业发展,"一种无法详细言传的技艺不能通过规定流传下去……它只能通过师傅教授徒弟这样的示范方式传下去。这样,技艺的传播范围就只限于个人之间的接触了,我们也就相应地发现手工工艺倾向于流传在封闭的地方传统之中"④。

"商"是市场繁荣的积极推动者。由于"商"人是活跃市场、繁荣经济的积

---

① 戴吾三.齐国科技发展原因试析[J].管子学刊,1995(2).
② 程颢,程颐.二程集[M].王孝鱼,点校.北京:中华书局,1981:11.
③ 亚里士多德.尼各马可伦理学[M].廖申白,译注.北京:商务印书馆,2003:317.
④ 波兰尼.个人知识:迈向后批判哲学[M].许泽民,译.贵阳:贵州人民出版社,2000:78-79.

极推动者,所以他们已成为当时社会发展中一支不可小视的重要力量。虽然"商"居于"四民"中末位,但是因其具有"出从利""入不守"(《侈靡》)的特点,所以国家要对他们进行道义性的职业教化,以保持其合法经营,而不是牟取暴利,搅乱市场秩序。商人通过合规经营,依据四季运行情况,准确把握市场脉搏,全面掌控物价波动,"料多少,计贵贱,以其所有,易其所无,买贱鬻贵",在"可供选择的各种行为方式与过程之间进行选择"①的商业博弈中赚取合理利润,然后这些商人在他们的日常经营中对其子弟进行耳濡目染式的职业教化,一方面可以使其子弟学会观察市场行情的变化,并依据从市场获取的交换信息,及时做出有利于己的反应;另一方面也可以促使他们掌握价格波动、利润产生的规律,特别是在不同市场交易中,商贾们"相语以利,相示以时,相陈以知贾"(《小匡》),子弟于其父母"旦夕从事于此"的过程中被潜移默化,掌握了经商致富的真谛,这无疑符合国家治而不乱的客观情境要求。两千多年来,这种模式在商业发展的历史长河中绵延不绝。

总之,士、农、工、商"四民"的子弟,于"父兄之教"中"不肃而成",于"子弟之学"中"不劳而能",从而会出现"少而习焉,其心安焉,不见异物而迁焉"(《小匡》)的情状,这不仅具有一定的社会道义安民性,而且与《管子》中治国追求天下大治的客观情境要求相吻合。此外,《管子》还在不同行业中注重职业道德培养,要求各行各业都要讲求诚信,从"非信士不得立于朝"到"非诚农不得食于农",从"非诚工不得食于工"到"非诚贾不得食于贾"(《乘马》),士、农、工、商"四民"无一例外!这无疑对"成民之事"(《小匡》)非常有益,"诚能动人也""诚者自成也"②。它还重视以物质、精神、免徭役等奖励的形式对民教化。对那些精通农事、善养牲畜、精通园艺树木、善种瓜果蔬菜使其产量提高、善于治病、能预言某种作物歉收或丰收、懂得养蚕不生病之民,都"置之黄金一斤,直食八石"的奖励,还"谨听其言而藏之官,使师旅之事无所与"(《山权数》)。亚里士多德认为,"一个人不能从公共财富中既得钱财又得荣誉"③,而《管子》则做到了让"才能突出之民"既得到了钱财又得到了荣誉,这显然符合治国理政的客观情境要求。其实,《管子》"四民分业""各因其材"的职业教

---

① 麦金太尔.追寻美德:道德理论研究[M].宋继杰,译.南京:译林出版社,2011:126.
② 程颢,程颐.二程集[M].王孝鱼,点校.北京:中华书局,1981:203.
③ 亚里士多德.尼各马可伦理学[M].廖申白,译注.北京:商务印书馆,2003:257.

化思想还潜存有"知行相须"的道理,"操千曲而后晓声,观千剑而后识器"①,"行之力则知愈有所进","知之进则行愈有所施"②,所以"四民分业"培养出的是"有实行而无空言之弊,有实学而无不可用之材"③的人才,"是把(默契的)'共同体行为'转变为作为理性安排的'社会行为'的特殊手段"④,它以一种直接或间接的方式发挥着影响,从而使民潜在的"超凡魅力"持续再生或竞相迸发。从这种意义上讲,由"四民分业"衍生出来的知行是一个"并进而有功""相知以为用",不断发展、循环往复的过程。通过"分业"实践,可以使人们从不知到有知、从浅知到深知、从知之不多到知之甚多,"精义入神,日进于高明而不穷"⑤,这也与亚里士多德"在教育上,实践必先于理论,而身体的训练须在智力训练之先"的观点相一致。同时,它还可以使长辈谆谆之叮咛、浓浓之亲情的教育寓于日常生活之中,用亲情的力量来拨动子女的心灵琴弦,帮助他们扣好人生的第一粒纽扣,这样就在"润物细无声"中培养子弟"日用而不觉"的世界观、人生观,从而使家庭优良传统在职业教育中生根,在亲情感染中升华,这不仅具有一定的道义性,而且符合国家治理的客观情境要求。

6.3.3 个体层面

由于"春秋时期,私人讲学之风大盛"⑥,"不教无以理民性"⑦,结合当时社会发展情势,不可能人人都接受正规教化,而能够接受这种教化的都是从其个体层面需求出发而施教的,所以本书将"子"列为个体层面(见图1-3),并由此发现了《管子》完整的感染熏陶、正确引导的启蒙教化思想。

感染熏陶是激活学生个体的潜在之道。《弟子职》是我国古代最早的学生守则⑧。它生动翔实地记录了当时学生日常行为规范的具体要求:一是在学习态度方面,要求学生要谦虚严肃、勤奋专心,为基本知识的掌握打好基础。

---

① 吴林伯.文心雕龙义疏[M].武汉:武汉大学出版社,2013:986.
② 张栻.张栻全集:寄周子充尚书[M].长春:长春出版社,1999:817.
③ 张立文.朱熹评传[M].长春:长春出版社,2008:75.
④ 韦伯.经济与社会:下[M].林荣远,译.北京:商务印书馆,1997:309.
⑤ 萧箑父,许苏民.大家精要:王夫之[M].昆明:云南教育出版社,2009:53.
⑥ 张分田.民本思想与中国古代统治思想[M].天津:南开大学出版社,2009:57.
⑦ 王先谦.荀子集解[M].沈啸寰,王星贤,整理.北京:中华书局,2012:482.
⑧ 郭沫若著作编辑出版委员会.郭沫若全集:历史编:第七卷:管子集校:三[M].北京:人民出版社,1982:387-389.

"温恭自虚""夙兴夜寐""朝益暮习",正所谓"学如春起之花,不见其增,日见其长"。上课前,学生要洒扫教室,摆好桌椅。朱熹在《答孙仁甫》中指出,"古人设教,自洒扫应对进退之节,礼乐射御书数之文,必皆使之抑心下首以从事于其间,而不敢忽,然后可以消磨其飞扬倔强之气,而为入德之阶"①;上课时,学生要"危坐乡师,颜色勿作","受业之纪,必由长始"。学生"若有所疑,奉手问之","始诵必作,其次则已";下课后,学生要全部起立,"师出皆起";老师休息后,学生还要"各就其友""相切相磋",这里潜藏有相互切磋讨论、彼此融合吸收的学习意识;二是在人际技能方面,要求学生要孝顺尊敬、友爱结交,为完美人格的形成打下基础。学生不仅要"温柔孝悌,毋骄恃力。志毋虚邪,行必正直。游居有常,必就有德",而且要"出入恭敬,如见宾客"。老师进餐时,学生要"摄衽盥漱,跪坐而馈。置酱错食,陈膳毋悖";老师休息时,学生都要起来服侍,"敬奉枕席,问所何趾;俶衽则请,有常则否"。在这一个过程中,老师的言行举止,都将对学生的未来产生重要影响。《管子》要求学生彬彬有礼地接待宾客。如果有宾客来到,弟子要迅速起立,对客人不可失礼、边应边走,并立即向老师请示。即使来宾所找的人不在,也必须回来告知,"若有宾客,弟子骏作。对客无让,应且遂行,趋进受命。所求虽不在,必以反命";三是在个人形象方面,要容貌端庄,衣着整洁,为良好习性的养成奠定基础,"颜色整齐","衣带必饰"。"凡言与行,思中以为纪。古之将兴者,必由此始。"这里明确指出,学生的一切言行,都要以中和之道为准则,自古以来能成大事之人,都是由此开始的。由此可见,《弟子职》对学生的要求,不仅非常严格而且十分具体,甚至达到了近乎苛刻的程度。"小学教人以洒扫、应对、进退之节,爱亲敬长、隆师亲友之道,皆所以为修身齐家治国平天下之本,而必使其讲而习之于幼稚之时。"②这一方面说明《管子》的启蒙教化是从"小处""细节"上着眼、着手,另一方也可以看出其施教的全面性、严整性,绝不顾此失彼。同时,《管子》还非常重视良风美俗对个体的熏染,它要求改造"淫非之地",彻底清除受教化者周边的环境污染,"毋听淫辞,勿作淫巧"(《五辅》),"去奇说,禁雕俗也"(《七法》),"使民毋有接于淫非之地,是以民之道正行善也,若性然"(《八

---

① 张凯作.朱子理学与古典儒家礼教[J].北京大学学报(哲学社会科学版),2012(2).
② 朱熹.朱熹集[M].成都:四川教育出版社,1996:3391.

观》)。这些显然符合国家治而不乱的客观情境要求。总之,通过个体层面的因循教化、感染熏陶,"子"就会养成良好的习惯,天长日久,整个社会风气就会越来越好。可见《管子》的教育任务与尼采"教育的任务在于把那个整体的人培养成一个活的运动着的太阳和行星的系统,并认识其更高级的驱动机制的规律"①有异,前者潜藏有一定的道义性。从这种意义上讲,一个"子"如果从小受了良好的教育,那么他未来"就能成为事理通达的人",因为"一个受过适当教育的儿童,对于人工作品或自然物的缺点也最敏感,因而对丑恶的东西会非常反感,对优美的东西会非常赞赏,感受其鼓舞,并从中吸取营养,使自己的心灵成长得既美且善。对任何丑恶的东西,他能如嫌恶臭,不知不觉地加以谴责,虽然他还年幼,还知其然而不知其所以然。等到长大成人,理智来临,他会似曾相识,向前欢迎,因为他所受的教养,使他同气相求"②。

正确引导是个体成材进步的有效途径。正确引导是学生成材的重要途径,也是学生进步的必由之路。通过老师正确引导,才能使学生勤而不息、谦而不傲、谨而不妄、重大而不忽小。一是引导学生要勤奋而不"怠倦"③。"怠倦者不及,无广者疑神。神者在内,不及者在门,在内者将假,在门者将待。曙戒勿殆,后稚逢殃。朝忘其事,夕失其功。"(《形势》)因为"怠倦之人""以之事主则不忠,以之事父母则不孝,以之起事则不成"(《形势》),所以《管子》要求"子"要积极进取,切忌出现"怠倦"。虽然人"性相近也",但是经过启蒙教化后,就会"习相远也";二是引导学生要"谦虚"而不"自傲"。俗话说:"金无足赤,人无完人;智者千虑,必有一失。""尺有所短,寸有所长。"任何人都有短处或不足,即使是圣人,也是如此。所以《管子》极为反对骄傲自满,矜功自伐,积极提倡谦虚处世、好学,并以"盛必失而雄必败"来警示那些居功自傲、自大者,"盛而不落者,未之有也。故有道者不平其称,不满其量,不依其乐,不致其度。爵尊而肃士,禄丰而务施,工大而不伐,业明而不矜"(《宙合》);三是引导学生要"谨言"而不"妄语"。在与人交谈时,"可正而视,言察美恶,别良苦,不可以不审"。所以《管子》要求"子"说话要分场合、有原则,"可言可默"(《宙合》),须发言不可时,要用词恰当,言简意赅,直抒胸臆,否则就保持沉

---

① 尼采.作为教育家的叔本华[M].周国平,译.南京:译林出版社,2014:7.
② 柏拉图.理想国[M].郭斌和,张竹明,译.北京:商务印书馆,1986:110-141.
③ 韩延明,邵作运.《管子》教育管理思想探微[J].管子学刊,1995(4).

默。因为"言轻谋泄,灾必及于身",所以与其"多言不当",不如言"其寡也"。特别是未经大脑思考,言谈不周密时,容易滋生费解甚至误解,因而"言不可不审也";四是引导学生要在重视"大处"的同时绝不忽视"小处"。《管子》认为,无论是修身还是养性,无论是敦品还是立德,都应从大处着眼,从小处着手,从小事做起,这样时刻注意从"小处""小事"身体力行,天长日久,日积月累,就能循序渐进,修成大器,"渐也、顺也、靡也、久也、服也、习也,谓之'化'"(《七法》)。由此可见,教师曾经是、现在是、将来依然是学生成才的向导、社会进步的阶梯、人类灵魂的引路人。这些充分说明《管子》正确引导的个体教化思想,既蕴含有道义成分,又符合国家治而不乱的客观情境要求。

综上所述,《管子》教化思想理论丰富、实践精彩,具有极强的借鉴价值,且三个层面并行不悖,相互促进,真可谓"由家及国,大小有序,使其民无不入乎其中而受学焉"。实践证明,它的教化思想为当时齐国培养了一大批优秀人才,更在治国理政实践中形成了社会教化、职业教化与启蒙教化的完美谱系,对后世产生了不可估量的影响。三个层面教化的最大价值"在于唤醒受教者的自觉,从而自学、自律、自主"①,为君培养知晓礼、义、廉、耻的"国之四维"人才,以效忠君主的统治,为"富国强兵,称霸诸侯"服务。从一定程度上说,它潜藏有亚里士多德"教育是最廉价的国防""教育的根是苦的,但其果实是甜的"的思想。不过,从这里也可以看出《管子》治国视野的深邃与高远。

---

① 朱高正.从康德到朱熹:白鹿洞讲演录[M].杭州:浙江大学出版社,2011:244.

第7章
基于功利、向背与予取博弈决策的富民与利民

春秋以降,神的地位摇摇欲坠,君的权威愈益下降,民的重要性日益凸显。从某种意义上说,民心向背情状对于各国的政治稳定、经济发展甚至战争胜负都具有决定性影响。虽然《管子》通过"安民之举"的道义性举措使齐国得以有效治理,但是"治者所道富也,而治未必富也,必知富之事,然后能富"(《制分》)。为了争取民心、赢得支持、博得拥戴,君在治国功利目标的驱动下,制定予取适宜、"以民为本"的积极政策,开出了"重本务农""富民有要"(《禁藏》)的富民之方,推出了"让利于民""创利于民"的利民之策,以使民过上相对幸福和美的生活,达到"仓廪实而知礼节,衣食足而知荣辱"(《牧民》)的治民目标。由于"重本抑末"兼有富民、利民因子,所以本章从经济、管理、哲学三个维度对其进行阐释,以期将该书富民、利民思想更完美地呈现出来。

7.1 富民之方

富民是《管子》民本治国思想的重要组成部分,也是其实现"富国强兵"功利性目标的过程追求,"与其厚于兵,不如厚于民"(《大匡》),"人富而仁义附焉"(《牧民》),于是它基于富民视野,从民心所向维度出发,推出重本务农、发展工商业的积极举措,"农一其乡,则谷足;工一其乡,则器足;商一其乡,则货足"[1],辅之以"多予少取"的薄敛轻征税赋策略,全方位推动了当时社会生产

---

[1] 尤婷婷.六韬·三略[M].北京:大众文艺出版社,2007:17.

力的发展。

7.1.1　先秦富民思想

古往今来,富裕都是民的美好理想与渴望追求的最高目标,但也是统治者治国理政的难题。不同时代、不同国度的君都在采取积极措施,以期破解这个难题,达到民心所向的目的。富民思想的提出应不晚于商周。周文王为达到治国安民的功利性目标,推出了"裕民"等"宽民之道",并期待后来者能将其发扬光大,"彼裕我民"①,"康济小民"。其实,在先秦时期,统治者都已初步达成"只有富民,才能富国足君"的共识。短期来看,民是国君"富民之方"的直接受惠者,但是长期来看,富民最大受益者是一国之君。

由于《管子》是农业社会的产物,所以它的富民思想无法离开这样一个特定时代,更离不开民这一农业生产实践的主体。它指出,"凡治国之道,则先富民。民富则易治也",这里的"易治"就是其功利性目标之一。为凸显其"知富之事",它用排比句予以罗列,"山泽救于火,草木植成,国之富也。沟渎遂于隘,鄣水安其藏,国之富也。桑麻植于野,五谷宜其地,国之富也。六畜育于家,瓜瓠荤菜百果备具,国之富也。工事无刻镂,女事无文章,国之富也"(《立政》),并将这些"国之富"思想积极转化为"从欲祛恶""知予为取"的治国"富民"实践,因为"辨于地利,而民可富"(《侈靡》)。这样民富之后国家就容易治理,直接呈现为"民富—安乡重家—敬上畏罪—易治"公式,所以"善为国者,必先富民,然后治之"。这是春秋战国时期治国理政最为明确、最为具体、最为系统的富民思想。因为它将人、自然、社会融贯起来考察,既体现了人与自然之间的关系,又体现了人与人之间的关系,还体现为人与社会之间的关系,具有划时代的意义。但是,它的"事农—田垦—粟多—国富—兵强"(《治国》)思想,则进一步凸显了其富民的本质——极强的功利性。

虽然儒家代表人物孔子、孟子、荀子也都有富民思想,具有民心所向的功利目的指向意味,但是要么笼统不明确,要么抽象不具体,要么片断不系统,无法用向背法则考量。据史载,冉有为到魏国去的孔子驾车,"子适卫,冉有仆",途中孔子感叹魏国人口多,"庶矣哉!"冉有旋即问孔子,人多后应做什

---

① 古敏.中国古代经典集萃:尚书[M].北京:北京燕山出版社,2001:96-120.

么,"既庶矣,又何加焉?"孔子答道让老百姓富裕起来,"富之"。从这里可以看出,孔圣人看到了富民的重要性,但是至于如何富民,则是未知数,是有形式无内容的富民。尽管他强调"因民之所利而利之""藏富于民""百姓足,君孰与不足?百姓不足,君孰与足?"①,但仍未摆脱华而不实的窠臼。虽然孔子富民思想虚而不实,但是在春秋战国时期能有这样的思想火花已是难能可贵。孟子认为,"易其田畴,薄其税敛,民可使富也"。从这里可以看出,孟子的富民思想聚焦于民把地种好、君减轻赋税。从某种意义上说,在孟子的富民思想中,他没有把人与自然、社会充分统合起来考虑,或许是受其"仰足以事父母,俯足以畜妻子,乐岁终身饱,凶年免于死亡"的理想所局限。尽管如此,孟子比孔子的富民思想更为明确具体,或许因为它已隐约看到了生产力中的两大要素——劳动者与劳动对象,初步触及了生产关系中的产品分配形式——君轻征、民多得,也就是多予少取,但是由于其富民视野过于狭隘,没有看到人作用于自然的更广阔范围,更没有看到富民给国家、给社会带来的诸多益处,尽管他强调"乐民之乐者,民亦乐其乐;忧民之忧者,民亦忧其忧"。不过,这也说明他已看到君民不是完全对立的,而是和谐统一的,并给予了巧妙解答,君与民"或劳心,或劳力","劳心者治人,劳力者治于人。治于人者食人,治人者食于人:天下之通义也"②。荀子富民思想较为丰富,从"以政裕民"到"裕民则民富,民富则田肥以易",再到"下富则上富""上下俱富",可见荀子的富民思想具有系统性、耦合性与完整性,是一个完美组合,而"不富无以养民情",则进一步凸显了君治国富民的重要性。他还明确提出"家五亩宅,百亩田,务其业而勿夺其时,所以富之也"的富民举措,将富民思想由虚转化为实、由抽象演化为具体。这些说明荀子的富民思想与孔孟相比,视野更为开阔,注意到了人、自然、社会的互动统一性,把富民与富国有机整合起来,彰显了治国必先富民的思想。从这个意义上说,《荀子》传承了《管子》的富民思想,并对其进行了一定程度的发挥,将其上升到国家存亡的战略高度,"王者富民,霸者富士,仅存之国富大夫,亡国富筐箧、实府库"③。

---

① 杨伯峻.论语译注[M].北京:中华书局,2006:153-242.
② 杨伯峻.孟子译注[M].北京:中华书局,1960:16-287.
③ 王先谦.荀子集解[M].沈啸寰,王星贤,整理.北京:中华书局,2012:152-482.

鉴于老子"我无事,而民自富"①的顺其自然无为富民思想、墨子"官府实则万民富"②的先富国后富民思想,以及韩非子"能越力于地者富"③在农耕上发挥民的力量就能富国思想,都与《管子》经典的富民思想相距甚远,所以不再赘述。接下来两节,我们就开始探讨《管子》"发展农业"的重本务农思想以及"发展末业、资源采掘"的"富民有要"举措,从而凸显其功利富民思想的可操作性,这也与管仲作为统治者有关系。

7.1.2 重本务农

农业生产自古以来就被重视,历代王朝均以农业立国,并将其作为富民留民、天下太平的重要手段,所以以农为本的理念、重本务农的思想,早已根植于圣明君主之心,历经千载而不衰,"农业享有极大的荣誉"④,《管子》更是将农业上升为关系国家生死存亡的战略高度,推出了一系列有利于农业发展的举措,从而把土地、劳动者、劳动成果三者有机统一起来,以多予少取的方式赢得民心民意,极大地刺激了农民的生产热情。尽管它重视农业生产具有实现霸业的功利性目的,但是在当时社会条件下仍值得褒扬。

由于农业是人类"生存与一切生产一般最先决的条件"⑤,所以《管子》站在"富民强兵、称霸诸侯"的战略高度看待农业生产,重农是手段,富民是过程,成就霸业则是其终极功利指向。正因为如此,它的农业生产管理思想全面系统、独到深刻,并以重视农民、农地、农时、农事"四个维度"呈现。

农民是农业发展的主体。马克思指出,"古代人一致认为农业是适合于自由民的唯一的事业,是训练士兵的学校"⑥。而农民是农业生产的主体,没有农民参与,农业长期难以为继。由于下、中、上等劳力分别只能供养三、四、五人,"上农挟五,中农挟四,下农挟三",所以农民要经常耕作,"农有常业"。否则,"一农不耕,民有为之饥者"(《揆度》),因为民"足食之本在农",这也与

---

① 陈鼓应.老子今译今注[M].北京:商务印书馆,2003:280.
② 吴毓江.墨子校注[M].孙启治,点校.北京:中华书局,1993:75.
③ 张觉,等.韩非子译注[M].上海:上海古籍出版社,2007:734.
④ 马克思.资本主义生产以前各形态[M].北京:人民出版社,1956:12.
⑤ 马克思.资本论:第3卷[M].北京:人民出版社,1956:829.
⑥ 同④12.

"民农则朴,朴则易用"①的特点有关。尽管《管子》没有意识到"人民群众是历史的创造者",但是从它对农民的重视程度,可以看出它已在潜意识中将其视为农业发展的主体。由于农民是落实农业生产的保障,没有他们从事农耕、按照农时劳作,根本不可能有农业收成。著名经济学家威廉·配第指出,"土地为财富之母,而劳动则为财富之父和能动要素"②,这里的农事劳动只能靠农民来完成,足见农民地位的重要。《管子》重视农民并把他们作为推动农业发展的动力,旨在把人的因素与物的因素整合起来,其结果是他们"深耕易耨"③,勤除杂草,农业全面呈现如李觏所描绘的景象:"人无遗力,地无遗利,一手一足无不耕,一步一亩无不稼,谷出多而民用足,民用足而邦财丰者乎!"④

农地是农业生产的基础。《管子》主张藏富于民,而国富来自民富,"不可以不慎富",而"慎富在务地"(《枢言》),即要挖掘土地潜力,"传统的农业经济使土地成为重要的资本和唯一可靠的财富,具有独特和无与伦比的价值"⑤。如果把土地比作一艘巨轮,那么农民便是其上的水手,"知其人,田备然后民可足也"(《禁藏》),这就把人的因素与物的因素功利性地结合起来,从而使土地得到开发并促进民富,这无疑是民心所向之事。"天地,万物之橐;宙合有橐天地""天清阳,无计量;地化生,无泮崖"(《宙合》)凸显了土地的重要。《管子》对农地的重视⑥,实际上"隐含着一种前提性的社会劳动",因为社会劳动触及不到的土地"不存在任何客观的价值"⑦。由于土地是农业生产的前提,所以该书详细介绍了土壤及其分类。通过全面深入审视后发现,《管子》之所以对土地进行详细划分,主要是因为其欲对生产力三要素中的劳动对象进行变革,以达到治国理政的功利性目的,在国家基本掌握境内可耕地面积、土壤肥瘠情况后,就为"多予少取"提供了较为科学的事实依据,从而为全面调动民的生产积极性、充分挖掘土地潜力、增加国家财税收入奠定了坚实基

---

① 夏纬瑛.吕氏春秋上农等四篇校释[M].农业出版社,1956:1.
② 配第.赋税论[M].北京:商务印书馆,1968:74.
③ 杨伯峻.孟子译注[M].北京:中华书局,1960:10.
④ 王国轩.李觏集[M].北京:中华书局,1980:78.
⑤ 孟德斯鸠.农民的终结[M].李培林,译.北京:社会科学文献出版社,2005:54-55.
⑥ 戴吾三.齐国科技发展原因试析[J].管子学刊,1995.(4).
⑦ 麦凯.伦理学:发明对与错[M].丁三东,译.上海译文出版社,2007:3.

础。从某种意义上说,农地就是民的恒产,有了土地后,他们就会自觉地将自己固着在这片土地上,辛勤耕耘,春种秋收,夏耘冬藏,安居乐业。尽管"地者,万物之本原,诸生之根菀"(《水地》),但是"不务地利则仓廪不盈"(《牧民》),所以要按时封沟洫界,才能"度地之宜"(《五辅》),"尽地之利"(《小匡》),最大限度地发挥土地效用,有效盘活土地潜存价值,全面释放农民内在潜力,达到治国理政"富国强兵、成就霸业"的终极功利目的。

农时是农业收获的保障。由于农时是农业生产的重要保证,具有一定的客观规律性。这就要求统治者必须切实采取民心所向的措施,"皆时至而作"。因为把握农时是农业"五谷兴丰"(《巨乘马》)的前提,不违农时是农业生产进行的保障,勿夺农时是农业生产成功的要求,"地之生财有时","而度量不生于其间,则上下相疾也"(《权修》),"其早者先时,晚者不及时,寒暑不节,稼乃多菑实"①。其实,"四时之行,有寒有暑",对于中国古代农民来说,无非就是"生长之事""收藏之事"(《版法解》)。正如马克思所说,"自然规律是根本不能取消的。在不同的历史条件下能够发生变化的,只是这些规律借以实现的形式"②。只有"务在四时"(《牧民》),"力地而动于时"(《禁藏》),才能搞好农事,"守在仓廪"(《牧民》)。由此也可以看出,《管子》重视农时的功利性。虽然农时规律是普遍的、无条件的,但是它起作用又是有条件的。如果违背农时或在农忙时节征调民去服劳役,那么将会影响农时,从而不利于农业生产发展,无法达到治国的功利性目的。"无失民时","凡农之道,厚(候)之为宝"③,由于农时自身无法生产运营,这就需要统治者在遵循自然规律——农时——运行基础上,采取有效措施,创造有利条件,切实发挥农民的主观能动性,让其克服生产过程中的各种不利因素,积极将农时提供的可能性转化农业丰收的现实,从而达到治国理政的功利性目的。

农事是农业演进的保证。由于农业是古代社会最具决定意义的产业,农业生产好坏直接关系民的温饱,对其伦理道德也有重要影响,"野无旷,则民乃营;上无量,则民乃妄"(《牧民》),所以统治者非常重视农事,鼓励农业发展,努力使社会财富极大丰富,"财用足,而饮食薪菜饶"(《五辅》)。而"务五谷,

---

① 夏纬瑛.吕氏春秋上农等四篇校释[M].农业出版社,1956:54-67.
② 马克思恩格斯选集:第4卷[M].北京:人民出版社,1995:580.
③ 同①54-67.

则食足"(《牧民》)是亘古不变的真理。无论在春秋战国时期,还是在现代化的今天,搞好农事生产都是农业发展的主题,也是治国理政的基础性工作,"粟者,王之本事也,人主之大务,有人之涂,治国之道也","农事胜则入粟多,入粟多则国富,国富则安乡重家"(《治国》)。农事生产看似简单容易,实则要实现质的提升、量的突破并非易事。由于《管子》中所提的农业是宽泛概念,它的农事生产可衍生为粮食生产、种植果蔬、饲养六畜、植桑种麻等四类。粮食生产是农事的根本,"人们首先必须吃、喝、穿、住,然后才能从事政治、科学、艺术、宗教等等"①,"凡五谷者,万物之主也"(《国蓄》),"粮食是得之则生,失之必死的根本"②;果蔬种植是农事的延展,饲养六畜是农事的衍生,植桑种麻是农事的延伸。《管子》将蚕桑作为富民之方的思想,对后世颇有影响直至今天,朱熹甚至将其视为本业:"蚕桑之务,亦是本业。"

综上所述,我们可以发现,《管子》重视农业生产的四个方面是有机联系的,是有条件与无条件的辩证统一。只有充分发挥民的主观能动性,利用农时的客观规律性,选择好适宜种植的客体,才能更有效地作用于农地,从而真正把土地变成古代中国农民手中致富的锐利武器。虽然《管子》重视农业生产的思想具有功利性导向,但是它在采取各种民心所向的措施、千方百计推动农业发展过程中,使民切实得到了实惠,分享了君治国理政多予少取的恩泽,"使其妇子含哺鼓腹,无复饥冻流移之患"③,进一步凸显了其民本治国思想。

7.1.3 富民有要

藏富于民是天下大治的重要表现,也是治国理政的最高境界。然而,"富民有要,食民有率"。《管子》认为,富民最重要的是不扰民,"民自美安,不推而往,不引而来,不烦不扰,而民自富",这样就会"如鸟之覆卵,无形无声,而唯见其成"(《禁藏》),富民无疑是民心所向,其直接结果就是"君寿以政年,百姓不夭厉"(《侈靡》)。"《管子》将富民作为治国的第一要务,在先秦诸子中是独一无二的。这一关于富民对治国重要性的论述,在我国古代典籍中没有

---

① 马克思恩格斯选集:第 3 卷[M].北京:人民出版社,1995:776.
② 王柏松.论管子的国家实力思想[J].管子学刊,2014(1).
③ 朱熹.朱熹集[M].成都:四川教育出版社,1996:5063-5106.

比这更精辟,更透彻的了。"①除了上一节积极发展本业的富民举措外,《管子》还推出了"多予少取"发展末业和管控资源采掘的功利性富民之方。

1. 发展末业

"重本抑末"思想曾影响中国古代相当长时间,但是随着历史演进到春秋战国时期,社会环境发生了急剧变化,《管子》中所体现的发展经济的思想也随之发生了重大变化,变"抑"为"饬",使得末业有了全新的发展机会和空间。从某种意义上说,发展末业是君功利治国施以"民"的最大之"予",因为此前是"抑末",将工商之民本应从事末业的机会给剥夺了。

(1) 发展末业原由

《管子》将末业作为发展经济的重要内容,既有主观因素,也有客观因素,双重因素叠加促成了其对当时经济发展模式的功利性战略性调整,从而使国家经济由"单一"本业发展为"多元"产业,由农业"一枝独秀"衍变为农工商"三驾马车"协同共进,这既顺应了民意,又赢得了民心。

从前文阐释中我们可以清晰地知晓,功利性称霸是驱动齐国发展末业的主观原因,而地理条件则是齐国发展末业的重要客观原因。一是齐国地域面积狭小,"方五百里"(《轻重丁》),要想在如此之小的土地上实现富国强兵,唯有发展工商业,才能达到这种功利性目的。因为发展商业可以将他国资源为齐国所用,"善者用非有"(《地数》);二是可耕地严重不足,齐国百分之七十以上的土地为非可耕地,"阴雍长城之地,其于齐国三分之一","海庄、龙夏,其于齐国四分之一也","朝夕外之,所墆齐地者五分之一",皆"非谷之所生也"(《轻重丁》)。尽管这些地方依旧是齐国的山地、水地,然而,到处却是长满了柴草而无法农耕之地,"故山地者山也,水地者泽也,薪刍之所生者斥也"(《轻重丁》),这说明可耕地不足是齐国发展商业的又一原因;三是可供国家征税的税源太少,"崇弟、蒋弟、丁、惠之功世,吾岁罔,寡人不得籍斗升焉,去","菹莱、咸卤、斥泽、山间塈墡不为用之壤,寡人不得籍斗升焉,去一","列稼缘封十五里之原,强耕而自以为落,其民寡人不得籍斗升焉"。由于不能向功臣后裔、"三地一泽"(荒草地、盐碱地、高低不平山地、盐碱水泽)以及人们强行耕种的原野征税,所以国家能征税土地不到五分之二,"寡人之国,五分而不能操

---

① 张越.富民思想:齐文化的价值内核[J].东岳论丛,2006(6).

其二"。为了拓宽税源、增加财政收入需要发展末业,否则,国家真是"有万乘之号而无千乘之用也"(《轻重乙》),也就是有其表无其里,有形式无内容;四是齐国四面受敌且又是多虎狼野兽栖息的山区国家,"馈食之都,虎狼之所栖也",主要依靠其他诸侯国输入粮食才得以生存与发展,而只有发展末业才能解决民的衣食问题。这样末业由"抑"变"饬"就成为当时民心所向之"予",也是受"富国强兵、藏富于民"的功利性导向驱使。然而,大自然是公平的,在赋予齐国诸多发展劣势的同时,也赐给了齐国一大得天独厚的地理优势——地处交通要道,"吾国者,衢处之国"(《轻重甲》),使其具有发展末业的天然条件,这是齐国能够功利性发展商业之"因"。根据辩证唯物主义"有因必有果"思想,齐国后来演绎出工商业繁盛之"果"是理所当然、顺理成章的。为了将劣势最大可能地规避、将优势最大限度地发挥,齐国在大力发展本业的同时积极发展末业。在手工业方面,以纺织、造船、冶炼、铸币以及其它产业为载体推动齐国经济发展,不但"毋乏耕织之器"(《幼官》),而且如果"论百工之锐器",则能使"器盖天下";在商业方面,以建立交易场所、低税吸引客商、提供优质服务、发展对外贸易为途径,促进齐国商业发展,使得市场能够"聚天下之精材"(《七法》)。通过有效调节市场、物价、货币、流通,将功利性的轻重术演绎得淋漓尽致;在资源开采利用方面,以鱼盐、矿山、森林为介质,大兴鱼、盐、铁、林之利。总之,齐国通过民心所向的本末协同共振式发展,使民获得了难得之"予"的末业发展机会,充分调动了民的积极性,切实增强了齐国综合国力,成功实现了"富国强兵,称霸诸侯"的功利性目标。

实际上,《管子》为齐国拟定发展末业的功利性富民之方,充分说明一个国家产业的选择,除受到各民族生产力发展状况本身的某些差异性的影响外,还受到生产力之外的种种因素影响,同时,地理环境、气候、人口分布等自然条件也会有重要甚至决定性的影响,更说明它治国的富民思想"不仅从内部即就其内容来说,而且从外部即就其表现来说"[①],都是和当时的社会环境有机接触并相互作用的。从另一个侧面说明齐国发展末业,既是突破历史传统藩篱的划时代选择,是受治国功利性目标驱动不得已而为之的选择,也是民本治国实现藏富于民思想的灵活运用与终极体现。从一定程度上讲,《管子》发展末

---

① 马克思恩格斯全集:第 1 卷[M].北京:人民出版社,1995:121.

业的思想在当时是一种全新的、反思型的思维方式,"在这种方式中,思维成为认识"①,认识转化为能动的治国实践,不仅顺应民心,使当时之民受益颇多,切实感受到君之所"予",而且对后世也有深远的积极影响。时至今日,工商业仍在被世界各国积极推动发展。虽然自管仲积极发展末业以来,工商业发展的地位跌宕起伏,但是它说明把某一产业"设想成一帆风顺的向前发展,不会有时向后做巨大的跳跃,那是不辩证的,不科学的"②,如果看不到产业发展过程中那些"难以避免的特殊情况,把它们完全排除在外"③,那么产业的发展就会带有非常神秘的色彩。

(2) 末业发展表现

随着《管子》治国思想的全面转变,"务本饬末则富"(《幼官图》),昔日被严重压抑的末业终于迎来了发展的春天,使其具有了全新的演进空间,由消极的"后台"走向了积极的功利性"前台",其发展也由一种可能衍变为现实。

A.充分发展手工业

由于齐国有发展手工业的历史传统,再加上适宜耕作的土地不多,所以发展手工业,一方面可以让薄地无事可做的妇女有事可做,织出各种华美的彩色丝绸,另一方面也可以高价销售这些织物换取他国低价粮食,"以薄之游女工文绣纂组,一纯得粟百钟"(《轻重甲》),这既是顺应民心发展末业之"予",又是助推齐国成功实现富国强兵的功利性之举。

纺织业 齐国土地经过姜太公治理后,极宜种植桑麻,而桑麻是发展纺织业的重要原料,所以齐国建国之初就将其作为重要产业,"劝其女工,极技巧",从而消除"到处出现了极度贫困的现象"④,无疑是民心所向之举。到了管仲任相时期,纺织业已相当成熟,他继续发挥齐国"地宜桑麻"的优势,大力发展纺织业,生产的丝织物行销境内外,"天下之人冠带衣履,皆仰齐地"。当时纺织业在社会上已占有重要地位,并成为齐国重要的一个经济门类,当时诸侯进献素绸——生丝织品,而齐国则回赠花锦——熟丝织品。这从侧面说明齐国不仅纺织业发达,而且丝织技术远在其他诸侯国之上,"故齐冠带衣履天

---

① 黑格尔.小逻辑[M].北京:商务印书馆,1982:38.
② 中共中央马克思恩格斯列宁斯大林著作编译局.列宁选集[M].北京:人民出版社,2012:851.
③ 肖前.马克思主义哲学原理[M].北京:中国人民大学出版社,1994:268.
④ 马克思恩格斯选集:第 1 卷[M].北京:人民出版社,1995:236.

下,海岱之间敛袂而往朝焉"①,可见发展手工业对齐国经济甚至外交活动也有非常明显的影响,这是《管子》高度重视手工业发展的结果。"某乡女胜事者终岁绩,其功业若干?以功业直时而櫎之,终岁,人已衣被之后,余衣若干?"(《山国轨》)但是,它主张工匠不要把主要功夫用在刻木镂金之类的装饰上,女工不要把主要功夫用在编织繁杂色彩与精细花纹上,不专供豪华奢侈品生产,满足民日常生活所需即可,功利性倾向非常明显。管仲将女工分为上、中、下三等,认为他们分别可供应五人、四人、三人穿衣,"上女衣五,中女衣四,下女衣三",明确要求"女有常事",这样才能保证民有衣穿。所以《管子》强调,对于手工业来说,只要不让"雕文刻镂""锦绣纂组"等豪华奢侈品过量生产、肆意流行,就可以健康发展,这样才能达到藏富于民、富国强兵的功利性目标。因为手工业健康发展,就可以生产更多农具和器具,全面提高劳动生产率,进而促进农业发展和军队装备水平提升。管仲还非常重视女工冬天室内纺绩时机与产品采购,"大冬营室中,女事纺绩缉缕之所作也,此之谓冬之秋"(《轻重乙》),这时对妇女生产的布帛,只要合于国家需用,都加以收购并立下合同,写明按乡、市价格成交,"上无币,有谷。以谷准币"(《山国轨》),在当时处于"易货贸易"的时代,这样做取之有道,顺应民心。这样就通过卖粮清偿了买布合同,国家所需布帛也随之解决,一举两得,也是相对公平之"取"。

造船业 自姜太公时起,齐国便有鱼盐之利,到了管桓时代更加发达。赴深海捕鱼需要有相应发达的船舶制造业支撑。没有船舶乘坐,捕鱼的数量肯定有限。据《禁藏》"渔人入海""就彼逆流""乘危百里""宿夜不出"可以推断,当时齐国造船技术已非常高,因为远洋渔业发展与造船技术有直接关系。没有高超的造船技术支撑,深入远洋捕鱼作业根本不可能;只有工匠造船技术精湛,渔民才有深入远洋海域作业的可能,而造船业发展又能使从事这项工作之民致富,显然顺民意、得民心。最能说明当时造船业发达的是《轻重甲》讲述的战例。管仲预测越人会从海上偷袭,于是下令修筑三川、建圆形水池,还要修造能行大船的湖。这个湖应有深度达七十尺,"立大舟之都。大身之都有深渊,垒十仞",然后下令赏"予","能游者赐千金",还没有用去千金,齐国人泳技就不弱于吴越人了,"未能用金千,齐民之游水,不避吴越",达到了可以

---

① 司马迁.史记[M]北京:中华书局,1959:3255.

御敌的功利性目的。后来"桓公终北举事于孤竹、离枝。越人果至",越人筑堤屯堵曲菑之水淹灌齐国,"隐曲蓄以水齐"。然而,管仲有五万善于游泳的战士应战,自然大败越军,"管子有扶身之士五万人,以待战于曲菑,大败越人",发展造船业的功利性由此凸现出来。在这里,除了兵士善泳善战外,还潜藏有诸多大船进行后勤保障的能力,足见齐国造船业之发达。尽管这在《管子》中没有明确提出,也无直接文献稽考,但是有间接史料可以佐证。据史书记载,公元前485年,吴王夫差从海上攻打齐国,齐国打败了吴国,"乃海上攻齐,齐人败吴"①。从可以看出齐国舟师之强大,吴国军队尚未入境就被击败。由此也可推知当时齐国船舶制造业水平之高。②《管子》还指出,天子东出其国都四十六里而立坛,穿青衣,戴青冕,插玉笏,带玉鉴,朝会诸侯卿大夫列士,巡视百姓,"号曰祭日,牺牲以鱼"(《轻重己》),这里天子将鱼作为祭品,无疑会刺激捕鱼业发展,进而带动造船业繁荣。通过渔民深入远洋捕捞,一方面可以检验船舶质量,因为这只有在远洋捕捞使用过程中才能发现;另一方面渔民将其使用过程中发现的问题反馈给工匠,这些匠人再根据渔民意见逐步改进完善,可以进一步提升造船技术,进而有效推动社会生产力发展。如此,渔民远洋捕鱼越多,工匠们制造的船舶售价越高,自然也获利越多,无疑是民心所向。

冶炼业 齐国铁矿资源丰富,但它只是原料,市场价值相对较低,而冶炼业则是提高铁矿资源附加值的重要手段。虽然铁矿资源归属国有,但是对铁矿资源的冶炼,管仲则采取了非常灵活的方式,或国民合营,或民营承包,70%的利润归民所有,30%的利润归国家所有,"与民量其重,计其赢,民得其七,君得其三",这里明确提出了公私合营问题,并给出了3:7的分成思路,这种做法既有利于当时经济的发展,又可以免去商人的中间盘剥,还有利于改进当时的生产工具,乃是民心所向,这或许是中国公私合营的最早模式。"据篇籍记载,铁矿的开采与冶炼有官营、民营两种方式,民营所得三分之一利润交官府,民得其二,故采、冶业利润丰厚,民得利甚多。"③这些无疑会使各类民渐趋致富,是顺民心、得民意之举,也说明管仲"予"民之多。其实,冶铁形式上获利

---

① 司马迁.史记[M].北京:中华书局,1959:1473.
② 戴吾三.齐国科技发展原因试析[J].管子学刊,1995(4).
③ 马加坡.强国在于富民[J].管子学刊,1996(2).

大的是民,实际上《管子》利用轻重术操控市场价格后,最终获利最大的仍然是国家,"杂之以轻重,守之以高下。若此,则民疾作而为上虏矣"(《轻重乙》)。只不过通过民营或合营方式,能够全面调动民的积极性,有效发挥冶炼工匠的主观能动性,在巨大物质利益之"予"的刺激下,能持续推动冶炼技术进步,达到强兵所需器械的功利性目的。

《管子》指出,"一农之事必有一耜、一铫、一镰、一鎒、一椎、一铚,然后成为农。一车必有一斤、一锯、一釭、一钻、一凿、一銶、一轲,然后成为车。一女必有一刀、一锥、一箴、一鉥,然后成为女"(《轻重乙》)。这一方面说明冶炼业之重要,另一方面也反映了当时冶炼业发达程度。没有冶炼业的发展,农事无法顺利进行,商人无法多拉快跑,工匠无法施展技艺。而农事发展顺畅了,农民购买使用耜、铫、镰、鎒、椎、铚等多了,就能全面提高农业劳动生产率,"问一民有几人之食也"(《问》),市场铁器农具需求量进而增大,从而进一步推动冶炼业的功利性发展;商人市场搞活了,赚取利润多了,就会购买更多车辆,采购更多织品,促使工匠造出更多更好的车,女工织出更多的织品,这样他们需用的斤、锯、釭、钻、凿、銶、轲、刀、锥、箴、鉥就会增加,也会促进冶炼业发展。同时,外销鱼盐获利,也需要有相应发达的车辆制造业保障。没有运输工具,远途难以在短期内到达,"百里不贩鲜"。《管子》中用铁器制造生产工具,不仅标志着社会生产力发展进入了一个全新阶段,而且也是民致富的一个重要来源,"治民有器""形势器械未具,犹之不治也"。为了实现治国理政的功利性目标,统治者极为重视锐利兵器制造,"成器不课不用,不试不藏"(《七法》),"论比计,制断器"(《小匡》),将"功"与"巧"作为百工技能高低评判标准。当时能以"恶金"制造出耜、镰等农具以及针、斤、锯、刀、炊具、缝纫等工具,足见当时齐国冶炼水平之高。

铸币业 货币的出现,是社会生产力发展到一定历史阶段的产物,也是人类社会发展史上的一枚璀璨明珠。它既与经济基础有关,也与上层建筑有关,并随着社会的发展而发展、进步而进步,且日益在人们的意识形态中占据统治地位,"故先王度用于其重,因以珠玉为上币,黄金为中币,刀布为下币。故先王善高下中币,制下上之用,而天下足矣"(《轻重乙》)。在没有货币之前,人们之间交易靠的是简单的物物交换。自货币诞生后,人类商品交换面貌就焕然一新。由于货币在齐国境内有着悠久历史和广泛使用范围,它在当时齐国民众生产、生活以及市场交易中发挥着非常重要的作用,"善者执其通施以御其司命"(《国蓄》)。大齐铸币业非常发达,以齐刀币著称于世,它要利用货币达到发展商业甚至控制他国的功利性目的,而铸币则需要人工操作,这无疑是一种富民之道,是民心所向。铸币业的出现是社会经济发展的内在要求。《管子》认为,"君有山,山有金,以立币"《山至数》。由于"人君铸钱立币"(《国蓄》),所以在开采制造铜铸币过程中,国家需要拿出两年粮食储备来雇佣民众从事刀币生产加工,"请立币,国铜以二年之粟顾之,立黔落"(《山权数》)。铸币业的发展,不仅带来了市场交易的方便,而且还提供了大量就业岗位,使更多民在铸币过程中受益致富,"令左司马伯公将白徒而铸钱于庄山"(《轻重戊》),这是君治国理政另一种形式的"予"。据史载,管桓时期齐国货币铸造与流通非常兴盛与广远,《轻重戊》讲述了五个齐国成功运用铸币达到功利性目的的故事——七国弃农并最终降服于齐国。从鲁、梁两国"弃农织绨"到莱、莒两国"弃农打柴",从楚国"弃农猎鹿"到代国"弃农搜狐皮",再到衡山国"弃农制造兵器",**这**一方面说明农事重要,另一方面也凸显齐国铸币业发达,还给后世一个颇值得借鉴的教训——致富切莫操之过急。如果"见卵而求时夜,见弹而求鸮炙"①,不但难以致富,而且还会丧失本业,直至为人所控,失去自由。如果当时齐国没有大量铸币,是不可能达到"不战而屈人之兵"②的功利性目的的。这也从侧面说明当时铸币的根本目的不只是出于流通方便、助民致富,促进经济社会发展,还有对邻国巧取豪夺、功利至上的意味。然而,《管子》没有考虑到铸币生产量要以基本金为后盾,切实避免通货膨胀,维护国家的信用体制,也没有顾及当时齐国社会经济发展的客观情势与内在要求,忽视了价值规律的潜在作用,有"铸币不息,货无匮竭"的功利主义思想。这些故事告诉我们,对于一国经济发展来说,只有不贪图一时之小利,才能赢得长远之大利。通过投机取巧,即使在短期内获得了足够小利,但是从长期观点来看,将会失去长远之大利。上述五个故事充分说明了这一点,"钱币所以为利也,唯无一时之利,而后有久远之利"③。七国之君当时看似顺应齐国需求,推出了顺民心、得民意之策,旨在为民之"予",但后来粮食匮乏的现实说明这

---

① 张京华.庄子图文本[M].长沙:岳麓书社,2008:16.
② 孙子兵法·孙膑兵法[M].骈宇骞,等译注.北京:中华书局,2007:17.
③ 黄宗羲.明夷待访录[M].北京:中华书局,2011:159.

是无言之"取",因为民购买粮食的价格更高。

总之,手工业是随着社会生产的扩大而出现的,随着社会生产力水平的提高而发展的,在"重本抑末"社会氛围下属于"苟且偷生"的行业,然而,管仲从富民的民本思想出发,站在成就霸业的战略高度,积极发展手工业,既可以满足民日常生活需要,"举财长工,以足民用"(《小匡》),又能为大齐强兵称霸打下坚实基础,"有战胜之器矣"(《小问》)。"工之巧,出足以利军伍,处可以修城郭、补守备者几何人?","问男女有巧伎能利备用者几何人?处女操工事者几何人?"(《问》)桓公这两问一方面说明当时军中能工巧匠之多,另一方面也说明当时手工业已相当发达,且男女从业人员很多,一些人能够以此谋生养家,这从侧面反映了当时手工业发展的盛况。作为一国之君,桓公之问也将会对纺织业或手工业的发展起到积极推动作用。此外,《管子》还对手工业者应具备的素质提出了要求,必须诚信生产经营,不得有任何欺诈。

B.积极发展商业

商业是随着社会生产、生活领域的扩大而出现的,是社会经济繁荣的重要标志之一。《管子》从民本思想出发,站在治国平天下的战略高度,积极鼓励商业发展。因为它是活跃市场的最有效产业,其发展的最佳境界是欲买的能买入、想卖的能抛出,在买卖之中游刃有余,于无形之中淡然获利。为了实现这一终极目标,《管子》提出了诸多功利性措施。具体来说,一是提供优质服务。齐国地处交通要道,利于商业发展,"远秸之所通,游客蓄商之所道,财物之所遵",只要这些途经之人,"因吾国之币,然后,载黄金而出"(《轻重乙》),"人求本者,食吾本粟,因吾本币,骐骥黄金然后出"(《地数》),这说明其提供优质服务、发展商业的功利性,主要表现在修路便利通途、级差免费给养、礼仪接待官贾三个方面,这些极大地促进了商业发展。由于这些具体内容在前面的章节已经阐释,所以在此不再赘述。二是多种税赋优惠。《管子》认为,要想搞活商业,务必要加大对境外客商和资金的吸引力度,因为"市也者,劝也;劝者,所以起"(《侈靡》),"市者,货之准也""黄金者,用之量也"(《乘马》),于是它推出了从免税到低税再到差异化不重复征税的民心所向的隐形功利性税赋管理政策。首先是免税。关卡只检查,市场仅登记,"关讥而不征,市书而不赋"(《霸形》),"虚车无索,徒负勿入"(《问》),"缠而不税"(《小匡》),这些措施实际上是为商贾提供一个更好的发展空间,"为所有人寻找机会的均等"①,是另一种形式的"予",因为倘若不是关卡免税,就有可能在此环节徇私舞弊、滋生腐败。当然,这或许只是一种表面的偶然性现象,但是,在治国理政过程中,对于那些可能出现的不利的甚至有害的偶然因素,要未雨绸缪、防患于未然,尽可能地予以消除或避免,以防止其未来趋向必然;其次是低税。"驰关市之征,五十而取一"(《大匡》),"市赋百取二"(《幼官》)。虽然薄敛轻征对商业发展有积极的促进作用,能够驱动社会生产力发展,但是有可能出现"把'GDP'留给齐国、把利润都带走"②的情况。然而,由于低税吸引了更多境内外商贾,在市场蛋糕切实全面做大的情况下,国家的整体税收并不一定会少。由于市场盘子足够大,国家财政收入可能会因此而更多,"故知予之为取者,政之宝也"(《牧民》);最后是避免重复征税。"明道以重告之,征于关者,勿征于市;征于市者,勿征于关。"(《问》)实际上这是春秋战国时期维持社会正义的一种表现,而"正义是社会制度的首要价值"③,是"基本的、有机的、统治的、最高主权的原则"④。如果一项政策能够充分体现这种正义,它才能称得上是真正善的、有价值的。毋庸置疑,无论是全部免税,还是宽松低税,抑或是不征重税,都是为了减轻商人负担,尽可能地取少予多,全面激活市场,促进商业繁荣,直至出现"远国之民望如父母,近国之民从如流水"(《小匡》)的发展盛况,这说明《管子》税赋思想的灵活性以及其功利性发展商业是非常成功的,也是顺应民心的。从孟子"薄其税敛,民可使富也"⑤,到荀子"轻田野之税,平关市之征,省商贾之数"⑥,这种赋税思想直至今天仍在沿用,充分说明《管子》"薄敛轻征"的赋税富民思想对后世产生了广泛而深远的影响。

综上所述,管仲采取多种功利性措施鼓励开展商业活动,以"视敌国之民犹吾民"的仁者胸襟,以视"敌国之财皆吾财"⑦的宏大气魄,将境内外的贸易上升到富国裕民的战略高度,是对商业由感性认识上升到理性认识的划时代

---

① 尼布尔.道德的人与不道德的社会[M].蒋庆,等译.贵阳:贵州人民出版社,1998:202.
② 丛亚平.宜尽快实现两税合一[J].瞭望.2006(49).
③ 罗尔斯.正义论[M].何怀宏,等译.北京:中国社会科学出版社,1988:3.
④ 马克思恩格斯全集:第18卷[M].北京:商务印书馆,1964:307.
⑤ 杨伯峻.孟子译注[M].北京:中华书局,1960:287.
⑥ 王先谦.荀子集解[M].沈啸寰,王星贤,整理.北京:中华书局,2012:177.
⑦ 萧箑父,许苏民.大家精要:王夫之[M].昆明:云南教育出版社,2009:106.

转变,有效实现了藏富于民的目标,而民富则"可以保身,可以保全,可以养亲,可以尽年"①,无疑是民心所向。

2.管控资源采掘

齐国的地理位置决定了自然环境在其社会生产力发展中起着举足轻重的作用。管仲依据这一地缘优势,承扬了太公"通工商之业,便鱼盐之利"的功利性政策,充分发掘其拥有的鱼盐、矿山、森林等丰富资源,积极发展渔业,对盐铁实施专卖,对矿山与森林资源采取保护与开发并举政策。

鱼盐资源 姜太公封齐之始,齐国自然条件极为恶劣,"地负海舄卤,少五谷,不宜耕种"。然而,齐国濒临大海,渔业资源丰富,这为太公发展渔业提供了得天独厚的条件。管仲继续依据齐国"依山傍海"渔业资源丰富优势,传承大齐发展渔业的优良传统,将捕鱼作为重要副业,并推出了一系列功利性管理措施。一是鼓励渔民捕捞。在近海捕捞基础上积极发展远洋捕捞业,渔民能够深入到较远海域作业。由于远洋海域鱼多,渔民深入到远洋捕鱼量大,特别是正直渔汛季节,捕鱼量绝非近海捕捞可比。正因为如此,渔民敢于逆流冒险航行百里之外,在海中停留数日不返,"渔人之入海,海深万仞,就彼逆流,乘危百里,宿夜不出"(《禁藏》),同时其它海产品在远海也较近海丰富,也可使渔民获利更多。因此,发展渔业绝对顺应民心;二是统一管理渔业。"有水潦鱼鳖之壤。……君不以轨守,则民且守之,民有过移长力,不以本为得,此君失也"(《山国轨》),由此可知当时渔业发展情状,如果渔业收益甚小,根本不会上升到治国理政"君失"的高度,而管仲将其全面提升至国家治理的战略高度,充分说明渔业在当时财政收入中占有重要地位。"江海虽广,池泽虽博,鱼鳖虽多,罔罟必有正"(《八观》),当时专门设置官吏对渔业进行顺应民心的功利性管理,"吏为网罟"(《禁藏》),足见对渔业发展的重视;三是制定合适税赋。"流水,网罟得入焉,五而当一"(《乘马》),这实际上是低税少"取"。因为根据末业发展规律,在正常情况下,五亩范围内的渔业收入会多于一亩耕地收入,这无疑会鼓励渔业发展,从而为渔民提供了一条致富门径。其实,《管子》渔业发展思想对后世也有一定影响。孟子认为,应加强渔业资源管理,使

---

① 郭象,成玄英.庄子注疏[M].曹础基,黄兰发,点校.北京:中华书局,2011:21.

渔民细密的渔网不在大塘捕捞,"数罟不入洿池,鱼鳖不可胜食也"①,荀子同样认为,要加强渔业资源管理,不破坏其生长环境,确保其持续生长繁殖,"鼋鼍、鱼鳖、鳅鳝孕别之时,罔罟毒药不入泽,不夭其生,不绝其长也","污池、渊沼、川泽,谨其时禁,故鱼鳖优多而百姓有余用也"②。

　　食盐是人们日常生活的必需品,"十口之家十人食盐,百口之家百人食盐","终日,大男食盐五升少半,大女食盐三升少半,吾子食盐二升少半"(《海王》),"恶食无盐则肿"(《地数》),所以它具有广阔的境内外市场需求。一是加强盐业管理。由于盐是通过海水煮晒的,而齐国濒临大海,具有得天独厚的优势,"齐有渠展之盐"(《轻重甲》),于是齐国利用自身资源优势,结合强劲市场需求,加强对"渠展"地区盐业的生产、运营与管理,只有国君下令,才能煮盐。"管仲煮盐锅"③之说,足以说明当时煮盐业之盛行。为了增加民众收入,管仲让他们在冬天煮盐,然后由国家统一征收、储存与销售,春天再卖给境外那些不产盐的区域,这样既可以满足齐国之民食盐需求,又可保持其价格稳定,"民之戴上如日月,亲君若父母"(《国蓄》)。尽管从上一年十月至第二年正月,只有四个月时间煮盐,但是齐国的盐产量却能达到三万余钟,"十月始正,至于正月,成盐三万六千钟"(《轻重甲》),足见当时盐业生产效率之高。这无疑是一条顺应民心的富民之道。其实,国家对于盐业采取阶段性、局部性垄断政策,煮盐期结束后,便以"孟春既至,农事且起"为由,下令"北海之众无得聚庸而煮盐",然后国家"以令粜之",从而将私人盐商的部分利润剥夺为国家所有,达到治国理政的功利性目的。尽管如此,盐商们还是可以从中获得暴利;二是以盐控制他国。齐国周围的梁、赵、卫、宋、濮阳等地,因地处内陆而缺盐,齐国可以四十倍高价将盐出口给这些无盐国家,"请以令粜之梁、赵、宋、卫、濮阳,彼尽馈食之国也。无盐则肿,守圄之国,用盐独甚"(《轻重甲》),进而可以控制这些远离海洋的国家,"伐菹薪煮沸水以籍于天下"(《地数》),达到称霸诸侯之目的。这说明《管子》"官海"的功利性非常明显。它通过这种发展盐业的模式,既可以收到良好的社会效益,扩大齐国的国际影响,又可以收到相当可观的经济效益;三是盐业加价增收。管仲通过食盐加价办法为国

---

① 杨伯峻.孟子译注[M].北京:中华书局,1960:5.
② 王先谦.荀子集解[M].沈啸寰,王星贤,整理.北京:中华书局,2012:163.
③ 林仙庭,崔天勇.山东半岛出土的几件古盐业用器[J].考古,1992(12).

家赚取大量财政收入,为富国强兵的功利性目标积累物质财富。如此,国家通过盐业专营获得的财政收入,远远多于通过征收树木税、人头税、房屋税、六畜税等各种苛捐杂税而获得的收入,君也因不"取"这些税而赢得民心。

矿山开采 矿产资源丰富是齐国的一大优势,为了使其发挥最大效用,《管子》推出了三项功利性管理措施。一是加强矿山资源管理。"山上有赭者,其下有铁;山上有铅者,其下有银,上有丹砂者,其下有金;上有慈同磁者,其下有铜","上有丹砂者下有黄金,上有慈石者下有铜金,上有陵石者下有铅、锡、赤铜,上有赭者下有铁,此山之见荣者也",所以《管子》要求封山期间施以严格控制,"苟山之见荣者,谨封而为禁。有动封山者,罪死而不赦。有犯令者,左足入,左足断;右足入,右足断","距封十里而为一坛,是则使乘者下行,行者趋。若犯令者,罪死不赦。然则与折取之远矣"《地数》;二是采用灵活方式运营。由于矿山资源只有经过开采后,才能由物质资源转变为经济资源,而矿山开采与冶炼非常辛苦。为了充分调动民的生产积极性,国家对铁的生产采用"量重、计赢、民七、君三"的国有民营模式,这种"按贡献分配的准则作为一个正义原则是令人满意的"①,更是顺应民心的,也使"那些工作更努力、生产更多产品"的民,"在劳动成果的分配中获取较大的份额"②。这样既解决了民的就业问题,又在一定程度上使其因在矿山开采过程中获得一定报酬而致富,"使民求之,使民籍之,因此给之"(《轻重甲》)。而如果由国家开采冶炼,不但得不到益处,反倒会深受其害,使民怨声载道,这种局面作为统治者是不愿看到的,"今发徒隶而作之,则逃亡而不守;发民,则下疾怨上,边竟有兵,则怀宿怨而不战。未见山铁之利而内败矣"。此外,国家允许私人适时开采矿山、进行冶炼,这样民就比"为了换得维持生存所必需的生活资料,不得不把自己的劳动"③附着于他人要好的多得多,更利于达到治国理政追求的功利性目的指向;三是国家管理铁器产销。《管子》认为,铁矿山的开采、铁矿石的冶炼以及各类农器具都应由国家统一管理、统一收购、统一加价销售,从而在富民的同时还有利于齐国手工业发展。由于铁器与民生产、生活息息相关,是农业生产、手工纺织、交通运输业不可缺少的基本工具,还是制造兵器的重要

---

① 克拉.经济思想的发展[M].纽约:约翰·威利父子出版公司,1952:598-612.
② 穆勒.功利主义[M].徐大建,译.上海:上海人民出版社,2008:47.
③ 马克思恩格斯全集:第1卷[M].北京:人民出版社,1995:677-678.

原料来源,"不尔而成事者天下无有"(《海王》)。所以从某种意义上说控制住铁器,就可以保持国家稳定、民众安居乐业。因为没有铁器,诸侯国无法制造兵器,民聚众谋反概率低,所以管仲强调国家应严格控制铁器的买卖与流通,可见其矿山资源的开采、冶炼与管理均具有极强的功利性。

森林资源 由于森林是当时齐国的重要资源,所以管仲特别重视它,并提出了两项功利性措施。一是加强森林资源保护。森林是木材的生产基地,是建筑房屋、制造器具等的重要原料来源,"宫室器械,非山无所仰"(《山国轨》)。倘若森林资源枯竭或匮乏,将会导致"环境急剧恶化"[1]。如果从异国进口输入,必将增加民的负担,进而影响民的福祉,因此,破坏森林"所造成的代价比它所带来的好处要高昂得多"[2]。而通过长时间的持续维护,就不再需要未来空间的修复。可见,"对于那些生活在一个可持续发展的"社会里的人们,保护森林资源适度开发是多么重要,"为人君而不能谨守其山林、菹泽、草莱,不可以立为天下王"(《轻重甲》)。然而,树木生长期长,但是收获量也较大,所以,《立政》将森林资源保护与生长列为君应当重视的五件事情之首,"君之所务者五:一曰山泽不救于火,草木不植成,国之贫也""山泽救于火,草木植成,国之富也",国富民自然受益。由于国家发展甚至对外作战都需要木材,所以民通过采伐森林也可以增加收入,适时砍伐林木也是一种富民途径;二是设置专门官吏管理。为使森林资源得到合理保护与开发,管仲还设置"虞师"进行管理,"使民于宫室之用,薪蒸之所积,虞师之事也"(《立政》)。由此也可以看出,当时森林资源属于国有国营,"山林虽近,草木虽美,宫室必有度,禁发必有时",因为"大木不可独伐也,大木不可独举也,大木不可独运也,大木不可加之薄墙之上"。为了鼓励民众种植森林,管仲按照土地使用价值对土地进行合理折算,以激发他们植树造林积极性,"然后君立三等之租于山"(《山国轨》)。这样民众在缴完租金后就可以获得更多收入,这种少"取"多"予"无疑是一种有效的富民方法。

由此可见,《管子》的富民之方精彩纷呈,对后世具有重要的参鉴价值。尽管国家在"官山海"过程中还是盈利了,但这是治国理政的需要,也是施以

---

[1] 福斯特.生态危机与资本主义[M].耿建新,宋兴无,译.上海:上海译文出版社,2006:2.
[2] 雅克.当中国统治世界:中国的崛起和西方世界的衰落[M].张莉,刘曲,译.北京:中信出版社,2010:173.

国家赈济、社会救助的资金来源。从社会整体上审视,"官山海"还是对民众有益的。如果国家不施行垄断,而由富商大贾操纵,他们就会肆意抬高物价,对民的危害更大;从辩证维度审视,《管子》"山海国轨"举措具有一定的功利性,但是是民心所向,因为盐铁是民日常生活、生产的必需品,而这只能从国家获取,也能让民体会到"予之为取"的国君存在。其实,管桓时期,齐国虽大力发展末业,但对农业的重视程度丝毫不减于前朝,甚至有过之而不及,这已通过其重视"四农"(农民、农地、农时、农事)充分体现出来。当时之所以如此重视农业,主要在于《管子》一书中潜藏了一个虽未明确直言但已深深嵌入的思想,那就是后世心理学大师马斯洛先生提炼出的五层次理论之一——生理需要,因为"吃饭是人生第一需要",没有饭吃,民就不会有什么"礼义廉耻"!尽管从《管子》多处表述中可以看出其富民思想的功利性和时代局限性,但是瑕不掩瑜,在春秋战国时期,能有如此民本治国思想,实乃齐国民之福分!虽然其富民之方很多,后世想借鉴演绎,倘若不了解富民计数,却想要举办富民之大事,无异于没有舟楫而想渡过急流险滩一样,"不明于计数,而欲举大事,犹无舟楫而欲经于水险也"(《七法》)。

7.2 利民之策

"利民"是《管子》民本治国思想的重要组成部分,也是当时齐国实现富国强兵、争创霸业的内在驱动力。由于民见"利"没有不追求的,见"害"没有不躲避的,"故善者圉之以害,牵之以利。能利害者,财多而过寡矣"(《禁藏》),所以统治者要善于用"利"来引导民,增加他们的财富,"彼欲利,我利之,人谓我仁"(《枢言》);用"害"来震慑民,减少他们的过错。从这种意义上说,无论是国家大政方针还是长期发展策略,君都应施以"让利于民""创利于民"的利民之策。尽管它具有一定的功利性,但是此乃民心所向,因为利民之策使君予民多而取之少。为了更好地理解《管子》的"利民"思想,本节有必要先梳理先秦的"利民"思想。

7.2.1 先秦"利民"思想

在中国古代,"利民"一词有两层含义:一是指"人"——古代工商业者。

"强国知十三数:竟内仓、口之数,壮男、壮女之数,老、弱之数,官、士之数,以言说取食者之数,利民之数,马牛刍藁之数"①,这是"利民"一词最早出现之处,但不是本书的意指;二是指"事"——有"利"于民,"王者所佩在德,德在利民"②。这里明确指出王者最主要的德行就是"利"民,也是本书功利性"利民"一词的最早出处。在春秋战国时期,《管子》能从"爱之,利之,益之,安之"(《枢言》)中明确提出"利民"的民本治国主张,实属难能可贵。这里它明显将"利"、"益"分开,说明二者具有不同之处,这也是本书能够以"利民之策"、"益民之略"进行研究之所在。因为"利之"意指予民以"利",给民带来实惠,接受模型功利型关系、向背法则考量,当然含有"益"的元素;"益之"意指予民以"益",给民带来益处,符合模型情感型关系、善恶法则判断,但不一定带来"利"。

其实,"利民"思想早在太公与文王对话中就已呈现。姜太公认为,"同天下之利者,则得天下;擅天下之利者,则失天下",可见"利民"的威力,能够引导民的向背。他还认为,君要给民利益而不要伤害他们,"利而勿害",而要做到这一点,就要不使民失去职业,"民不失务则利之"③,如果民得到"利",那么君也就得到"利","苟利于民,孤之利也。天生民而树之君,以利之也。民既利矣,孤必与焉"④凸显了统治者"利民"的功利性;孔子认为,君应根据民的利益来治国,使民能够得到他们预期的"利","因民之所利而利之"⑤;商鞅则将"利"上升为民在活着的时候都会算计之事,"民生则计利,死则虑名",并不懈地奔波逐利,"民之于利也,若水之于下也,四旁无择也"⑥;荀子认为,君贵民应以利民为先,"不利而利之,不如利而后利之之利也","利而后利之,不如利而不利者之利也","利而不利也……,取天下矣","利而后利之……保社稷也"⑦,可见其利民思想具有一定的功利性。然而,孟子却将"利"视为洪水猛兽。《孟子》开篇便写道:孟子见梁惠王,王曰:"叟! 不远千里而来,亦将有以

---

① 高亨.高亨著作集林:第七卷 墨经校诠 商君书注译[M].北京:清华大学出版社,2004:423.
② 黄怀信,等.逸周书汇校集注[M].上海:上海古籍出版社.1995:1104.
③ 尤婷婷.六韬·三略[M].北京:大众文艺出版社,2007:4-11.
④ 杨伯峻.春秋左传注:修订本[M].北京:中华书局,1990:597.
⑤ 杨伯峻.论语译注[M].北京:中华书局,2006:236.
⑥ 同①442-594.
⑦ 王先谦.荀子集解[M].沈啸寰,王星贤,整理.北京:中华书局,2012:189.

利吾国乎?"孟子对曰:"王何必曰利?亦有仁义而已矣。王曰何以利吾国,大夫曰何以利吾家,士庶人曰何以利吾身。上下交征利,而国危矣。"如果君"怀利以相接也,然而不亡者,未之有也",主张"君臣、父子、兄弟去利",可见孟子反对言"利"。其实,孟子在对待"利"的问题上是自相矛盾的,因为他强调"有恒产者有恒心,无恒产者无恒心"①,而追求恒产必然趋利,这又说明孟子并没有完全摆脱民心所向的功利性。

从《管子》一书来看,它明显与孟子有异,与其他思想家观点相同。在它看来,"夫五帝三王所以成功立名显于后世者,以为天下致利除害也"、"然则得人之道,莫如利之",可见其利民的功利性相当明显,旨在赢得民心,所以只要"事之于其所利",无论是商人还是渔人,他们都会去追逐。前者"倍道兼行,夜以续日",之所以跋涉千里不觉路途遥远,是因为"利在前也";后者"之入海,海深万仞,就彼逆流",之所以昼夜不停劳作,是因为"利在水也",这说明君治国理政也要抓住民的功利方面。从某种意义上说,对于民来说,只要"利之所在,虽千仞之山,无所不上;深源之下,无所不入焉"(《禁藏》),所以《管子》强调,君只要善于掌握"利"之所在,民自然就能和美安定,"其治人民也,期于利民而止"(《正世》),所以它主张,对于想要利益的人要及时给他利益,"欲利者利之"(《枢言》),就会民心所向。因为"民,利之则来,害之则去。民之从利也,如水之走下,于四方无择也"。因此,君要招引民来,国家要先创造有利条件,使其有利可图,这样即使不征招,他们也会悄然而至,"故欲来民者,先起其利,虽不召而民自至"(《形势解》)。如果对民有害,那么即使征召,他们也会逃避不来,"凡众者……利之则至……是故明君设利以致之"(《版法解》),而"立械器以使万物,天下皆利"(《国准》),也就是说,如果国君允准其民制造器械用于发展生产,那么他们就都能从中获利,自然会归附于君。从这种意义上说,"让利于民"不仅解决了手工业者就业问题,而且还促进了他们增收,因为农民使用他们生产的农具又促进了农业发展,还为商业发展提供了"通货积财"的丰富产品,这就是君之"予"带来的连锁效应。尽管君此举具有一定的功利性,但是它顺应了民心、民意。诚然,如果国家垄断器械制造,这部分"利"无疑就归于国家。然而,"夫民者亲信而死利,海内皆然"(《国蓄》),

---

① 杨伯峻.孟子译注[M].北京:中华书局,1960:1-259.

不利于社会稳定。正因为如此,《管子》认为,君要想使民欢悦、受民拥戴,那么就要爱护他们施之以利、废弃私心。

总之,《管子》作为一部治国理政的"百科全书",蕴含有丰富的"利民"思想,散见于全书之中,并以"让利于民""创利于民"的形式呈现,这些对当时管仲辅佐桓公完成"九合诸侯,一匡天下"的霸业起到了积极促进作用。管仲之所以施以如此利民之策,主要原因在于"丹青在山,民知而取之;美珠在渊,民知而取之"(《小称》)。尽管如此,《管子》仍然强调获"利"的正当性,"非吾当,虽利不行;非吾道,虽利不敢"(《白心》),这就教育民不能不分是非,不顾一切,见利即逐、即取,而应取之有道。否则,短期来看,它可能会利己。但是,从长远审视,它也可能会损人不利己,甚至会损人害己。所以《管子》强调要"见利不诱",这样才能"独乐其身"(《封禅》)。这一点就连"罕言利"的孔子也发出了"君子喻于义,小人喻于利"①的警语。荀子也指出,"先义而后利者荣,先利而后义者辱"②。尽管逐利是人的本性,但是对"利"的追逐应讲求合规性,即合乎社会道德规范要求,"爱之、生之、养之、成之,利民不德,天下亲之,曰德"(《正》),"是故明君兼爱以亲之,明教顺以道之,便其势,利其备,爱其力,而勿夺其时以利之。如此则众亲上乡意,从事胜任矣"(《版法解》),可见《管子》利民的功利性极强。然而,由于人们长期受"君子不言利"思想的影响,致使《管子》经典的"利民之策"没有得到很好的运用与发挥。其实,"利"本身无所谓好坏,它的好坏只是在于人们迥异的看法。只要民通过个人诚实劳动获"利"是无可厚非的,因为它有利于助民致富。

7.2.2 让利于民

从前文先秦利民思想梳理中,我们可以发现《管子》的利民思想颇为丰富。由于民"爱之则亲,利之则至"(《版法解》),所以《管子》在治国实践中形成了分货、低税、借贷的"让利于民"思想,以赢得民心、民意。尽管它的"让利于民"具有功利性导向,但它仍是民心所向之"予"。

1. 分货让利

"与民分货"(《乘马》)是《管子》的重要思想,也就是在君与民分享他们

---

① 杨伯峻.论语译注[M].北京:中华书局,2006:42.
② 王先谦.荀子集解[M].沈啸寰,王星贤,整理.北京:中华书局,2012:58.

的劳动成果时让利于民,这是民心所向之策。从农业方面来说,国家在"均地分力""相地衰征"基础上,根据农民土地实际收获情况,征收一个固定比例税,剩下的留给农民。这种举措废除了昔日劳役地租,代之以实物地租,在一定程度上刺激了农民的生产积极性,从而使同等质量、数量的土地产出更多五谷,达到了治国理政的功利性目的。由于国家收取比例已定,民就会在扣除应缴部分之后得到更多盈余,这实际上是君治国的多予少取之策。《管子》还指出,"凡不能调民利者,不可以为大治"(《揆度》),而这样的"与民分货",除了富民之外,还有助于民安土重迁;从山林川泽维度出发,《管子》认为,山林川泽并非取之不竭、用之不尽的无限资源,如果任凭民肆意滥伐、滥捕,将会危及小树苗成长、小鱼儿发育,而对其按时封闭、开放,施以必要保护,就可以使各类资源生生不息,民也得以更好地、长久地享受山泽之利,从而达到治国的功利性目的。作为资源占有之君,在开放山林川泽中"与民分货",有效让利于民,这也是顺应民心之举。"圣人之所以为圣人者,善分民也。圣人不能分民,则犹百姓也。于己不足,安得名圣?是故有事则用,无事则归之于民,唯圣人为善托业于民"(《乘马》);从盐铁方面观察,管仲开创了"盐铁专卖"制度,将盐铁生产过程交给民,由其开采运营,然后由国家统一购销,这一举措使盐铁之利让民与君共享,民得70%,君得30%,这样民就能"得到快乐和免除痛苦"[①]。如此大幅度的让利,在春秋战国时期是颇值得褒扬的。从某种意义上说,这体现了《管子》"予、夺、贫、富"皆在君的治国思想。

管仲之所以如此分货让利,是因为"凡人者,莫不欲利而恶害"(《版法解》),"民利之则来,害之则去"(《形势解》),君"与天下同利者,天下持之;擅天下之利者,天下谋之"(《版法解》),可见分货让利的功利性,因为它有利于统治者维护其统治,"天下所谋,虽立必隳。天下所持,虽高不危"(《版法解》)。管仲之所以推出分货让利的利民之策,是因为当时的社会生产力已经发展到这样一个阶段,如果不在分货中切实让利于民,那么它便同"一直在其中运动的现存生产关系或财产关系发生矛盾",而这种矛盾可以通过分货让利的形式逐步得到化解,并由几近对立的矛盾转变为同生共融的和谐。与之相反,"于是这些关系便由生产力的发展形式变成生产力的桎梏",到那时迎接

---

① 穆勒.论自由[M].北京:商务印书馆,1959:7.

君的将是一场罕见的飓风,"社会革命的时代就到来了"①,统治阶级的统治地位就岌岌可危了,"利者,众人之所同欲也,专欲利己,其害大矣"②。所以《管子》发出了这样的呼声,"安高在乎同利"(《版法解》),这就要求君治国理政要注意"予"而不能仅关注"取"。

2.低税让利

低税是《管子》又一重要的"让利于民"思想。这对推动齐国经济发展具有重要的现实意义,对后世乃至今天仍有积极借鉴价值,是赢得民心之"予"。

农业方面,一是根据"均地分力"(《乘马》)实际情况,采用"相地而衰征"(《小匡》)的差异化税率,切实让利于民。"赋禄以粟,案田而税",这里明确指出税赋收取按粮计算,依照土地肥瘠迥异情况征收;二是结合年景丰歉波动情状,采用情境化税率,"二岁而税一。上年什取三,中年什取二,下年什取一,岁饥不岁税。岁饥弛而税"(《大匡》)。这里强调两年征收一次税,上等年景征税30%,中等年景征税20%,下等年景征税10%,灾年不征税,等饥荒缓解后再征收。这种从"两年征一次税"到"遇饥年不征税"的经典税赋政策,著名《管子》研究专家胡寄窗先生曾推算过,各年税赋只在5%左右,"田租百取五"(《幼官》)。除免税以外,如此低的税率应是中国古代历史上"予民"最多之君,其目的在于通过大幅度让利于民,实现饥寒之民向温饱之民、贫穷之民向富裕之民、藏富于君向藏富于民的转变,这是由让利于民衍生的从量变到质变的结果,其功利性不言自明。由于"民夺之则怒,予之则喜,民情固然"(《轻重乙》),所以每逢饥荒,国家都要利用府库储粮积极调节,按照较低价格出售,有效让利于民,从而打击高利贷者和牟取暴利的商贾,避免"乘民之不给,百倍其本"情形出现。从这种意义上说,低税体现了君治国为民的"'最大多数人的最大幸福'的伦理学原则"③,这显然能够赢得民心。

商业方面,《管子》认为,商业是在流通中产生与发展起来的。虽然通过市场商品集散情况分析,"可以知多寡",但是市场自身"不能为多寡"(《乘马》)。尽管"为多寡"的任务形式上是由生产者完成的,但是在长期的市场运营中,实质上是由商人完成的。尽管商人不是超人,但是为了快速发展商业,

---

① 马克思恩格斯选集:第1卷[M].北京:人民出版社,1995:32-33.
② 程颢,程颐.二程集[M].王孝鱼,点校.北京:中华书局,1981:1187.
③ 张志伟.西方哲学史[M].北京:中国人民大学出版社,2010:537.

让其成为超人才是目的。因此,为了刺激商人调剂余缺的积极性,达到发展商业的功利性目的,《管子》认为应采取低税率让利于民,让商人有利可图,从"虚车毋索,徒负勿入"(《问》),到"关几而不征,市廛而不税"(《五辅》),再到"市赋百取二,关赋百取一"(《幼官》),可见《管子》中君即使征收关赋,税率也是很低的,这就是一种务实之"予",从而促使商人成为"不知满足、不知厌倦、不知疲劳"①的自我发动机。仅以"弛关市之征,五十而取一"(《大匡》)作比较,也比商人崇奉的祖师白圭"二十而取一"税率低了三十个点,实属罕见。《管子》中君还注意避免重复征税,"征于关者勿征于市,征于市者勿征于关"(《问》)。之所以这样做,是因为它将商品流通视为"御天下之道","凡将为国……不能调通民利,不可语制为大治"(《国蓄》)。《管子》明确要求,赋税要不"竭民财",而且在征缴民众赋税后,他们要"不患饥"。从一定程度上说,减轻赋税是切实让利"予"民的,虽有治国的功利主义倾向,但是是民心所向!通过这种大幅让利于民的商业发展模式,再加上前面论及的级差免费服务促进,齐国市场在很短的时间内兴盛起来,统治者达到了"饬末"的功利性目的,也赢得了从事末业之人的民心。

纵览《管子》全书,我们可以发现其治国举措是系统的、全面的,它不仅要变革社会生产力以实现"富国强兵,称霸诸侯"的功利性宏伟目标,而且还要调整社会生产关系与其生产力发展相适应,而低税让利正是对其生产关系中产品分配关系的调整,从5%左右的农业税到低税、免税乃至不重复征缴的商业税,再到轻徭役释放"时间红利"增收,这些都是国君治国理政之"予",因为它能使民从社会生产发展中得到更多。之所以这么说,是因为社会生产力的发展只能为民提供改善物质生活、获得物质利益的可能,而生产关系则决定这种可能在民中是否能够变为现实或在多大程度上变为现实,这也说明生产关系对生产力的反作用和伟大意义,不只在于它能促进或阻碍当时社会生产力的发展,还在于它能决定那时社会生产力发展创造的成果将在怎样的程度上得到分配或利用,或许管仲在治国中潜意识里察觉到了这一点,才推出低税让利的利民之策。因此,我们在评价社会进步时,绝不能只考察其生产力发展水平的高低,还要看其生产关系调整的情况。唯有如此,才能对社会进步做出全

---

① 尼采.权力意志:重估一切价值的尝试[M].北京:商务印书馆,1993:348-701.

面、客观、公正的评价①,才能正确认识民心所向的君之"予"。

3.借贷让利

春秋战国时期,农业是最基本的生产部门,粮食是人们最重要的生存品和最基本的生活资料。虽然当时自然经济居于统治地位,但是货币应用已非常普遍,其地位或作用比其它任何物品都重要,"黄金刀币,民之通施也"(《国蓄》)。所以管仲利用粮食、货币这两大杠杆调控国家经济,于是推出了货币、农资、粮食三种迎合民众所求的借贷形式,在切实让利于民中调节市场波动,在追逐功利中达到治国理政目标。

一是公币借贷。从《管子》叙述中可以发现,当时齐国的借贷非常盛行。而高利贷则是付出少、获利大的行当,经常是高利贷者高息借贷,借贷者无力偿还,只能卖儿鬻女,最终家破人亡,这无疑对社会再生产能力产生极大影响。可见,高利贷者的高息借贷已成为关涉国计民生的大事,所以国家必须要对其进行宏观调控,确保借贷市场平稳运行。其实,在借贷问题上涉及高利贷者与借贷者或者说施惠者与受惠者谁更爱谁的议题,亚里士多德对此有独到的认识与分析,"与受惠者爱施惠者相比,施惠者似乎更爱他恩惠的人",之所以"他更爱受惠者,而不是更被受惠者所爱"②,是因为高利贷者希望收回借贷的本息,达到借贷的功利性目的。《问》篇描述了桓公关于借贷的"三问","问邑之贫人债而食者几何家?""问人之贷粟米有别券者几何家?""贫士之受责于大夫者几何人?"足见当时民间借贷情况之猖獗,而"欲国之无贫"(《轻重乙》),国家必须对高息借贷情况进行调控。所以《管子》主张以官贷替代私贷,由国家给生活困难、亟需借贷的民众提供民心所向的无息贷款,从高利贷者"高息"到国家"无息"的转变,切实让利于民,是一种积极之"予",这样既可减少高利贷者对民众的盘剥,又能维护社会持续稳定。从某种意义上说,这是我国早期的契约债券,也是借贷双方彼此订立合同的初级阶段。

正因为如此,管仲非常重视统计,并设立专门机构负责这项工作,旨在对国家经济进行数字化管理,掌握土地、财用等真实情况,以期在增加国家财政收入的同时让利于民。基于这种理念,他利用盐铁专营获得的资金放贷,一方

---

① 吴倬.马克思主义哲学导论[M].北京:当代中国出版社,2002:310.
② 亚里士多德.尼各马可伦理学[M].廖申白,译注.北京:商务印书馆,2003:272.

面解决了民众生产生活亟需的资金问题,另一方面在农业丰收、粮价低廉之际,让他们以粮还贷,这避免了粮价跌至谷底伤农。只不过这种让利于民的形式具有一定的隐蔽性。统治者还对预计其土地收成超过口粮消费的农户主动借钱,大户多借,小户少借,"田轨之有余于其人食者,谨置公币焉。大家众,小家寡",由此可以看出君借贷的功利性相当强。而对于山地、中等地的农户,全年口粮不够消费的,也借钱给他们,以保持其最低生活水平,"山田、间田,曰终岁其食不足于其人若干,则置公币焉,以满其准"(《山国轨》),这是另一种形式的民心所向之"予"。

二是农资借贷。为了保证农事进行,《管子》还提出了一套支持农业发展的借贷或赊售主张,这实际上是一种隐形让利于民的农资借贷。它认为,国家应掌握一部分种子、农具、衣物等农业生产、生活资料,"故请取君之游财,而邑里布积之"。由于民是"以一定的方式进行生产活动的"①,所以在春季耕种时节,国家应通过不同管道,将实物以贷款或赊售的形式发放给那些生产资料匮乏的农民,"阳春,蚕桑且至,请以给其口食箘曲之强"(《轻重甲》),以保证农事正常进行,"无种贷新","无本贷圃锸","无赀假械器",同时提出了"春赋以敛缯帛",由国家在春季时向农民放贷,在他们新丝收获上市后用新的丝绸偿还;在夏季五谷未成熟时节,提前向困难农民预付采购定金,确保民众必需的开支,这显然是民心所向之策;在秋季丰收之后,农民将粮食以平价,一部分用以偿还预借或赊售的款项,一部分由国家批量收购,防止丰年谷贱伤农。为了减少对民的伤害,《管子》还提出了"夏贷以收秋实"的思想,由国家在夏季时向农民放贷,让他们秋收后以粮偿还,"谷贱则以币予食",即粮食价格低了以钱买粮;"布帛贱则以币予衣",即布的价格低了,以钱买布。这实际上也是另一种形式的"以重射轻"办法,即在币值重时先以高利贷的形式放出去,届时再在物"轻"时将丝绸、粮食收回来。尽管在这一过程中"国无失利""君得其利",国家投资实际上实现了两次增益,但是这一举措的实施,民还是切实得到了君顺应民心之"予",同时国家也达到了功利性目的,"故善者执其通施,以御其司命,故民力可得而尽也"(《国蓄》)。

从另一个角度审视,国家在让利于民的同时,也在无形之中益国、益君,是

---

① 马克思恩格斯选集:第1卷[M],北京:人民出版社,1995:71.

一种可视的"予之为取"。如此,国家通过预发贷款或预购款,不仅帮助民进行社会生产,"请立赀于民,有田倍之,内毋有,其外皆为赀壤",而且也可解决国家发展不足的问题,"被鞍之马千乘,齐之战车之具,具于此,无求于民"(《山国轨》)。尽管这种借贷或赊售民会遭到一定程度盘剥,但是它确实给民带来了益处。一方面它能保证民农事工作的正常进行,是积极的益民之略、有效的利民之策,另一方面也可帮助民渡过经济极为困难的生活时期,"无食者予之陈"(《揆度》),使民具有再生产的自救能力。民"是什么样的,这同他们的生产是一致的——既和他们生产什么一致,又和他们怎样生产一致"[1],这样于无形之中就弱化了君民的矛盾对立,有利于达到民心所向的社会和谐。对于国家来说,这种借贷既维持了农业再生产所需的劳力,又变相打击了高利贷者,还维护了社会稳定,为达到治国理政的功利性目的奠定了坚实基础。

三是粮食借贷。俗话说,"民以食为天"。粮食是民生活的必需品,是他们赖以生存的根本。在灾荒严重之年、青黄不接之际,粮食价格急剧飙升,"一人廪食,十人得余;十人廪食,百人得余;百人廪食,千人得余"(《国蓄》)。富商巨贾将其囤积的五谷杂粮功利性地全放贷出去,等着接受借贷的民众五谷收获时偿还。不可否认,粮食丰收后,市场粮价会大幅下跌,民众偿还的粮食会比借贷时多出很多。虽然这种模式确实能够帮助贫困之家渡过灾荒、断粮之日,但是对农民的生产积极性会有一定的影响。

为了更好地阐释国家放贷粮食让利于民之举,我们不妨引入图 7-1 说明。假设国家放贷前市场粮价为 220 钱/釜(P_0),国家放贷后市场粮价为 200 钱/釜(P_1);以粮还贷之前粮价为 50 钱/釜(P_3),国家以粮还贷实施后粮价为 100 钱/釜(P_2)。之所以会出现这种情况,是因为国家放贷之时,市场粮食供给不足,而需求旺盛,"物以稀为贵"。在国家放贷前那段时间是富商大贾牟取暴利的时机,市场价格普遍高涨至 P_0。为了不使富商大贾豪夺于民,国家放贷之后,市场需求减少,因为民"是有意识的类存在物",这样就使粮价下跌至 P_1;而"丰年,五谷登"(《山国轨》)后,市场到处充斥了粮食,粮价跌至谷底 P_3,这显然会剥夺农民几乎全部的劳动成果,出现了"谷贱伤农"的境况;面对这种情况,国家发布政令说,"吾所寄币于子者若干,乡谷之櫎若干,请为子什减

---

[1] 马克思恩格斯全集:第 1 卷[M],北京:人民出版社,1995:68.

三"《山国轨》,也就是之前贷给的钱可以粮还贷,实施以粮还贷后,市场供给迅速减少,而士、商、工"三民"的总体需求并未减少,所以粮价就会大幅回升至 P_2。在这个过程中,国家利用"物多则贱,寡则贵,散则轻,聚则重"(《国

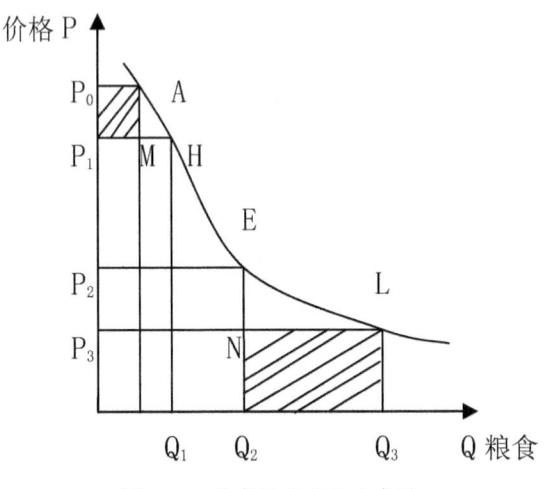

图 7-1 借贷让利于民示意图

蓄》)思想,在两方面为民让利,凸显了君"富能夺,贫能予"(《揆度》)的功利性治国方略,而它"是一本打开了的关于人的本质力量的书"[①]。具体体现为:在国家放贷前,市场粮食紧缺,粮价普遍高至 P_0,"黑市"价格可能会高达 300—500 钱/釜,因为富商大贾就是依靠这一季节赚取超额利润;国家实施放贷后,粮价降低 20 钱/釜,而这就相当于国家给民让利 20 钱/釜,同时也消除了商贾十倍的暴利,打击了获取成倍利息的高利贷者,"无什倍之贾,无倍称之民"(《揆度》),这就是《管子》"委施于民之所不足""民不足则重之,故君散之以重"(《国蓄》)思想的重要体现;另一方面,在民"岁丰,五谷登"后,"五谷大轻,谷贾去上岁之分"(《山至数》),市场粮价跌至 50 钱/釜,农民将会损失一倍的收入,甚至失去全部的劳动成果,对其第二年的生产积极性无疑是极大的打击,而国家通过"以粮还贷"之举,相当于给民让利 50 钱/釜,这样就会使民少卖粮而有盈余。这就是《管子》"操事于民之所有余""民有余则轻之,故人君敛之以轻"(《国蓄》)思想的直接呈现。国家通过这种粮食紧缺时放贷、粮

---

① 《马克思恩格斯箴言》编选组.马克思恩格斯箴言[M].上海:中西书局,2018:222.

食滞涨时"以粮还贷"之法,先后为民让利20钱/釜、50钱/釜,累加起来即分别为图中四边形 P_0P_1MA、NQ_2Q_3L 面积,两块面积叠加起来,可见君让利"予"民的规模也是非常可观的。国家就这样通过"适时放贷"抑制市场价格、"以粮还贷"提升市场价格的方法,全面掌控粮价甚至市场物价波动。通过把握借贷、放贷时机,按照"布于未形,据其已成,乘令而进退"的原则,既改变了富商巨贾操纵市场价格而从中牟取暴利的局面,又像使用了绳索一样控制了民的贫富命脉,"民之贫富如加之以绳"(《山国轨》)。这就是《管子》"君挟其食,守其用,据有余而制不足"(《国蓄》)使"民作一而得均"(《治国》)思想的终极表达,从而使"民无不累于上"(《国蓄》)——民心向之,进而达到治国理政的功利性目的。

7.2.3 创利于民

《管子》从民本维度出发,提出了"百姓无宝,以利为首……利然后能通,通然后成国"(《侈靡》)的精辟思想,主张国家要通过创利于民之"予",以赢得民心,"利以养其体,利以养其心"①,于是推出了轻重因乘术、舍得予取术、政令引导术,以达到治国理政的功利性目的。

1.利用供求多寡施以轻重因乘术

《管子》把轻重因乘术运用于经济发展的各个领域,在市场之角触及的所有领域都积极利用,从而控制周边各国物价高低,达到全面调控天下市场波动的功利性目的,"物多则贱,寡则贵"(《国蓄》),这样国家在掌控物价"高下"、商品"轻重"、供求"多寡"的变化过程中有效创利于民,这无疑是民心所向,国家也因此"变得愈来愈富有,愈有影响和声誉"②。这不仅使当时齐国大受裨益,而且对后世治国理政也产生了深远影响。

为了更好地说明国家利用供求多寡调控功利性地创利于民,我们不妨引入图7-2来说明。假设E点为供需均衡点,S点为商品既定供给量。如果市场需求相当低迷,处于 D_1 或 P_1 位置,那么商品生产者将会遭遇灭顶之灾,保本都很难,更不用说"再其本""三其本""四其本""五其本"(《揆度》)了。而

---

① 董仲舒.春秋繁露[M].张世亮,钟肇鹏,周桂钿,译注.北京:中华书局,2012:330.
② 柏拉图.理想国[M].郭斌和,张竹明,译.北京:商务印书馆,1986:332.

"利者,民之依也"①,为减轻或消除这种情状,国家积极购买储备这种商品,使需求稳步攀升,"藏则重"(《揆度》),直至均衡点 E,在这一过程中,国家为民创利规模相当于四边形 PED_1P_1 面积,这是一种有形之"予";如果市场供给量

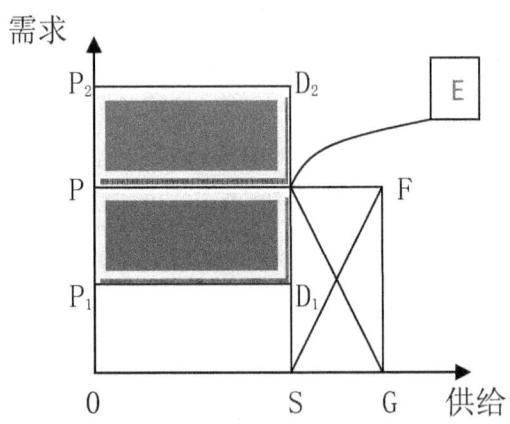

图 7-2 国家利用商品供求多寡"创利于民"示意图

处于 G 点位置,在国家不创造需求情况下,将会出现"商品贱则伤民"情况,而根据《管子》"天下下,我高"(《轻重乙》)思想,国家逆向高价求购,变相"予"之,将市场需求拉高至 D_2 或 P_2 位置,那么商品生产者会因此而获利,"求则寡",市场供给减少规模相当于四边形 EFGS 面积,在这一过程中,国家为民创利规模就相当于四边形 PED_2P_2 面积,这是《管子》另类形式的"创利于民"。如果把这两个面积叠加起来就是 $P_2D_2D_1P_1$ 面积,可以看出国家为民创利规模之大。虽然国家如此做有其功利思想,但是它切实将利"予"民,无疑是民心所向之举。

管仲还放眼天下市场,有效施以轻重因乘术,积极创利于民。他认为,在天下各国物价高时本国物价也应高,"天下高亦高",这显然可以避免民众长途跋涉去他国销售高价商品,无疑是有利于民、民心所向的。因为他们到异地销售,看似多盈利,实则剔除劳务、开支外,也所剩无几。但是通过"高亦高"的方式,则变相为民创利,这也是一种"予",虽然它有功利成分存在。如果"天下高我独下",那么"必失其国于天下"。否则,如果各国物价高而本国独

---

① 王夫之.尚书引义[M].北京:中华书局,1976:6.

低,必然让天下各国把本国吞掉。这就需要辅之以因乘术,"可因者因之,乘者乘之,此因天下以制天下"(《轻重丁》),可以利用的就要利用,能乘机的就要乘机,达到利用天下来控制天下的目的,"以夷制夷"。这就应用了轻重术的孪生兄弟——"因乘术",也即在国内外商业竞争中,要凭借或利用一定的客观条件,抓住特定环境下的有利时机,或利用国家优势介入他国经营的弱势领域,或规避他国强势挤入其经营的弱势范围,或洞察市场预期变化,相机利用价格波动获利。这就要求在国际市场运作方面保持高度灵活性:一是依据季节变化、境外消费者需求差异,提供迥异商品,高价满足其购买欲求,这样国家就能在经济中发展创利于民,因外贸要从国内采购商品,从而在创利于民中调动国内生产者积极性;二是依据他国不同年景收成情况,拟定抛售、贮存应对策略。在他国丰收年景物质剩余之时,可以低价大量收购,科学有效贮存,在国内供给不足时抛售,从而促成另一种形式的"创利于民"之"予",进而达到发展末业的功利性目的。"轻重因乘"理论揭示了商品在流通过程中发生的变化,不断影响着社会运行的生产、分配、交换、消费四大环节,尤其是国家在必要时介入市场领域,对市场进行功利性的宏观调控,可使其向国家需要的方向发展波动,《管子》阐释这一理论的真正目的在于调控商品流通、平抑物价、调剂供需,达到创利于民的富民、利民目的,为成就功利主义霸业奠定坚实基础。尽管轻重因乘术在齐国得到成功运用,但是它多是人靠权术主观调控,而非市场的客观自主变化,有些是人为制造商品的余缺、价格的涨跌,从而于市场价格波动中获利。虽然这一过程能够在一定程度上创利于民,但是仍不值得提倡。尽管轻重因乘术并非绝对完美之术,但是《管子》"不啻于一部关于中国古代商品经济的百科全书,也是我国古代商品经济思想史上一个难以逾越的高峰"[1]。

综上所述,《管子》从民本思想出发,站在国家宏观调控的战略高度,强化国家对市场物质流通的干预,运用轻重因乘术,加强宏观调控,不仅具有重要的理论与重大的实践意义,而且具有深远的历史意义和极强的现实意义。由于轻重因乘术中潜藏有丰富的商业意识与有效的运作手段,所以它对齐国经济发展起到了推波助澜作用。这不仅充分体现在国家经营商业(包括谷物、铸

---

[1] 王健.商品经济因素与齐文化[J],管子学刊,1995(1).

币等)的办法之中,而且还呈现在国家"官山海"施行盐铁专卖政策、国家经营借贷等具体举措之内。正是《管子》中这些有效举措,才使得国家在垄断获利之际,经济始终按照其设计的轨道运行。尽管《管子》这种干预经济运行的思想,从长远角度审视,对社会经济发展弊多利少,但是由于它符合统治阶级利益,具有治国理政的功利性,所以其对后世的影响还是不可忽视的,尤其是此后历朝历代对一些商品的专营专卖,无疑是《管子》时代思想的延续。

2.利用舍得精髓施以"予之为取"术

俗话说,"舍得,舍得,有舍才能有得"。这里的"舍"就是"予","得"就是"取"。没"舍"哪有"得"? 没"予"哪有"取"? 从导言"予取博弈"阐释中我们可以发现,"予"是一种总体上的善,"取"是一种总体上的恶。亚里士多德认为,"行善和举止高尚[高贵]也就是给予,受到善的对待和不做卑鄙的事也就是接受","不索取比给予要容易些,因为人们宁愿不取于人也不愿舍弃己之所有",所以"我们称赞给予则是因他慷慨,称赞那些不索取的人则是因为他们公正而不是慷慨。对于那些索取的人,我们则根本不称赞"①。

毋庸置疑,《管子》深谙"予""取"的功利之道,所以提出了"知予之为取者,政之宝也"(《牧民》)的经典思想,这里它潜在地运用了"舍得法"施以"予取术",尽可能多地"予而不取",创利于民。所谓"予取术",就是在商业经营过程中,有时为了更长远的利益而舍弃一些眼前利益。这里舍弃眼前利益的"予",实际上是为了将来更多更好地"取",间或经营者发发善心,"予"而无"取",也就是"予"不以"取"为目的,"能予而无取者,天地之配也"(《形势》)。在"予"与"取"关系问题上,朱熹价值取向是重"予","宁过于予民,不可过于取民"②,所以统治者如果能做到只"予"民而不"取"民,达到治国理政的功利性目的,那就如同天地一般伟大了。没有桓公以"虎皮、豹皮和花锦"之"予"各诸侯国,就不会从他们那里"取"得齐国政令的通行,"以虎豹皮、文锦使诸侯,诸侯以缦帛、鹿皮报。则令固始行于天下矣";没有桓公"车乘、卒人"之"予"杞、邢、卫的国君封地,就不可能"取"得这三个国家民心支持,"以车百乘、卒千人,以缘陵封杞;车百乘、卒千人,以夷仪封邢;车五百乘、卒五千

---

① 亚里士多德.尼各马可伦理学[M].廖申白,译注.北京:商务印书馆,2003:97.
② 张立文.朱熹评传[M].长春:长春出版社,2008:38.

人,以楚丘封卫"。正所谓"善人者,人亦善之"(《霸形》),对他人示好,才能从别人那里赢得好感。只不过对于商业经营者来说,"予""取"这种谋略是在市场交换中实现的。"予取术"之所以能够获得成功,主要原因在于商品在市场交易中有价格波动,这个波动看似无形,实则是可以感知的。"予"看似非理性的,实则是非常理性的,只不过商品经营者理性在利用价差获利时比较隐蔽。正是因为"予取术"具有这种独特之处,所以只要商品经营者恰当地运用好这一谋略,就可以让消费者心甘情愿地支付,经营者在乐此不疲中生财,正所谓"见予之形,不见夺之理。故民爱可洽于上也"(《国蓄》)。

为了更好地说明《管子》中的应用"予取术"达到功利性目的指向,这里我们以食盐专卖为例。"十口之家十人食盐,百口之家百人食盐。终月,大男食盐五升少半,大女食盐三升少半,吾子食盐二升少半,此其大历也。盐百升而釜。令盐之重升加分强,釜五十也;升加一强,釜百也;升加二强,釜二百也。钟二千,十钟二万,百钟二十万,千钟二百万。万乘之国,人数开口千万也,禺策之,商日二百万,十日二千万,一月六千万。万乘之国,正人百万也。月人三十钱之籍,为钱三千万。今吾非籍之诸君吾子,而有二国之籍者六千万。"(《海王》)。从下面三个表中可以清晰地看出,盐价仅稍微上浮一点,国家财政增收就会极为可观。然而,对于一个万乘之国来说,假定人口总数为 10000 人,每人每月最少食盐 1 升,若涨价 0.5 钱/升,至少增收 5000 钱/月。同样,如果食盐价格上涨 1 钱/升、2 钱/升,那么国家至少可以分别增收 10000 钱/月、20000 钱/月。倘若采用按人口征税的办法,假设万乘之国的 10000 人都符合征税条件,每人征税 300 钱/月,也只有 3600 万钱/年。面对此种境况,百姓肯定是极不愿意,民"必嚻号"。然而,通过微调价格,既可缓解民怨,又顺应民心,因为"人无以避此者"(《海王》),还可以增加国家收入,达到理政富国的功利性目标,"今夫给之盐策,则百倍归于上"(《海王》)。

表 7-1　价格涨幅与增收情况

数量	类别	食盐量/月	涨价/升	增收/釜
1人	成年男子	5.5升		
1人	成年女子	3.5升	0.5钱	50钱
1人	儿童	2.5升		

表 7-2　价格涨幅与增收情况

数量	类别	食盐量/月	涨价/升	增收/釜
1人	成年男子	5.5升		
1人	成年女子	3.5升	1钱	100钱
1人	儿童	2.5升		

表 7-3　价格涨幅与增收情况

数量	类别	食盐量/月	涨价/升	增收/釜
1人	成年男子	5.5升		
1人	成年女子	3.5升	2钱	200钱
1人	儿童	2.5升		

说明：升是古代的量具，1升=205毫升，1釜=100升

食盐这种"寓税于价"的经典"予取之术"，类似今天产品销售含税价，看似没有向民征税，实则是在向民征收消费税，而民还感觉不到君在征税，只是感觉到某某产品价格较贵，所以"予之于取"思想对后世乃至今天仍有很大影响。《管子》中还有一种比较经典的"予取术"运用情况，就是在春播时节无偿借给民种子、金钱、农具，确保他们农事按时令进行，到秋收结束后，大批粮食上市，各类谷物充斥市场，不仅价格低，而且难以售出，国家此时把春季借给民的种子、钱物按时价收回，既解了民粮售不出的燃眉之急，使他们感恩戴德，又从中赚取了大量利差，这也是"予之有形，取之无形"的较好做法。尽管这种做法后世间或也有效仿，但是这种做法随着当代中国进入盛世时代而渐趋失去市场。虽然这种做法使国家从中获利，但是它也实实在在地让民得到了实惠，尤其是齐国当时食盐出口量很大，也可以从国外赚取更多外汇，这也是从另一个层面创利于民。从这个意义上讲，我们不能不说《管子》是一部伟大之

作,"予之为取"思想"是'放之四海而皆准'的理论"①。

3.利用国家威势施以政令引导术

政令是君治国理政的法宝,而积极利用它为民"谋利""创利",不与民"争利",则是君的"核心价值观问题"②。虽然《管子》利用国家威势施以功利性政令创利于民的某些做法不一定科学,但是这种思路值得后世必要时借鉴。

桓公为北门城外的贫民生活忧虑,认为"北郭者,尽屦缕之甿也,以唐园为本利",要求管仲想办法解决贫困问题,于是管仲建议发挥政令的作用,"禁百钟之家不得事鞒,千钟之家不得为唐园,去市三百步者不得树葵菜"(《轻重甲》),这就要求存粮百钟、千钟的富家分别不得做鞋、经营菜园,住在离市场三百步以内的家庭不得自种蔬菜,后世董仲舒"不得兼小利、与民争利业"思想即是对《管子》这种思想的精辟总结,"见利不争",这样失业人家就可以得到有效帮助,北郭贫民生产的产品就可以打开销路,他们会因自己的劳动成果和菜园收入而获得十倍大利,从而增加获得感,"若此,则空闲有以相给资,则北郭之甿有所鬻。其手摇之功,唐园之利,故有十倍之利"(《轻重甲》)。所以无论是治国理政之君,还是富商巨贾,抑或是普通百姓,都不能"见利而无不可为"。虽然王夫之批判了董仲舒的"正其道不谋其利"③观点,但是他高度肯定了"各安其本然之性情以自利"④的合理性;《管子》还认为,杂草丛生不适合粮食生长的洼地,是放牧麋鹿牛马的好地方。它主张利用政令在春季时把幼畜贷给百姓、秋季时把老畜杀掉卖出,然后发行货币来控制粮食。这样就利用了"无用之地"来为百姓创利,"彼菹菜之壤,非五谷之所生也,麋鹿牛马之地。春秋赋生杀老……此以无用之壤臧民之赢"(《国准》);管仲还命令在本朝为臣的各诸侯国之子、国内上大夫和中大夫,分别穿上两张虎皮的皮裘、豹皮袖的皮裘以及豹皮衣襟的皮裘,"令诸侯之子将委质者,皆以双武之皮,卿大夫豹饰,列大夫豹幨",这样大夫们就都卖出他们的粮食、财物去购买虎豹皮张,"大夫散其邑粟与其财物,以市虎豹之皮"。为了获取利益,"山林之人刺其猛兽若从亲戚之仇"。如此一来,国君坐在堂上,猛兽就被猎获,"此君冕服于

---

① 毛泽东选集:第二卷[M].北京:人民出版社,1991:533.
② 陈学明.生态文明论[M].重庆:重庆出版社.2008:120.
③ 董仲舒.子海精华编:春秋繁露[M].张祖伟,点校.济南:山东人民出版社,2018:86.
④ 萧箑父,许苏民.大家精要:王夫之[M].西安:陕西师范大学出版社,2017:77.

朝,而猛兽胜于外"。民也于大夫们散其财物之际从中得利,"大夫已散其财物,万人得受其流"(《揆度》)。在这里,管仲既使民有事可做,又将其积极性全面调动起来,还达到了利用政令创利于民的功利性目的。虽然这种做法不值得效仿,但是这种创利于民的思路颇值得后世统治者借鉴。此外,国家利用政令提高粮价,削减商人赢利,帮助农民生产,这也是一种变相的创利于民。管仲之所以要削减商人之利,是因为"发了财的人,越是要发财,越是瞧得起钱财,就越瞧不起善德。好像在一个天平上,一边往下沉,一边就往上翘,两边总是相反"①。从这个意义上说,这种创利于民的举措也是一种"使一些人的所失与另一些人的所得相平衡的利益"的功利性调节。于是管仲建议桓公命令卿士与诸侯、大夫、列大夫、富商蓄贾都来存粮,分别贮藏一千钟、五百钟、百钟、五十钟。如此一来,既可以为国家储备粮,又可以促进农民生产。这样农民就会大种五谷,粮价提高三倍,农民得利百倍,商人则因为中间利差极为微薄而近乎亏本,"则正商失其事,而农夫有百倍之利矣",这样就使那些贫困之民的基本生活得到满足,"这自然地达到了社会各种利益的和谐"②。这就是"杀正商贾之利而益农夫之事"《轻重乙》。尽管这种方式不值得提倡,但是在商贾与农民贫富差距太大时,有时还是必要的。

总之,民本思想是管桓时期驱动齐国社会经济发展的核心思想。君在治国理政中积极创造机会,有效创利于民,促进民众增收,以争取民心、赢得民意,达成其既定的功利性目的。从"苟可以利民,不循其礼"到"治国有常,利民为本",从"圣人观乡而顺宜,因事而制礼,所以利其民而厚其国也"③到"苟无民,何以有君?"④,再到"夫利者,所以得民也"⑤,充分说明利民是治国理政所应遵循的重要原则,足见《管子》利民思想对后世的影响。如果撇开《管子》利民之策的历史局限性与阶级狭隘性,仅从利民角度审视,我们可以发现,它的利民思想还是非常务实的、运用也是相当灵活的。由于《管子》受时代所局限,使它不可能采用更多的利民之策,不足为怪。但是它的上述经典的功利性

---

① 柏拉图.理想国[M].郭斌和,张竹明,译.北京:商务印书馆,1986:325.
② 罗尔斯.正义论[M].何怀宏,何包钢,廖申白,译.北京:中国社会出版社,1999:121.
③ 尹立杰.史记全编[M].北京:北京日报出版社,2016:97.
④ 刘向.战国策[M].耿天勤,注译.武汉:崇文书局,2020:65.
⑤ 张觉,等.韩非子译注[M].上海:上海古籍出版社,2007:624.

利民思想,在当时乃至于今天仍有借鉴价值和参考意义。

7.3 重本饬末思想探析①

"重本饬末"是《管子》中治国的重要经济管理思想,也是当时推动齐国社会经济发展的重要指南,更是《管子》"以民为本"思想的直接体现,所以有必要对其进行深入研探。其实,它不是《管子》作者主观凭空臆造的设想,而是其治国功利性战略设计的结果,它对当时社会经济发展具有超凡的驱动力。虽然有关该书经济思想研究的论著颇丰,但是对此进行专题研究的并不多见,所以本书试图综合运用管理学、经济学与哲学思维,从主客观基础、程式化解析、辩证法三个层面进行阐释,以期进一步丰富学界《管子》研究的视野,特别是它的理性、平衡、互动原理能够给现代社会各项工作的开展提供有益启示。

7.3.1 主客观基础

在中国古代,农业无疑是最主要的生产部门,因为它既是民众生存发展的基础保障,又是国家财政收入的重要来源,因而统治者都非常重视它。但是从整个人类社会发展历程来看,人们的一切重大活动,无论是从理论到实践,还是从认识到行动,都是种种关系互联发展、持续衍生的结果,且都具有一定的主客观基础,"重本饬末"思想也不例外。

1. 主观基础:齐国的战略目标

"富国强兵,称霸诸侯"是齐国的宏观战略目标,而"重本饬末"则是为了达成这一宏伟目标。从某种意义上说,这也是《管子》一书最大的主观基础。然而,"欲称霸必先强兵、欲强兵必先富国、欲富国必先富民、欲富民必先以民为本",而"以民为本"必须首先解决民众的吃饭问题,而解决这一问题必须要重视农业,也就是当时的"重本"。因为农业关系着民众生存,所以国君治国理政务必要以农为本,"粟者,王之本事也,人主之大务,有人之途,治国之道也"(《治国》),这说明粮食生产是国君主抓的重大任务,是成就霸业的根本大事,也是当时吸引民众的重要途径。正如马克思、恩格斯在《德意志意识形

---

① 王义忠.《管子》"重本饬末"思想的三重探析[J].科学·经济·社会,2015(4).

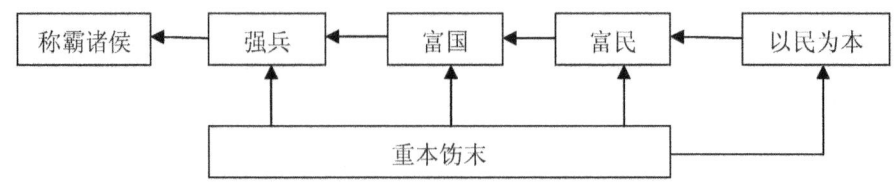

图 7-3 功利性"重本饬末"主观基础图

态》中所指出的那样:"一切人类生存的第一个前提也就是一切历史的第一个前提,这个前提就是:人们为了能够'创造历史',必须能够生活,但是为了生活,首先就需要衣、食、住以及其它东西。"①因此,农业作为治国理政的根本,自然不容忽视,但是工商业也与民众生活息息相关,当然不可或缺,这样才能保证"农夫不失其时,百工不失其功,商无废利,民无游日"(《法法》)。从某种程度上说,这是《管子》农、工、商协调发展理念的雏形,也是其"重本饬末"思想的呈现。正是因为如此,《管子》在重本务农基础上多次提出减少干预甚至采取措施鼓励工商业的发展。由于此前已详述它发展本末业的诸多举措,使"农夫祁寒暑雨,深耕易耨,播种五谷""尽百工技艺作为器用""甲胄之士披坚执锐以守土宇"②,达到了富国强兵的功利性目标,所以不再赘述。

2.客观基础:本末的关联特性

农业曾经是、现在是、将来依然是人类社会发展的基础性产业,而手工业、商业则是随着社会的发展而发展、衍生而延伸,"其'不可或缺性'正在不断增大"③,直至成为重要的功利性支柱产业。虽然他们在时间上没有绝对的稳定性,但是它们在空间上却具有实质的联系性。没有农业生产出来的基础性原料供给,就没有手工业、商业发展的可能。从这种意义上说,有本才有末,没有本,末也就不成立了。因为"首先,最重要的是粮食,有了它才能生存"④,而没有手工业的持续演进发展,就没有农业、商业运营效率的提高;同样,没有商业的快速有序发展,就没有农业、手工业产品流通周转的加速。从某种意义上说,农业、手工业主要反映的是人与自然、人与社会的关系,因为农业基本上是

---

① 中共中央马克思恩格斯列宁斯大林著作编译局.德意志意识形态[M].北京:人民出版社,1962:21.
② 程颢,程颐.二程集[M].王孝鱼,点校.北京:中华书局,1981:175.
③ 韦伯.经济与社会[M].阎克文,译.上海:上海人民出版社,2009:1131.
④ 柏拉图.理想国[M].郭斌和,张竹明,译.北京:商务印书馆,1986:59.

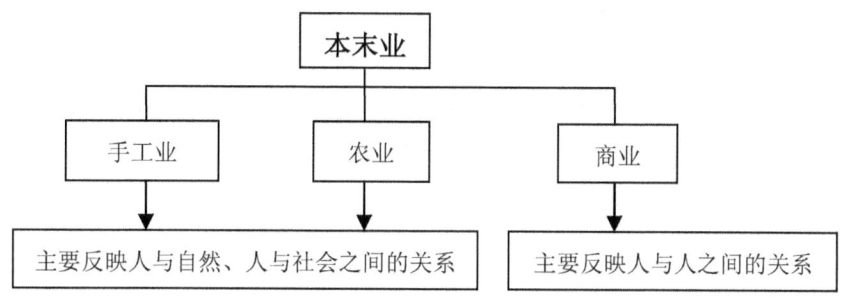

图 7-4 功利性"重本饬末"客观基础图

农民利用农事所需的生产资料作用于土地的关系,手工业基本上是手工业生产者利用生产资料加工或生产满足社会需求的关系,而商业则是人与人之间的关系,因为它基本上是商人根据不同区域人们的需求情状,利用自己的经营理念调剂产品余缺的关系。而人、自然、社会又是彼此联系、相互作用的。所以农业、手工业、商业之间看似相互独立实则是彼此紧密联系的,看似彼此孤立实则是积极互动的,看似是个体局域性的,实则是整体组合性的。从这个维度审视,本末业似有一种特殊的关联性,"无独必有对,皆自然而然,非有安排也。"①因此,《管子》功利性"重本饬末"思想理论上具有一定的客观基础,是民心所向,而不是"上不好本事,则末产不禁"(《权修》)。

由于商业受自然条件制约小,不需要较多的人力物力投入,而且生产运营周期较短,操劳也不如农事工作那样费心尽力,但获利却极为丰厚,所以相对于农事劳动来说,从事工商业要比从事农业生产受益大得多,无疑会出现"悦商贩而不务本事"(《八观》)的情境。然而,放弃重本务农思想,致力于全面发展工商业,又绝对不行,因为民"足食之本在农"②。正因为如此,国家才需要对商业进行调控。否则,由于农业生产周期长、受自然条件影响大,尤其是在当时生产力极为落后的情况下,农夫往往终岁辛苦劳作,收获却甚是微薄,"农夫终岁之作,不足以自食"(《治国》),而民是"见利莫能勿就,见害莫能勿避"(《禁藏》),最终导致人们纷纷舍本逐末、弃农从商,"舍本事而事末作"(《治国》),造成农业劳动力大批丧失,进而使农业真正变成薄弱产业,动摇社会稳

---

① 程颢,程颐.二程集[M].王孝鱼,点校.北京:中华书局,1981:121.
② 朱熹.朱熹集[M].郭齐,尹波,点校.成都:四川教育出版社,1996:5062.

定的根基。这就是本末业发展的两个极端,"尽管两个极端同适度相反,最大的相反却存在于两个极端之间。因为首先,两个极端相互间的距离比它们各自同适度品质的距离更大些。这正如较多离较少、较少离较多的距离比他们各自同等的距离更大一样"①。作为能够进行宏观调控的国家,只能在保证农业有足够劳动力满足生产的情况下适度发展末业,这就需要国家在必要时进行调控,"杀正商贾之利"(《轻重乙》),使"民无所游食",以"利农事"(《治国》)。因此,功利性"重本饬末"思想具有一定实践上的客观基础。

其实,同一时期西方思想家也认识到了本末业的这种关联性。柏拉图曾间接对其进行了描述,"农夫似乎造不出他用的犁头——如果要的是一张好犁的话,也不能制造他的锄头和其他耕田的工具",而发展末业则可以满足农夫这些需求;工商之民也需要农产品维持生活,"建筑工人也是这样,他也需要许多其他的人。织布工人、鞋匠都不例外","如果一个农夫或者随便哪个匠人拿着他的产品上市场去,可是想换取他产品的人还没到,那么他不是就得闲坐在市场上耽误他自己的工作吗?""因此,我们还需要商人",自然需要发展商业。总之,通过发展农业,民众都有粮吃,而通过发展工商业,则"可使农夫有牛拉犁,建筑工人和农夫有牲口替他们运输东西,纺织工人和鞋匠有羊毛和皮革可用"。所以,"为了把大家的鞋子做好,我们不让鞋匠去当农夫"②。这就是功利性"重本饬末"思想精华奥妙之所在,也是顺应民心之处。这说明同一时代的人即使互不了解,他们的心理在某种程度上也是相通的。

7.3.2　对农、工、商的统一调控思想

随着"重本抑末"思想的消退、"重本饬末"思想的上位,农、工、商各自发挥着迥异的作用,这无疑对当时齐国乃至春秋时期各国的发展都具有非同寻常的意义。为了更好地阐释《管子》中统治者对农、工、商统一调控的原理及原因,以便形成对功利性"重本饬末"思想进行更为深入的探析,我们引入如下公式:

$$Oa/Ia > Oh/Ih \quad Oa/Ia > Oc/Ic \quad I$$

---

① 亚里士多德.尼各马可伦理学[M].廖申白,译注.北京:商务印书馆,2003:54.
② 柏拉图.理想国[M].郭斌和,张竹明,译.北京:商务印书馆,2019:66.

$$Oa/Ia = Oh/Ih = Oc/Ic \quad \text{II}$$

$$Oa/Ia < Oh/Ih \quad Oa/Ia < Oc/Ic \quad \text{III}$$

其中,

O 代表收益(Outcomes)

I 代表投入(Inputs)

a 代表农业(agriculture)

h 代表手工业或工业(handicraft industry)

c 代表商业(commerce)

这三个公式含义为:I 表明,如果农业收益与投入之比,远远大于手工业收益与投入之比,以及商业收益与投入之比时,那么其它两种行业的从业者就会急剧转向农业,致使发展农业所需的一些生产资料(商业可以调剂)、生产工具(手工业可以生产)无法满足,从而影响农业的发展,长此以往就会背离民意;II 表明,如果农业收益与投入之比,与手工业收益与投入之比相当,并且与商业收益与投入之比也相当时,国家就无需进行宏观调控,只要积极鼓励农业、手工业、商业持续保持这样的比例协同发展就可以。这样就会经济繁荣发展,社会安定祥和,顺应民意;反之,如 III 表明的那样,如果农业收益与投入之比,远远小于手工业收益与投入之比以及商业收益与投入之比时,那么从事农业的农民就会转行至其它两种行业,造成农业劳动力不足,此时如果不给商业套上笼头,它就会变成大齐的洪水猛兽,变成威胁齐国根基的"特洛伊木马",这就需要国家进行宏观调控,直至恢复为农业、手工业、商业的收益与投入之比相当。这三种情况实际上是在当时社会生产力落后的情况下,将农业作为参照物进行产业经济比对的宏观调控,也说明《管子》功利性"重本饬末"思想的提出,"不是从抽象的学理出发而是基于现实"[①]。

上述三个公式以简洁的方式表现出了当时对农、工、商进行统一调控的三个重要原理:理性、平衡、互动。"理性原理"认为,农业、手工业、商业都是社会发展的重要组成部分,"无农不稳""无工不富""无商不活",所以要积极发展农业、手工业、商业。"平衡原理"认为,需要保持农业、手工业、商业三者之间投入与产出在社会大生产中的总体平衡,否则社会发展将不可持续,国家安

---

① 鄢一龙,等.大道之行:中国共产党与中国社会主义[M].北京:中国人民大学出版社,2015:40.

定和谐的局面难以维持。这就好比一杆秤,秤上轻的一方自管其轻,重的一方自管其重,前后就不会平衡。大凡轻的一方都是可以操纵重物的,因为轻的秤锤可以运用,而重的一方反不能操纵轻的秤锤,轻重之间是存在一定比例关系且可以调适的,"轻者轻,重者重,前后不慈。凡轻者操实也,以轻则可使;重不可起轻,轻重有齐"(《侈靡》)。如果说重的一方是"本事",轻的一方是"末业",那么就可以适时以后者功利性地调适前者。诚如毛泽东同志所言,"所谓平衡,只是矛盾的暂时的相对的统一,它会被矛盾的斗争所打破,平衡成为不平衡,又要求新的平衡"①。"互动原理"认为,虽然农业、手工业、商业各自不同,但是它们彼此之间并不是绝对无关的,而是相互联系、彼此互动的。当三大产业投入与产出严重失衡时,国家要及时对其进行宏观调控,直至农业、手工业、商业投入与产出之比相当。这里投入与产出的"相当法则",是《管子》中体现出当时进行宏观调控的重要思想依据。为了更直观地解读"重本饬末"思想,不妨导入图7-5来阐释其平衡思想的精髓。

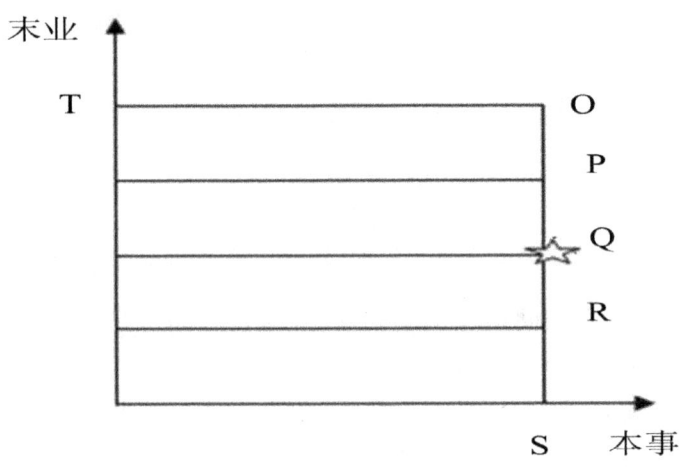

图7-5 "重本饬末"的理性宏观调控图

由于当时齐国推行的是"三其国、五其鄙""四民分居""四民分业"的治国方略,所以国家从业人数是相对稳定的。假设图中横轴为"本事",纵轴为"末业",Q为"本事"与"末业"发展的平衡点。当二者交叉点处于R点时,说明

---

① 毛泽东.关于正确处理人民内部矛盾的问题[M].北京:人民出版社.1957:12.

"末业"发展不足。从"末业"对农业发展具有促进作用的角度出发，国家需要采取积极措施鼓励它的发展，直至由 R 点企稳回升至平衡点 Q；当二者交叉点处于 P 点时，说明"末业"发展超过了"允可度"，从"理性"角度出发，负责"末业"管理的官吏直接"报警"，并建议国家进行"抑末"，直至"末业"减少至平衡点 Q；当二者交叉点处于 O 点时，说明"末业"发展严重过度，从社会稳定的理性角度出发，国家此时就要对"末业"采取极端措施——"禁末"，直至"末业"回落到平衡点 Q，而 S 点与 O 点是末业发展呈现的"极端"，显然不符合社会发展实际。这就回答了后来学者为《管子》书中时而"励末"时而"抑末"时而"禁末"所困惑的"饬末"难题。从"励末"到"禁末"，国家之所以对末业发展持以完全相反的态度，这是"因为在两个极端之中，有一个比另一个错误得更严重些"①，这就需要"当励则励，当抑则抑，当禁则禁"。从一定程度上讲，这种"饬末"既是对"物的生产"的有效调整，也是对民的适时优化组合，使民中从事农、工、商的人数始终保持一定比例，既能保证农事进行，又能保障末业发展。

  《管子》中齐国之所要进行这样的宏观调控，一方面是当时国家产业均衡发展的需要，另一方面是受民心潜藏的一杆秤——公平法则——影响。这种公平法则是不同行业之民依照自己人、财、物的投入与其产出进行对比：倘若从事农业的民发现这种对比，与从事手工业或商业的民依照他们人、财、物的实际投入与其产出对比差距过大，短期内会产生嫉妒，长期心理就会失衡。轻则转换行业，即从事农业的民逐渐向手工业或商业转移，直接导致农业劳动力不足，田野得不到开垦，五谷得不到播撒，桑麻得不到种植，六畜得不到繁育；重则滋生混乱，即从事农业的民中就会滋生一些奸邪险诈之徒，直接投机取巧，无恶不作；轻则伤天害理，破坏社会和谐；重则巧取豪夺，危及国家政权。这也是管仲对四民进行"分业居住"的重要原因。因为通过士、农、工、商的分开居住，每一类"民"的投入成本、产出收益相对封闭，这可以避免当时不同类民之间收益的比较，从而有利于彼此之间融洽关系的构建，进而促进国家的稳定、社会的和谐，而这则是"富国强兵，建立霸业"所必需的内部客观条件。

---

① 亚里士多德.尼各马可伦理学[M].廖申白，译注.北京：商务印书馆，2003：56.

7.3.3 辩证法思想

《管子》"饬末"思想旨在功利性地推动本末业协调发展,是"两点论"而非"一点论"思想的初步呈现。工商之业本应是一国发展中的两大产业,本应该与农业相互促进、协同发展,然而中国古代统治者几乎都将农业视为立国之本,因为粮食是人们生存的最基本依赖,而将工商之业视为末业。但是在《管子》看来,"务本饬末,则富"(《幼官》),这无疑是先秦时期对工商业认识的划时代突破。显然,《管子》的"饬末"思想不同于"抑末"思想,因为它是从整体、联系、发展的的观点看待农业、手工业、商业之间关系的。

从整体的观点出发,农工商三业都是当时社会发展不可缺少的。由于"末业"过度发展,不"禁末"便不能"重农",甚至会出现过多的大商贾、高利贷者,"蓄贾游市,乘民之不给,百倍其本"(《国蓄》),这些人一旦在社会中严重扩张,将会直接影响农业生产、民众生活,所以必要时《管子》也主张"抑末"甚至"禁末",使"大贾蓄家不得豪夺吾民矣"(《国蓄》)。对于手工业发展也是如此,"今工以巧矣,而民不足于备用者,其悦在玩好","女以巧矣,而天下寒者,其悦在文绣","博带梨,大袂列,文绣染,刻镂削,雕琢采"(《五辅》),所以"文巧不禁,则民乃淫"(《牧民》),"末产不禁,则野不辟""末产不禁,则民缓于时而轻地利;轻地利而求田野之辟,仓廪之实,不可得也"(《权修》)。因此,在农工商不能平衡发展时,对"末业"进行适时整顿与管理也是必要的。所以《管子》将下述两种情况视为"逆":一是"菽粟不足,末生不禁,民必有饥饿之色,而工以雕文刻镂相稚也,谓之逆"(《重令》),二是"布帛不足,衣服毋度,民必有冻寒之伤,而女以美衣锦绣綦组相稚也,谓之逆"(《重令》),但是它的"禁末"是有条件的,是在民衣食不足的情况下才采取的一种调控办法,且禁"末"禁的是"雕文刻镂""美衣锦绣",不是禁止全部末业,只是在必要时适时调控,使农工商协调发展。实际上,《管子》"重本饬末"思想除了要实现"富国强兵"宏伟目标外,还为实现"所有人都渴望幸福"①的美好理想,这无疑是民心所向。从《管子》治国思想的整体出发,"重本饬末"实际上是对当时社会生产关系的调整。从某种意义上说,它就是为了创造"最大多数人的最大幸福",因

---

① 休谟.人性论[M].石碧球,译.北京:中国社会科学出版社,2009:51.

为确立了末业社会地位、发展了末业,就可以解决更多人的就业问题,而劳动是创造财富的源泉,从而有利于社会生产力发展和富国强兵目标的实现,所以"重本饬末"不是一种"形而上"的虚无,而是一种"形而下"的实在。因此,判断一种思想或一项政策的好坏,主要是看它对"生产的发展是否有帮助及其帮助大小,看它是束缚生产力的还是解放生产力的"①。

从联系的观点出发,适度发展工商业是有利于农业发展的。《管子》将士农工商四民称之为"国之石民"(《小匡》),这在"重本抑末"盛行的时代,无疑是一个震撼人心、石破天惊的壮举。《管子》将工商之民与士农之民并列,是当时统治者的认识从感性向理性的飞跃。如果完全不发展手工业、商业,那么民众的农业生产乃至基本生活资料就无法充分满足,富民、利民、益民、安民的目标就难以实现,成就霸业也就丧失了驱动力、加速器,就会背离民心。因为"工事无刻镂,女事无文章",也是"国之富也"(《立政》),所以只要规范工商业发展,它们就可以为民提供基本的生产用具,为国家制造各类作战防御器械提供成品或半成品来源。更为重要的是,"制造业的收益比农业多得多,而商业的收益比制造业多得多"②。因此,欲要"毋乏耕织之器"(《幼官》)、"器盖天下",就需"聚天下之精财""工盖天下"(《七法》)。而要做到这一点,就需要发展商业,因为它是促进商品流通的利器。尽管它不是当时国家总体收入的主要来源,但它无疑是国家财政收入的重要补充。在战事频繁、财政吃紧的情况下,更凸显了商业"通货积财"的重要价值。其实,末业犹如周敦颐《太极图书》中的"太极","太极动而生阳,动极而静,静而生阴。静极复动",本末业之间,"一动一静,互为其根"。因此,随着社会的发展,本末皆不可忽视,不能独本,也不能独末,有本必有末,有末必有本,只不过是"屈伸消长盛衰之类"。所以本末应该是有机统一的,不能只顾本而否定末,也不能只讲末而无视本,本末应是互动联系的,二者是"此胜则彼退,彼胜则此退""彼进得一步,则此退一步;此进一步,则彼退一步",两者"是相对与绝对的统一,相对之中有绝对,绝对之中有相对"③。由于万事万物都是彼此联系的,所以不可人为肆意

---

① 毛泽东选集:第三卷[M].北京:人民出版社,1991:1079.
② 配第.政治算术[M].北京:商务印书馆,1960:19.
③ 朱义禄.《朱子语类》选评[M].上海:上海古籍出版社,2017:119.

将其联系切断,"物无孤立之理"①,而应该"把孤立的联系起来,把分散的整合起来,让沉寂的活泛起来"②。

从发展的观点出发,农工商的发展呈现为"不平衡—平衡—不平衡"的周期情状。当农业与手工业、商业的比例平衡发展时,就积极鼓励工商业的发展;当农业与工商业的发展比例有不平衡征兆或出现不平衡时,积极引导工商之业,确保农业的基础地位不动摇,即开始施行"饬末",情况严重时要"抑末"甚至"禁末","禁末作,止奇巧而利农事"。发展是改善民生的重要前提,而"饬末"则是推动当时齐国发展的直接动力。如果齐国离开"重本饬末"思想的指导,不去推动农工商协调发展,那么《管子》"爱之、生之、养之、成之"(《正》)、"爱之、利之、益之、安之"(《枢言》)的民本治国思想就不可能落到实处,"富国强兵,称霸诸侯"的宏伟蓝图也不可能实现;反之,齐国以"重本饬末"思想为指导,有效促进农工商业的组合发展,充分调动民众生产的积极性、主动性、创造性,这是一种"不用命令而自发乐意地从事的努力"③,可以全面释放民众蓄积已久的内在潜力,切实拉动境内外的潜在供求,这显然符合民心、顺应民意,因而使齐国经济驶入发展的快车道,成功演绎了"九合诸侯,一匡天下"的神话。从人类历史发展维度审视,由"重本抑末"到"重本饬末"说明"人类社会在发展,其治道也不是永恒不变的,唐虞之道只能治唐虞之天下,汉唐之道亦只能治理汉唐之天下,今日之道只能治今日之天下"。人世间的一切都在不断变化,没有永恒不变的世界,也没有永恒不变的产业发展,"道因时而万殊";从认识的主体和客体出发,《管子》推出了"重本饬末"的治国理政之策,完成了对"重本抑末"思想的唯物主义改造,使得主观作用于客观、主体作用于客体更为有效,使得末业由幕后走向了前台,客观不再是主观的副本,末业也不再是本业的注脚。因此,"重本饬末"是合乎时代要求与历史发展趋势的,即使它有不完美之处,也不能"以一时之利害言之"④,而应该看到其总体上是有利于历史进步、符合历史发展规律的。

---

① 张载.张载集[M].章锡琛,点校.北京:中华书局,1978:19.
② 鄢一龙,等.大道之行:中国共产党与中国社会主义[M].北京:中国人民大学出版社,2015:114-115.
③ 康德.实践理性批判[M].邓晓芒,译.北京:人民出版社,2003:115.
④ 萧箑父,许苏民.大家精要:王夫之[M].西安:陕西师范大学出版总社,2017:66.

综上所述,"重本饬末"是真正以历史的、辩证的观点来看待本末业生成与发展的,是春秋战国时期一种更为成熟的思想。尽管"重本抑末"是中国古代改革家的一贯主张,但是我们可以清晰地发现,管仲采用的是以农业为本、工商业兼重的宏观调控策略,也就是在重本务农的同时,还十分重视发展工商之业。无论是在农业方面,还是在工商业方面,管仲都开出了让利于民的"良方",多予少取,因为"民予则喜,夺则怒"。联系当今国内外农业和工商业发展中存在的问题,可以看出,《管子》的"重本饬末"思想特别是其中的理性、平衡、互动三大原理,具有极强的借鉴价值。

结　语

　　从历史维度分析,民本思想是一个沉淀已久的话题;从现实角度审视,民本思想又是一个亘古常新的问题。千百年来,一个又一个朝代的更迭,都逃脱不了这个古老而又常新的问题。翻阅千年历史画卷,我们可以清晰地发现,被更迭的朝代都有一个共性,那就是:不做为民之事,不察为民之情,不晓贫富之形,不知向背之状,直至使民众处于水深火热之中,出现如《尚书》所言"徯予后,后来其苏"[1]的情状,也就是等待新的君王出现而带来幸福安宁的生活。盛世朝代也都有一个共性,那就是有爱民、益民元素潜藏其中,有安民、成民因子置于其间,有富民、利民成分蕴含其内。如果统治者都能够"乐民之乐""忧民之忧"[2],那么孟子"五百年必有王者兴"[3]的历史回旋将被打破。

　　从某种意义上说,一切从民出发的观念与行为、理论与实践都潜藏着民本思想因子,这在博大精深的《管子》一书中比比皆是。然而,时至今日,有关其民本思想的研究尚处于初级阶段。在今日"以民为本"的治国理念指导下,非常有必要对《管子》的民本思想做进一步深入挖掘。本书研究的终极目的不是标新立异,而是希冀在前人研究的基础上能有所发现、有所进步。一是将前人对《管子》民本思想的碎片化研究进行整合,阐释其中隐含的价值与意义,使之更为系统;二是在前人零散研究的基础上,对《管子》民本思想进行深入挖掘,使之更为丰富;三是发现一些尚未得到阐释的《管子》民本思想,指出并

---

[1]　阮元.十三经注疏[M].北京:中华书局,1980:161.
[2]　罗炳良,赵海旺.孟子解说[M].北京:华夏出版社,2007:38.
[3]　朱熹.四书章句集注[M].北京:中华书局,1993:232.

校正某些研究者个别内容理解不严整的地方,使之更为完善;四是对那些认为《管子》没有民本思想或即使有也只是处于萌芽状态的观点的一个正向回应,使持有此观点的人能充分认识到,《管子》中随处可见民本思想,而且有原文可以作为支撑,也校正了少数人对《管子》民本思想的错误认识,使之更为清晰;五是通过对《管子》民本思想的深入研究,可以为当今"以民为本"时代的治国实践提供诸多借鉴与参考,使之更为有效。

其实,《管子》的民本治国思想,在先秦乃至整个中国社会历史发展上占有重要地位,并且成为检验每个朝代善治与否的重要标尺,"天下者无常乱,无常治,不善人在则乱,善人在则治"(《小称》),所以它又是观察一定时代的透视镜:国家的兴衰存亡,社会的贫富稳乱,人民的爱恨情仇,无不可以从中找到答案,正所谓"知天者不怨天,知己者不怨人。先谋后事者昌,先事后谋者亡。且天与不取,反受其咎;时至不行,反受其殃"①。可以说,在两千多年前的春秋战国时期,《管子》朴素的民本治国思想无疑是一团燧火,尽管亮度有限,但它生生不息,不断开启着后人的智慧列车,断断续续地被应用于治国实践,演绎了不同时代的盛世局面。中国著名哲学家冯友兰先生曾指出:"儒家的思想是理想主义,法家的思想是现实主义。在中国历史上,儒家一向指责法家卑鄙、粗野,而法家则总是指责儒家书生气、不切实际。"②而《管子》则集儒家、法家思想之大成,将治国经民的"两柄利器""德治"与"法治"有机统一起来,成功建构了将"德治"作为施行"法治"的终极归宿、将"法治"作为实现"德治"的重要手段的德法并重的治国思想,正是因为有了"法治"保障,《管子》才能主次分明、轻重合宜地将"德治"放在治国理政的显著位置,真正在实践中推行"以民为本"思想;正是因为有了"德治"追求,《管子》才能本末共生、开放包容地将"法治"摆在经世济民的经典层面,真正形成"民本治国"的理论。尽管《管子》爱民、益民、富民、安民、利民、成民的"六民"思想终极目的不是民众,而是功利性目的指向——"富国强兵,称霸诸侯",但是它"以民为本"的治国理政思想还是具有一定的时代进步性、社会发展性。

本书从民本思想的形成、发展过程出发,通过构建民本理论模型,围绕着

---

① 严可均.全上古三代秦汉三国六朝文[M].北京:商务印书馆,1999:90-91.
② 冯友兰.中国哲学简史[M].天津:天津社会科学出版社,2008:148.

《管子》的民本治国思想而展开,概括出《管子》民本治国思想的三个整体特征,沿着"爱之、生之、养之、成之"(《正》)、"爱之、利之、益之、安之"(《枢言》)两条主线发掘,通过"六民"点式发散,集中呈现了《管子》民本治国思想这个基本面。虽然《管子》民本治国思想是从统治者利益出发的,但是其施行的"九惠之教"爱民、"德有六兴"益民、"四民分居"安民、"四民分业"成民、"重本饬末"富民、"与民分货"利民,确实顺应了民意,赢得了民心,为实现"九合诸侯,一匡天下"的千秋霸业奠定了坚实基础。正如现代西方分析哲学家们所提出的那样,"事实是发生在某一时间和空间里的事件,它是由一系列事物的不同状态所组成的"①。《管子》的民本思想也不例外,它的"六民"思想虽然零散,但确实是民本治国理论的事实构成。实际上,大凡统治阶级不能擅自抛弃的思想,都能在人类社会发展历程中呈现出强大的生命力。换言之,一切能经久不衰甚至日益旺盛的思想,也必定是对统治阶级治国理政有用的思想。民本思想是一种"治国之利器",看似无形实则有形,看似知性实则理性,看似抽象实则具体。当然,它也要随着时代的变化而变化。

民本理论模型虽是个人在导师倾心指导下的创建,但它也是千百来民本思想或理论发展的整合,是在继承前人成果、参照不同时代民本思想基础上构建的,"其实,吸收前人研究的成果,以丰富自己的理论,形成自己的体系,这是正常的事","问题在于你是完全重复抄袭,还是有突破创新","或泛泛而谈,缺乏理论深度;或零星片段,缺乏系统性"②。从前文阐释中,我们可以发现民本理论模型具有一定的广度、深度、系统性与创新性。尽管如此,本书的主要目的不在于建立一种理论,而在于将《管子》的民本治国思想充分发掘出来,供后世借鉴与参考。

历史是已经褪色归位的现实,而现实则是正在演绎发生的历史,"苟日新,日日新,又日新"③。正如有学者所指出的那样,"《管子》的民本思想,的确为我国的文化史和古代管理思想史谱写了光辉的一页,这是值得我们民

---

① 黄光国.儒家关系主义:哲学反思、理论建构与实证研究[M].台北:心理出版社股份有限公司,2009:62.
② 张文勋.文心雕龙探秘[M].北京:生活·读书·新知三联书店,2014:25-28.
③ 阮元.十三经注疏[M].北京:中华书局,1980:1673.

族引为骄傲和自豪的一页"①。尽管《管子》民本治国思想具有特定的时代局限性,但它的思想理念必定历久弥新,必定会随着人类社会的发展延续而不断生辉。

---

① 宣兆琦.图说管子[M].济南:山东友谊出版社,2007:180.

参考文献

[1] 白云,刘芹.中国古代社会救助措施的历史作用与启示[J].管子学刊,2014(1).

[2] 曹俊杰.《管子》的消费思想管见[J].管子学刊,2000(2).

[3] 陈永汉.管子:杰出的经济管理学家[M].北京:经济管理出版社,1999.

[4] 池万兴.管子研究[M].北京:高等教育出版社,2004.

[5] 池万兴.论《管子》的民本思想及其治国实践[J].管子学刊,2007(3).

[6] 迟丕贤,牛喜霞.试论《管子》的养老思想[J].管子学刊,2013(2).

[7] 崔兰海.《管子》廉政理论研究[J].管子学刊,2014(2).

[8] 大内.Z理论[M].朱燕斌,译.北京:机械工业出版社,2007.

[9] 戴濬.管子学案[M].上海:学林出版社,1994.

[10] 单传洪.中华第一名相管仲[M].合肥:合肥工业大学出版社,2009.

[11] 邓加荣.《管子》法学思想初探[J].法学杂志,2003(24).

[12] 邓剑伟.《管子》的民生思想及其对建设服务型政府的启示[J].管子学刊,2013(3).

[13] 丁祯彦.先秦儒家对君民关系的思考[J].哈尔滨工业大学学报(社会科学版),1999,1.

[14] 杜玉奎,李文玲.管子侈俭并重的消费思想[J].发展论坛,2001(1).

[15] 高建立.管子的治国思想及其齐文化特征分析[J].管子研究,2011(1).

[16] 龚群.善恶二十讲[M].天津:天津人民出版社,2007.

[17] 关桐.论孟子的民本主义[J].管子学刊,1996.(2).

[18] 管绘宇.浅析《管子》消费思想的矛盾性[J].中州大学学报,2003(2).

[19] 管子[M].姚晓娟,汪银峰,注译.郑州:中州古籍出版社,2010.

[20] 郭世东.试论《管子》的法律思想[J].政法论坛,1996(4).

[21] 韩延明,邵作运.《管子》教育管理思想探微[J].管子学刊,1995(4).

[22] 郝云.《管子》的"侈靡"观及其现代价值[J].武汉理工大学学报(社会科学版),2003(3).

[23] 何菊玲.《管子》管理用人思想初探[J].陕西师范大学学报(哲学社会科学版),1995(3).

[24] 胡忠雄.管仲经济伦理思想述评[J].求索,2003(2).

[25] 贾继海.从《管子》一书和齐国的用人政策看人才强国战略的重要性[J].管子学刊,2004(2).

[26] 焦竑.文白对照养正图解[M].海南国际新闻出版中心,1997.

[27] 金戈.《管子》与水[J].海河水利,2002(2).

[28] 金谷治.管子的研究:中国古代思想史的一面[M].东京:岩波书店.1987.

[29] 李守奎,等.尸子译注[M].哈尔滨:黑龙江人民出版社,2002.

[30] 李英华.《管子》经济思想探析[J].管子学刊.1994(1).

[31] 李约瑟.中国科学技术史[M].北京:科学出版社,1990.

[32] 梁启超.管子传[M].上海:中华书局,1936.

[33] 刘家和.《左传》中的人本思想与民本思想[J].历史研究,1995(6).

[34] 刘蔚华.管仲与《管子》[M].济南:山东文艺出版社,2004.

[35] 刘向.战国策[M].济南:齐鲁书社,2000.

[36] 刘兴富.论管仲"备长在乎任贤"的人才观[J].锦州师院学院学报(哲学社会科学版),1998(3).

[37] 刘雪河,黄润洁.《管子》富国思想初探[J].广州大学学报(社会科学版),2003(10).

[38] 吕逸新,王朝侠.《管子》的生态伦理观[J].管子学刊,2003(2).

[39] 罗根泽.管子探源[M].上海:上海古籍出版社,2001.

[40] 马念珍.浅析中国古代的法治思想与当代的依法治国[J].法学探索,1997(3).

[41] 满文韬.《管子》法律思想对法治中国建设的启示[J].管子学刊,2014(2).

[42] 毛卫平.管理与和谐[J].学习与探索,2011(1).

[43] 墨翟.墨子[M].毕沅,校注.上海古籍出版社,1995.

[44] 牛力达.论《管子》书的法治思想[J].管子学刊,1997(3).

[45] 潘孝珍.《管子》的收入分配思想及启示[J].首都经济贸易大学学报,2010(2).

[46] 彭书雄.百年《管子》研究综述[J].文史知识,2007(5).

[47] 乔长路.春秋战国时期以人为本思潮的思想先驱[J].管子学刊,1990(1).

[48] 沈顺福.管仲学派的国家行政理论[J].管子学刊,1995(1).

[49] 圣吉.第五项修炼:学习型组织的艺术与实践[M].北京:中信出版社,2009.

[50] 史少博.《管子》"以人为本"与当代的"以人为本"[J].管子学刊,2014(2).

[51] 史少博.《管子》论"国有四维"的现代启示[J].管子学刊.2009(2).

[52] 宋玉顺,张志义.以民为本与桓管霸业:管仲民本思想的借鉴价值[J].管子学刊,2005(2).

[53] 宋玉顺.论《管子》的工商业思想[J].管子学刊,1994(4).

[54] 汤孝纯.管子述评[M].台北:东大图书公司,1995.

[55] 汤效纯.《管子》教育思想一瞥[J].益阳师专学报,1995(2).

[56] 瓦永乾.《管子》书法思想中的民本理念[J].管子学刊.2008(1).

[57] 万英敏.《管子·侈靡》篇研究:兼论《管子》的经济思想[J].《管子学刊》,2007(3).

[58] 王博识.管子社会整合思想与积极构建和谐社会[J].管子学刊,2008(1).

[59] 王德敏.管子十日谈[M].安徽文艺出版社,1997.

[60] 王凤娟.《管子》的社会保障思想述论[J].管子学刊.2003(1).

[61] 王红,刘玉山.《管子》的民本思想和民生问题[J].管子学刊,2008(2).

[62] 王京龙.《管子》对现代经济理论的贡献[J].管子学刊,1997(2).

[63] 王京龙.试论《管子》与范蠡的经商思想[J].管子学刊,1995(2).

[64] 王培华.《管子》关于自然资源与经济社会发展关系的表述析论[J].广东社会科学,2002(5).

[65] 王聘珍.大戴礼记解诂[M].北京:中华书局,1983.

[66] 王瑞芳.《管子》的社会稳定思想及其对构建和谐社会的启示[J].管子学刊,2007(1).

[67] 王淑霞.《管子》与教育[J].管子学刊,2001(2).

[68] 王曙光.管仲的治水思想与齐人的治水实践[J].管子学刊,2002(2).

[69] 王松柏,刘丹,《管子》国家安全思想及其理论价值[J].管子学刊,2012(4).

[70] 王鑫义.先秦两汉时期民本思想的发展轨迹[J].安徽大学学报(哲学社会科学版),1993(3).

[71] 巫宝三.管子经济思想研究[M].北京:中国社会科学出版社,1989.

[72] 吴显庆.《管子》"和合"思想辨析[J].社会科学研究,1998(1).

[73] 吴雪玲.《管子》人才思想简析[J].管子学刊,2001(1).

[74] 徐汉昌.管子思想研究[M].台北:台湾学生书局,1990.

[75] 许汝贞.《管子》和稷下学者的人地和谐观[J].管子学刊,2005(3).

[76] 亚里士多德.形而上学[M].吴寿彭,译.北京:商务印书馆,1959.

[77] 颜昌峣.管子校释[M].长沙:岳麓书社,1996.

[78] 燕国材.《管子》的教育心理思想研究[J].湖南师范大学教育科学学报,2005(1).

[79] 杨生民.《管子·轻重篇》经济管理思想新探[J].首都师范大学学报(社会科学版),1994(2).

[80] 杨以汉.《管子》的法律思维与现代法治[J].管子学刊,1995(1).

[81] 杨永林.《管子》民本思想述评[J].管子学刊,2006(2).

[82] 衣恩普,走近管子[M].哈尔滨:黑龙江人民出版社,2010.

[83] 于孔宝.略论《管子》的积财之道与赋税之策[J].齐鲁学刊,1996(5).

[84] 虞祖尧.《管子》的治国理论值得重视[J].河南师范大学学报(哲学社会科学版),2001(6).

[85] 袁林.《管子》商业思想的基调是抑商[J].中国经济史研究,1990(1).

[86] 袁岳,沈尚武.《管子·牧民》治国安民之道及其当代意义[J].管子学刊,2013(2).

[87] 翟广顺.《管子》经济思想中的伦理观[J].管子学刊,1995(2).

[88] 翟建宏.管子"以人为本"思想范式的建构及其治国实践[J].河南社会科学,2005(4).

[89] 张岱年.管子学说的历史价值[J].管子学刊,1987(1).

[90] 张和平.《管子》惠民思想蠡测[J].中国社会经济史研究,1994(2).

[91] 张力.管仲评传[M].成都:四川大学出版社,2005.

[92] 张连伟.《管子》哲学思想研究[M].成都:巴蜀书社,2008.

[93] 张连伟.《管子·桓公问》与先秦时期的监察制度[J].管子学刊,2008(1).

[94] 张明安,王学文.试论《管子》经济伦理思想的特点[J].管子学刊,1995(1).

[95] 张少红.论《管子》的用人思想[J].东岳论丛,1997(5).

[96] 张守军.予而后取,取之有度:《管子》的赋税思想[J].管子学刊,1994(1).

[97] 张廷玉.明史[M].北京:中华书局,1974.

[98] 张艳丽,李国立.试论管仲人才思想中的民本因素:以《管子》为中心[J].管子学刊,2005(4).

[99] 张越.论《管子》的富民思想[J].管子学刊,2007(1).

[100] 赵梦涵.《管子》理财与货币思想析论[J].石油大学学报(社会科学版),2003(4).

[101] 赵清文.论《管子》的"以人为本"思想[J].管子学刊,2004(4).

[102] 赵守正.管子通解[M].北京:北京经济学院出版社,1989.

［103］中共中央马克思恩格斯列宁斯大林著作编译局.列宁全集［M］.北京:人民出版社,1984.

［104］周翰光,朱幼文,戴洪才.管子直解［M］.上海:复旦大学出版社,2000.

［105］周俊敏,陈立龙.论《管子》的消费伦理思想［J］.消费经济,2001(5).

［106］周俊敏,郭建国.《管子》的交换伦理思想［J］.湖南商学院学报,2002(2).

［107］周晓露.商君书译注［M］.上海:上海三联书店,2014.

［108］米靖.论《管子》中黄老道家"德刑相辅"的教育思想［J］.管子学刊,2001(3).

［109］朱幼文.从《管子》看中国古代"以人为本"的管理思想［J］.求实,2001(11).

［110］左丘明.国语［M］.尚学锋,译注.北京:中华书局,2012.

致　　谢

　　天蓝如洗，碧空万里，终于迎来了期盼已久的收笔惊喜。
　　本书是在导师刘敬鲁教授悉心指导下完成的。无论是本书选题、框架设计，还是多次修改、最终定稿，都倾注了他大量的心血。刘老师知识底蕴深厚，理论素养极高，在无数次本书指导过程中，不断开启我的哲学思维，持续开阔我的理论视野，使我的科研能力有了极大提高。刘老师是管理哲学界的权威专家，能够有幸成为刘老师的弟子，是我一生的荣耀与自豪。特别是他严谨的治学态度、精湛的学术见解、孜孜的因材施教、崇高的人格魅力，深深地感染影响了我。三年来，我从导师身上不仅学到了入学前从未涉猎的专业知识，而且也学到了真善美的做人道理。在此，我向刘老师表示最崇高的敬意和最诚挚的谢意！
　　由于本人是半路出家学习哲学的，所以从入学开始，导师就根据我经济学、管理学的知识背景，列出了一整套必读哲学书目，推荐了一些名师哲学课堂，经过潜心阅读这些经典书籍，有效丰富了我的哲学理论功底；通过哲学院大师课堂熏陶，切实启迪了我的哲学分析思维。虽然《管子》是一部已经打开千载的百科全书，展示出民本治国思想给当代中国诸多绘制现实与通向美好未来的智慧，但是它内容绵长且晦涩难懂。尽管如此，导师在本书指导过程中思路之清晰、见解之深邃，使我受益良多，直接体现为在博士二年级开学之际，我就完成了18万多字的本书初稿，导师审阅之后，提出了许多有价值的建议，并针对每一章节提出了具体修改意见，不同部分列出了详细应读书目。当时我看到这样的修改思路后，导师的伟岸形象在我心中腾然升起！于是我遵照导师意见潜心阅读,不知不觉中搜集了200多万字的素材,到三年级开学后向导师呈交了37万多字本书第二稿。在导师反复指导下,本书内容精简为27万多字。没有导师的不断督促与倾心指点,这本书不可能成为现在的模样。特别是他推荐的黄光国的书,对本书的写作具有决定性影响。这期间导师付出的艰辛劳动让我感激涕零。借此机会,再次向辛苦了三年的导师道一声发自肺腑的"谢谢"!

周文彰教授、李萍教授、彭新武教授、徐尚昆副教授、原理副教授对本书的指导也非常多,尤其是对本书的初稿提出了许多有益的、富有启发性的建议,张立文教授、潘瑰智教授、谢文惠教授、李子奈教授、刘玲玲教授、傅西路教授也对本书给予了启迪性的指导。我从与他们的多次面谈、电话咨询、邮件交流中获得了很大收获,他们的建议皆为金玉良言,使得不少本书撰写中的困惑得到了有效化解。毛卫平教授也给我提供了一些他的和谐思想书籍供参鉴。只是笔者融会贯通能力有限,或许未能全部汲取他们贡献的思想精华,所以书中或有不足。张志伟教授、欧阳谦教授、焦国成教授、臧峰宇教授、罗安宪教授、彭永捷教授的精彩课堂,对我这本书写作也具有重要影响。本书还得到了哲学院臧峰宇、刘永谋、刘劲杨、杨淑华、张鹏举等老师的帮助,值此书完稿之际,对这些教授兼老师表示最诚挚的谢意!

本书在写作过程中,得到不少同学、同门师兄弟的辩难、激发、鼓励与帮助,极大促进了我深入研究的相关思考,所以我要感谢王民选、盖立涛、陈雷、阮海云、杨新华、付高生、王赠怡等同学,非常感谢他们在本书选题甚至撰写过程中给予的帮助,使我的书得以顺利完成;还要感谢国学院陈柱博士、文学院赵华博士,他们在我写作与资料查询方面提供了诸多帮助;还要感谢《管子学刊》编辑部的张杰老师,是他及时将该刊创刊以来几乎所有期刊寄给了我,使得我的研究有了更多的专题资料参阅;更要感谢先前的《管子》研究者们,由于该书涉及诸多学科领域,所以我在研读它时遇到了许多问题和困难,在参阅了那些国内外学者的论著,汲取了他们研究成果精华之后,本书研究才相对显得"轻松"。从某种意义上说,他们的劳动为我进一步研究打开了视野,更为我深入研究提供了理论支撑与创新勇气;《管子》是一部非常珍贵的古代哲学典籍,虽然它的民本治国理论与实践有些是不可复制的,但其思想精髓对后世的启迪与参鉴却具有永不磨灭的价值,为本书研究也提供了重要载体,所以在此也要对古人先贤的经典奉献一并致谢。同时,我还要感谢本书引用的诸多学者的论著之言,如果没有他们的研究成果与经典之语支撑,本书恐怕会褪色不少;我还要感谢参与本书匿名评阅以及参加答辩的诸位专家教授,他们对本书的修改、完善提出了非常宝贵的意见和建议。最后,我还要感谢中国人民大学、感谢哲学院的培养,从此我们便结下母校与学子的历史情缘。